Informationsmanagement und Kommunikation in der Medizin

Rüdiger Kramme
Herausgeber

Informationsmanagement und Kommunikation in der Medizin

mit 99 Abbildungen und 7 Tabellen

 Springer

Herausgeber
Rüdiger Kramme
Titisee, Deutschland

ISBN 978-3-662-48777-8   ISBN 978-3-662-48778-5 (eBook)
DOI 10.1007/978-3-662-48778-5

Sonderausgabe: Auszug aus dem Werk Kramme (Hrsg.) Medizintechnik, 5. Auflage 2017, ISBN: 978-3-662-48769-3

Die Deutsche Nationalbibliothek verzeichnet diese Publikation in der Deutschen Nationalbibliografie; detaillierte bibliografische Daten sind im Internet über http://dnb.d-nb.de abrufbar.

Springer

Umschlaggestaltung: deblik Berlin
Fotonachweis Umschlag: © John Foxx/Stockbyte/thinkstockphotos.de, ID 71086535

Gedruckt auf säurefreiem und chlorfrei gebleichtem Papier

Springer ist Teil von Springer Nature
Die eingetragene Gesellschaft ist Springer-Verlag GmbH Deutschland
Die Anschrift der Gesellschaft ist: Heidelberger Platz 3, 14197 Berlin, Germany

Vorwort

Lösungen und Anwendungen sowie medizinische Kenntnisse und Praktiken sind Ausgangspunkt für den Überblick über vielschichtige und komplexe Zusammenhänge in der heutigen technisierten Medizin.

Die Halbwertzeiten für medizintechnische und informationsverarbeitende Innovationszyklen verringern sich zunehmend. Und was vor kurzem noch als Vision erschien, ist heute bereits Realität: Multimodale bzw. multiplexe Bildgebung, molekulares Imaging, mikroinvasive, bildgestützte Therapie, Mobile eHealth, Datenfusionen, Implantate aus 3D-Druckern, Reharobotik, Telerehabilitation oder Medizintechniken, die eine Krankheit bereits in Stadium ihrer Entstehung erfassen u. v. m.

Im stetigen Zusammenwachsen der medizinischen Informations- und Kommunikationstechnik mit der Medizintechnik haben sich diese einen dominanten Stellenwert in der Medizin erobert, den sie sukzessive ausbauen. Aufgrund der Datenverdichtung und deren Verarbeitung stellt die Digitalisierung von Gerätschaften und einer durchgehenden IT-Infrastruktur eine heutzutage unabdingbare Grundlage dar, der sich Krankenhäuser und Praxen nicht entziehen können.

Das vorliegende Buch bietet ein repräsentatives Themenspektrum der medizinischen Informationsverarbeitung und Kommunikation. Den Autoren, die durch ihre qualitativ hochwertigen Beiträge dieses Werk ermöglicht haben, danke ich für ihre engagierte und kompetente Mitarbeit.

Für die verlegerische Realisierung des Buches gilt mein Dank dem Springer-Verlag Heidelberg sowie für die stets angenehme und vertrauensvolle Zusammenarbeit insbesondere Herrn Hinrich Küster (Senior Editor), Frau Kerstin Barton (Projektmanagement) und Dr. Claus Puhlmann (Lektorat) und allen anderen, die zum Gelingen dieses Buches beigetragen haben.

Titisee, im Sommer 2016   Rüdiger Kramme

Der Herausgeber

Rüdiger Kramme Dipl.-Ing., geboren 1954 in Dortmund

- Studium der Biomedizinischen Technik, Krankenhausbetriebstechnik und Volkswirtschaftslehre in Gießen und Freiburg
- Langjährige Berufstätigkeit in Vertrieb, Marketing und Personalentwicklung der medizintechnischen Industrie für Verbrauchs- und Investitionsgüter
- Seit 1993 Planung und Projektierung von Universitätskliniken des Landes Baden-Württemberg sowie medizinischen Einrichtungen der Bundeswehr
- Lehrbeauftragter für Medizintechnik der Technischen Hochschule Mittelhessen in Gießen
- Verfasser zahlreicher Fachpublikationen in Zeitschriften und Büchern
- Autor des Springer-Wörterbuchs „Technische Medizin"
- Herausgeber des „Springer Handbook of Medical Technology"

Inhaltsverzeichnis

Autorenverzeichnis

Buck, Joachim, Dr. rer. nat.
Digital Health Services
Siemens Healthcare GmbH
Erlangen

Deserno (geb. Lehmann), Thomas, Prof. Dr. rer. nat., Dipl.-Ing.
Institut für Medizinische Informatik
Uniklinik RWTH Aachen
Aachen

Deserno, Verena, Dipl.-Biol.
Clinical Trial Center Aachen
Uniklinik RWTH Aachen
Aachen

Dickhaus, Hartmut, Prof. Dr.-Ing.
Institut für Biometrie und Informatik, Sektion Medizinische Informatik
Universität Heidelberg
Heidelberg

Fischer, Martin, Prof. Dr. med. MME (Bern)
Institut für Didaktik und Ausbildungsforschung in der Medizin
Klinikum der Universität München
München

Gärtner, Armin, Dipl.-Ing.
Ingenieurbüro für Medizintechnik
Erkrath

Haag, Martin, Prof. Dr. sc. hum.
Gecko-Institut für Medizin, Informatik und Ökonomie
Hochschule Heilbronn
Heilbronn

Haak, Daniel, Dipl.-Inform.
Institut für Medizinische Informatik
Uniklinik RWTH Aachen
Aachen

Haas, Peter, Prof. Dr. sc. hum.
Medizinische Informatik
Fachhochschule Dortmund
Dortmund

Koch, Klaus Peter, Prof. Dr.-Ing.
Hochschule Trier
Trier

Kübler, Bernhard, Dr-Ing.
Institut für Robotik und Mechatronik
Deutsches Zentrum für Luft- und Raumfahrt e.V.
Weßling-Oberpfaffenhofen

Kuhn, Klaus, Prof. Dr. med.
Institut für Med. Statistik und Epidemiologie
Klinikum rechts der Isar der TU München
München

Lauterbach, Marc, Dr.-Ing.
Healthcare Sector Imaging & Therapy
Siemens AG Deutschland
Erlangen

Metzner, Roland, Dr. med. Dipl.-Phys.
Institut für Biometrie und Informatik, Sektion Medizinische Informatik
Universität Heidelberg
Heidelberg

Mükke, Norbert, Dr. med.
Healthcare Sector Imaging & IT Division
Siemens AG Deutschland
Erlangen

Müller-Wittig, Wolfgang, Prof. Dr.-Ing.
School of Computer Engineering (SCE), Fraunhofer IDM@NTU
Nanyang Technological University Singapore
Singapore

Scholz, Oliver, Prof. Dr.-Ing.
Fakultät für Ingenieurwissenschaften
Hochschule für Technik und Wirtschaft des Saarlandes
Saarbrücken

Schulz, Alexander, Dipl.-Ing.
Healthcare Sector Imaging & IT Division
Siemens AG Deutschland
Erlangen

Seibold, Ulrich, Dr.-Ing.
Institut für Robotik und Mechatronik
Deutsches Zentrum für Luft- und Raumfahrt e.V.
Weßling-Oberpfaffenhofen

Tanck, Hajo, Dipl.-Wirtschafts-Inform.
softbend partG
Hamburg

Fusion von Medizintechnik und Informationstechnologie

Struktur, Integration und Prozessoptimierung

Hajo Tanck

Inhalt

H. Tanck (✉)
softbend partG, Hamburg, Deutschland
E-Mail: author@noreply.com

© Springer-Verlag GmbH Deutschland 2017
R. Kramme (Hrsg.), *Informationsmanagement und Kommunikation in der Medizin*,
DOI 10.1007/978-3-662-48778-5_39

1 Einleitung

Die Kombination von Informationstechnologie (IT) und Medizintechnik (MT) gewinnt gerade in der heutigen Zeit immer mehr an Bedeutung. Waren vor Jahren nur PCs an Medizingeräte angeschlossen, so werden heute Systeme, bestehend aus Medizingerät und PC, Medizingeräte mit komplexer IT-Infrastruktur und/oder Medizingeräte mit integrierter Netzwerkschnittstelle, direkt an IT-Netzwerke angeschlossen. Neben der medizinischen Befunderstellung bieten viele Systeme dem ärztlichen und pflegerischen Personal eine Unterstützung bei der medizinischen Dokumentation sowie in der Behandlungs-, Therapie- und Pflegeplanung. Die erfassten Daten stehen in fachabteilungsspezifischen Expertensystemen für verschiedenste fachbezogene Auswertungen und für wissenschaftliche Fragestellungen zur Verfügung.

Die Integration der Medizintechnik in die Informationstechnik des Krankenhauses steht im Einklang mit der Aufgabe der deutschen Krankenhäuser, bei stetig steigendem Kostendruck eine immer höhere Qualität der Behandlung und Dokumentation des Behandlungsprozesses zu liefern. Die Zusammenführung der medizinischen und administrativen Inhalte der Dokumentation sichert diese Anforderung.

In Zeiten des Budget- und Personalmangels müssen die vorhandenen Ressourcen in den Krankenhäusern möglichst effektiv eingesetzt werden, durch die Integration von IT und Medizintechnik werden nicht nur die Workflows effizienter gestaltet, es können auch zeitliche und monetäre Einsparungspotenziale realisiert werden. Ein typischer Fall ist die umfassende und vollständige Bereitstellung der medizinischen Dokumentation in die administrativen IT-Systeme und damit die zeitnahe krankenhausweite Bereitstellung von Informationen zur effizienten Behandlung der Patienten.

Voraussetzung für die vollständige Integration ist die semantische Interoperabilität der verschiedenen medizin- und informationstechnischen Systeme; hierzu kommen verschiedene Standards zum Einsatz. Die Standards für eine vollständige Integration werden in zwei Bereiche unterteilt:

- die Kommunikation zwischen zwei Systemen (Schnitt-stellenstandards) und
- die Standards zu Struktur der zur übertragenden Daten (Datenstruktur).

2 Schnittstellenstandards

Eine Schnittstelle, die einen Standard unterstützt, wird per Definition durch eine Menge von Regeln beschrieben. Standardisierte Schnittstellen sind zueinander kompatibel, d. h., die Komponenten oder Module, die die gleiche Schnittstelle unterstützen, können untereinander standardisiert Daten austauschen. Die wesentlichen Standards, die im Gesundheitswesen eingesetzt werden, finden Sie nachfolgend.

2.1 Health Level 7

Health Level 7 (HL7) ist ein internationaler Standard für den Austausch von Daten im Gesundheitswesen. HL7 wurde von der gleichnamigen Organisation entwickelt, zurzeit werden die Versionen 2.x und die Version 3 unterstützt. FHIR (Fast Healthcare Ineroperability Resources) befindet sich zurzeit im Draft Standard for Trail Use, d. h., es wird die Anwendungsfähigkeit getestet. Die Zahl 7 der Bezeichnung HL7 bezieht sich auf die Schicht 7 des ISO/OSI-Referenzmodelles für die Kommunikation (ISO7498-1) und drückt damit aus, dass hier die Kommunikation auf Applikationsebene beschrieben wird.

So werden in der HL7-Version 2.x die Nachrichtentypen unterstützt, die in Segmente und Felder gegliedert sind:

- ADT (Admission, Discharge and Transfer): Patientenstammdaten und Aufenthaltsdaten
- ORM (Order Message): Anforderung einer Untersuchung
- ORR (Order Response): Übermittlung von Befunden
- ORU (Observation Results Unsolicited): Befundübermittlung
- DFT (Detail Financial Transactions): Übermittlung von Leistungsdaten zur Abrechnung,
- BAR (Billing and Accounting Request): Übermittlung von Leistungsdaten nach dem Operations- und Prozeduren-Schlüssel-Standard (OPS-Standard),
- MDM (Manage Document Message): Dokumentenmanagement-Nachrichten.

2.2 DICOM

Digital Imaging and Communications in Medicine (DICOM) ist ein offener Standard zum Austausch digitaler Bilder und deren Zusatzinformationen. Über den DICOM-Standard wird sowohl das Format zur Speicherung als auch das Kommunikationsprotokoll zum Austausch der Daten standardisiert. Der DICOM-Standard wird permanent von mehreren Arbeitsgruppen des DICOM STANDARDS COMMITEE weiterentwickelt.

Immer mehr Hersteller bildgebender Systeme in der Medizin implementieren den DICOM-Standard in ihren Produkten, z. B. beim digitalen Röntgen, der Magnetresonanztomographie, der Computertomografie, der Endoskopie oder der Sonografie. Hieraus resultiert eine hohe Interoperabilität zwischen den bildgebenden Systemen und Systemen für die Bildverarbeitung und die digitale Bildarchivierung, Picture Archiving and Communication System (PACS).

Wichtige DICOM-Services sind:

- Verify: die Überprüfung, ob ein Netzwerkknoten DICOM unterstützt
- Storage: die Speicherung von Datenobjekte
- Query/Retrieve: das Durchsuchen eines DICOM-Gerätes nach Objekten (Query) und die Übertragung auf ein anderes DICOM-Gerät (Retrieve)
- Procedure Step: Informationen über den Status der Untersuchung
- Storage Commitment: Anfrage, ob die übermittelten Daten gespeichert wurden
- Worklist Management: Datenübergabe des planenden Systems an das DICOM-Gerät, an dem die Untersuchung durchgeführt werden soll
- Presentation State Storage: Übermittlung der Information, wie das Bildmaterial dargestellt wurde oder dargestellt werden soll
- Structured Reporting Storage: codierte Übermittlung eines medizinischen Befundes
- Hanging Protocols Storage: Speicherung der Darstellung der Bilderserien und Studien.

2.3 GDT

Die Geräte-Daten-Träger-Schnittstelle (GDT) wurde vom Qualitätsring Medizinische Software (QMS) erarbeitet und wird als standardisierte Schnittstelle zwischen IT-Systemen und medizintechnischen Geräten eingesetzt. Bei vielen medizintechnischen Geräten ist die GDT-Schnittstelle im Standardlieferumfang implementiert. Die auszutauschenden Daten werden in einem vorher festgelegten Verzeichnis abgelegt. Der Dateiname dient zur eindeutigen Identifizierung der Kommunikationspartner und ist wie folgt aufgebaut: <Empfänger-Kürzel><Sender-Kürzel><Lfnr>.

Die laufende Nummer wird für jede neue Nachricht hochgezählt. Dadurch wird verhindert, dass ältere Nachrichten vor der Verarbeitung durch das lesende Gerät (Client) überschrieben werden. Nach dem ordnungsgemäßen Verarbeiten der

Nachricht durch den Client wird die Datei im Austauschverzeichnis des Clients gelöscht.

2.4 xDT

Die xDT-Schnittstelle wurde im Auftrag der Kassenärztlichen Bundesvereinigung erstellt und enthält eine Gruppe von Datenaustauschformaten, die überwiegend im „niedergelassenen Bereich" Anwendung findet. Die Formate haben eine gemeinsame, textorientierte Syntax, in der jedes Feld als eine Zeile in die Datei geschrieben wird und ein gemeinsames Feldverzeichnis, dass auf XML basiert (Extensible Markup Language; Markup Language steht für „erweiterbare Auszeichnungssprache").

2.5 XML

XML wurde vom World Wide Web Consortium (W3C) herausgegeben. Die aktuelle Version ist die fünfte Ausgabe. Es wird mit XML eine Metasprache definiert, auf deren Basis durch strukturelle und inhaltliche Einschränkungen anwendungsspezifische Sprachen definiert werden, wie etwa xDT.

Ein XML-Dokument besteht aus Textzeichen, im einfachsten Fall ASCII, und ist damit menschenlesbar. Die Definition beinhaltet keine Binärdaten, welche für Menschen unlesbare Texte enthalten.

3 Datenstruktur

Der zweite wesentliche Aspekt bei der Integration von Medizintechnik und IT ist in der Frage nach der Struktur der Inhalte der medizinischen Dokumente zu sehen.

3.1 HL7 CDA

Die HL7 Clinical Document Architecture (CDA) ist ein von der Health-Level-7-Gruppe erarbeiteter, auf XML basierender Standard für den Austausch und die Speicherung klinischer Inhalte. Ein CDA-Dokument entspricht einem klinischen Dokument (z. B. Arztbrief, Befundbericht). Mit CDA-Dokumenten können standardisierte und strukturierte Datenübermittlungen zwischen verschiedenen Systemen sichergestellt werden.

3.2 SNOMED

Die systematisierte Nomenklatur der Medizin (SNOMED) (engl.: Systematized Nomenclature of Human and Veterinary Medicine) hat zum Ziel, medizinische Aussagen so zu indizieren, dass die inhaltlichen Elemente der Aussage vollständig erfasst sind.

SNOMED CT enthält 18 Achsen mit 800.000 Begriffen (Terms), die ca. 300.000 Konzepte beschreiben (mehrere Terms pro Konzept). Die deutsche Übersetzung von SNOMED CT stammt aus dem Jahr 2003 und wurde seither nicht mehr gepflegt.

3.3 LOINC

LOINC (Logical Observation Identifiers Names and Codes) ist ein international anerkanntes System zur eindeutigen Verschlüsselung und Entschlüsselung von Untersuchungen. Die Pflege und Dokumentation der LOINC-Datenbank liegt beim Regenstrief Institute (Indianapolis, USA). In Deutschland fördert das DIMDI (Deutsches Institut für Medizinische Dokumentation und Information) die Einführung von LOINC aktiv und übernimmt die Funktion der zentralen Datenhaltung und des Informationsaustausches mit den zuständigen nationalen und internationalen Instituten, Projektgruppen und der Industrie.

Die Logical Observation Identifiers Names and Codes sind eine Zusammenstellung allgemeingültiger Namen und Identifikatoren zur Bezeichnung von Untersuchungs- und Testergebnissen aus Labor und Klinik. LOINC wird sowohl von HL7 als auch von DICOM für den strukturierten Austausch medizinischer Untersuchungsergebnisse und Befunddaten (strukturierter Dokumente, CDA) empfohlen.

3.4 Alpha-ID

Die Identifikationsnummer für Diagnosen ist eine fortlaufende Nummer, über die die Einträge des alphabetischen Verzeichnisses der ICD-10-GM (Internationale Klassifikation der Krankheiten 10. Revision) identifiziert werden. Mithilfe der Alpha-ID können medizinische Begriffe elektronisch weiterverarbeitet werden; die Unveränderlichkeit des Codes, durch die Pflege im DIMDI, sichert die Interoperabilität dieser Codierung. Werden die prognostizierten zu erwartenden Erweiterungen der Alpha-ID über den Bereich der Diagnosen hinaus umgesetzt, wird sich die Alpha-ID zu einer zukunftsträchtigen Terminologie entwickeln.

3.5 OID

Eine effiziente Softwarekommunikation in der Gesundheitstelematik erfordert für den standardisierten Austausch von Gesundheitsinformationen eindeutige Datenobjekte, d. h., dass alle Objekte und Nachrichten eindeutig bezeichnet sind.

Hierfür werden Objekt-Identifikatoren (OID), die aus Zahlenketten bestehen, zur Kennzeichnung der Objekte und Nachrichten verwendet. Objekte sind dabei Informationseinheiten wie Institutionen, Klassifikationen, Nachrichten, Dokumente oder Tabellen. Wenn OID für den standardisierten Datenaustausch zwischen Software-Systemen genutzt wird, ist damit die Integration der Daten zwischen den Systemen sichergestellt.

3.6 UCUM

Über das Codiersystem Unified Code for Units of Measure (UCUM) werden Maßeinheiten in standardisierter Form abgebildet. Wenn die Anwendungen zur medizinischen Dokumentation den SI-Einheitenstandard (Internationales Einheitensystem) abbilden, ist die Übermittlung – z. B. die Medikation bei einer Behandlung – mit eindeutigen Messwerten möglich.

3.7 IHE

Letztlich schafft Integrating the Healthcare Enterprise (IHE) als Brücke zwischen verschiedenen Standards das technische Rahmenwerk für die Implementierung und Prüfung der Praktikabilität der Standards. IHE formuliert dazu Anforderungen aus der Praxis in sogenannte Use Cases, identifiziert relevante Standards und entwickelt technische Leitfäden im sogenannten Technical Framework. Diese Leitfäden ermöglichen den Herstellern ihre Schnittstellen IHE-konform zu gestalten. Auf dem internationalen „Connectathon" testen die Hersteller die Interoperabilität ihre Systeme untereinander und können diese so auf den Praxiseinsatz vorbereiten.

4 Integration der medizintechnischen Geräte

Wie sieht die Integration der Geräte der Medizintechnik heute aus? In vielen Krankenhäusern sind Medizingeräte im Bereich des Labors, der Radiologie und einzelne Geräte aus dem Bereich Ultraschall, Endoskopie an die Krankenhausinformationssysteme angebunden. Die Anbindung der Geräte erfolgt häufig über eine Geräteschnittstelle und über eine Schnittstelle auf der Seite des datenaufnehmenden Informationssystems; d. h. dass für jeden Anbieter eines Medizingerätes eine separate Schnittstelle eingerichtet werden muss. Häufig ist dieses Vorgehen darin begründet, dass die eingesetzten Geräte z. B. lediglich über eine GDT-Schnittstelle verfügen. Die Grafik (Abb. 1) verdeutlicht die heutzutage überwiegenden Schnittstellenstrukturen in Krankenhäusern.

4.1 Exkurs: HL7-Kommunikationsserver

Die Kommunikation von Subsystemen in Krankenhäusern kann durch HL7-Kommunikationsserver optimiert werden. Diese Komponenten sorgen dafür, dass nicht zu jedem einzelnen Subsystem eine separate Schnittstelle geschaffen werden muss. Die aus dem Einsatz eines Kommunikationsservers resultierenden Vorteile sind, dass sich die Anzahl der Schnittstellen reduziert, da nicht jedes System über eine separate Schnittstelle direkt an ein Krankenhausinformationssystem eingebunden werden muss. Dies wiederum impliziert neben einem einheitlicheren und einfacheren Kommunikationsfluss auch eine Kosteneinsparung, da jede separate Schnittstelle einen monetären Gegenwert fordert.

Das Datenformat oder die HL7-Version, in dem die einzelnen Systeme ihre Nachrichten schicken, ist absolut beliebig. Der HL7-Server konvertiert diese Formate über Mapping-Tabellen automatisch in das Format, das das empfangende System benötigt. Diese Tabellen werden bei der Einrichtung des Kommunikationsservers einmalig angelegt, und die Wartung der Schnittstellen erfolgt anschließend zentral an dem Kommunikationsserver. Projiziert man die Technik der HL7-Kommunikationsserver auf die Anbindung von Medizingeräten, resultiert daraus die in Abb. 2 dargestellte Systemlandschaft.

4.2 Schnittstellen

Während bei der technischen Umsetzung der Schnittstelle eines Medizingerätes und dem IT-Netzwerk die Fachbereiche Informationstechnik und Medizintechnik betroffen sind, fließt bei der organisatorischen Betrachtung das inhaltliche Ergebnis in den Behandlungsprozess des Krankenhauses ein und betrifft den gesamten Organismus Krankenhaus.

4.3 Anbindung des Medizingerätes

Im Unterschied zur Anbindung von zwei Software-Systemen auf Basis einer HL7-Kommunikation kommt bei der Anbindung von Medizingeräten als Besonderheit hinzu, dass jedes Medizingerät bzw. jedes Untersuchungsergebnis angebunden bzw. dokumentiert werden muss. Bei Systemen, deren Daten nur lokal auf einem Gerät vorgehalten werden, muss zu jedem einzelnen Gerät bzw. Arbeitsplatz des Gerätes eine physikalische Schnittstelle geschaffen werden. Werden noch unterschiedliche Anwendungen durch den Anbieter des Gerätes zur Verfügung gestellt, erhöht sich die Komplexität der Schnittstellen nochmals. In der Regel handelt es sich bei den aufgezeichneten Daten um fachabteilungsspezifische Daten und Anwendungen zur medizinischen Befundung. Der Um-

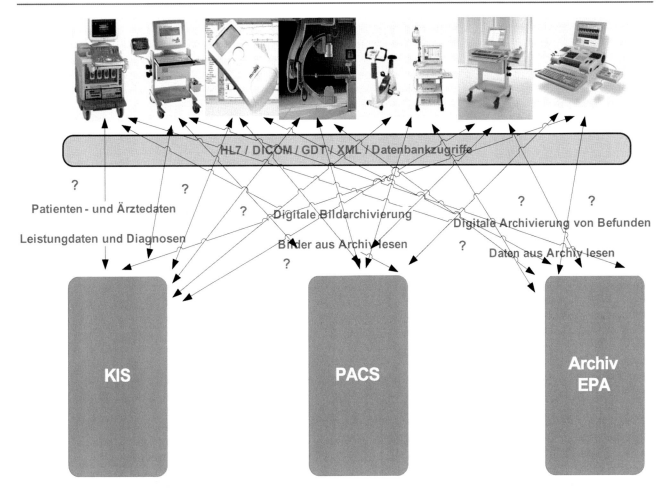

Abb. 1 Integration von medizinischen Geräten – Stand 2015

fang der benötigten physikalischen Schnittstellen bei Einzelanbindungen wird in Abb. 3 beispielhaft grafisch dargestellt.

Die Anbindung eines Gerätes kann durch proprietäre Schnittstellen oder durch die in Abschn. 2 beschriebenen Standardschnittstellen (wie HL7 und DICOM) erfolgen. Wesentliche zu beachtende Aspekte hierbei sind, dass

- es zu keiner Abhängigkeit durch den Einsatz von proprietären Schnittstellen kommt,
- IT-Technik und Medizintechnik gemeinsam Betriebs- und Änderungsprozesse vereinbaren müssen,
- die Vernetzung von Medizinprodukten entsprechend der Vorgaben und entsprechend der Zweckbestimmung der im MPG festgehaltenen Kriterien erfolgen und
- eine Festlegung einheitlicher Schnittstellen zur Anbindung an vorhandene Systeme abgestimmt wird.

Wesentlich ist weiterhin, dass es keinen Zwang zum Betrieb von Medizintechnik aus Eigenherstellung geben darf und dass die Umsetzung des IT-Sicherheitskonzeptes für die Vernetzung von Medizinprodukten berücksichtigt wird.

Wobei der abschließende Abnahmeprozess und die damit einhergehende Risikoanalyse nicht außer Acht gelassen werden dürfen.

Im zweiten Schritt werden die von den Medizingeräten gesendeten Daten an die diversen Informationssysteme gemäß der vorab festgelegten Zweckbestimmung weitergeleitet. Bei diesen Daten kann es sich um Messwerte, Befundtexte, strukturierte medizinische Dokumente, Bilder, PDF-Dateien etc. handeln. Auch die Übermittlung der Daten des Medizingerätes an das Informationssystem kann durch proprietäre Schnittstellen oder durch die in Abschn. 2 beschriebenen Standardschnittstellen erfolgen.

Eine gemeinsame Aufgabe für die Verantwortlichen aus Medizin, Medizintechnik, Informationstechnologie und Verwaltung ist die Definition der zu übermittelnden Inhalte. Häufig ergeben sich hieraus – wieder für die verschiedenen Abteilungen – weitere Anforderungen an die durch sie betreuten Fachbereiche, hier beispielhaft aufgezeigt für den Bereich der Informationstechnologie:

- Anpassungen an die Netzwerktopologie (IT/MT)
- Anpassungsbedarf an die individuelle IT/MT-Infrastruktur

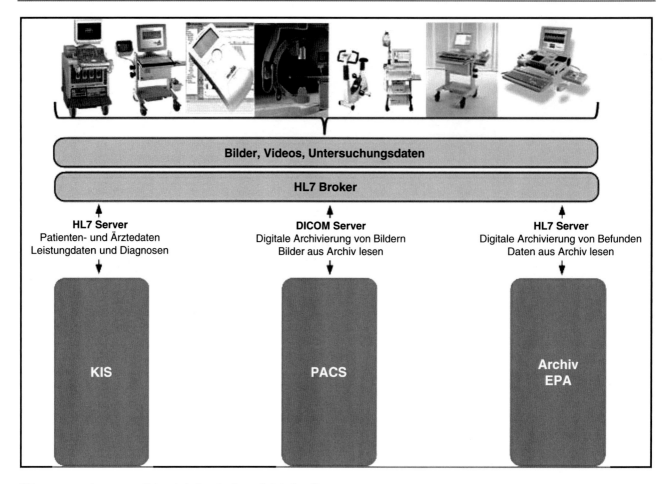

Abb. 2 Integration von medizintechnischen Geräten mit Schnittstellenserver

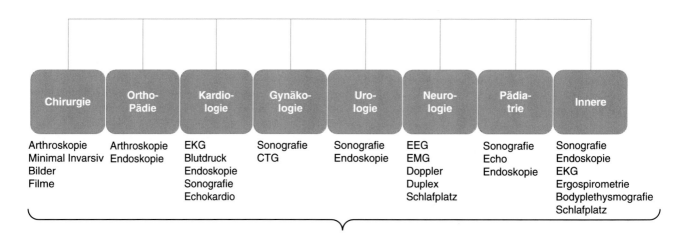

Abb. 3 Medizinische Fachbereiche inklusive möglicher dazugehöriger Medizingeräte

- Zu berücksichtigende Hardware-/Software-Voraussetzungen (Betriebssysteme etc.)
- Anpassung des Storage-Konzeptes/Langzeitarchivierung

- Erweiterung an dem System-Monitoring
- Abbildung der Datenkonsistenz und Arbeitsprozesse (IHE).

5 Organisatorische Anforderungen an die Anbindung

Betrachtet man die Anbindung von medizintechnischen Geräten, wird deutlich, dass sich auch organisatorisch mehrere Berufsgruppen des Krankenhauses mit überschneidenden Verantwortlichkeiten an diesem Prozess beteiligen müssen. Während sich der Ärztliche Dienst ausführlich mit den Möglichkeiten der medizinischen Befunderstellung beschäftigen muss, wird die Medizintechnik ihr Augenmerk auf die Anschaffung und den anschließenden störungsfreien Betrieb des medizintechnischen Gerätes legen. Die Informationstechnik des Hauses beschäftigt sich i. d. R. mit den Integrationsmöglichkeiten der Untersuchungsergebnisse in das Krankenhausinformationssystem. Und für die Verwaltung des Krankenhauses werden die Anschaffungskosten und die Folgekosten während des Lebenszyklus des Medizingerätes von Interesse sein, aber auch die Möglichkeiten der Dokumentation werden zukünftig an Bedeutung gewinnen, um z. B. gegenüber Kostenträgern Behandlungsprozesse zu begründen.

Gerade diese Gesamtsicht und der Bedarf der Zusammenarbeit erfordern von den vorab aufgeführten Berufsgruppen eine enge Zusammenarbeit. Es sollten im Vorfeld, vor der Anschaffung des Gerätes, folgende exemplarisch aufgeführte Fragestellungen beantwortet werden bzw. sein, um dem aus der Radiologie stammenden Grundsatz von der „Einheit von Bild und Befund" gerecht zu werden.

- Wer trägt inhaltlich die Verantwortung für den Integrationsprozess?
- Wer trägt technisch die Verantwortung für den Integrationsprozess?
- Welche Daten sollten aus medizinischer Sicht übermittelt werden?
- Welche Daten sollten aus verwaltungstechnischer Sicht übermittelt werden?
- Wer ist für die Abstimmung zwischen den Fachbereichen zuständig?
- Welche Schnittstellen sind seitens des Gerätes für die Integration gegeben?
- Welche Schnittstellen unterstützen die administrativen Informationssysteme?
- Werden Standards werden von den zu vernetzenden Systemen gemeinsam unterstützt?

Weiterhin ist es für die Verantwortlichen im Krankenhaus unabdingbar, sich mit dem Arbeitsablauf der medizinischen Abteilung zu beschäftigen. Die aus der Anbindung von Medizingeräten resultierende Konvergenz führt auch während der Nutzung des medizintechnischen Gerätes zu einer Überschneidung bei den nachfolgend aufgeführten Punkten:

- Verantwortlichkeit
- Technik
- Organisation
- Arbeitsabläufe/Betrieb
- Sicherheit.

5.1 Verantwortlichkeiten

Die Verantwortlichkeiten bei der Einbindung von Medizingeräten überschneiden sich während des gesamten Betriebszyklus des Medizinproduktes. Gerade während des Betriebs des Medizingerätes hängt der Erfolg der Integration von der kooperativen Zusammenarbeit zwischen Ärzten, Medizintechnik und Informationstechnik ab. Die Verantwortung für den sicheren Betrieb des Medizingerätes liegt bei der Geschäftsführung, die mit klaren Anweisungen dafür Sorge zu tragen hat, dass die Verantwortungsbereiche eindeutig abgegrenzt und den handelnden Personen bekannt sind (Abb. 4).

Ausführlich beschäftigt sich das Kap. 2 ▶ Patientenüberwachung durch verteilte Alarmsysteme mit diesem Thema.

5.2 Integration am Beispiel „Vom Befund zur medizinischen Dokumentation"

Die bisher zwischen den Systemen proprietär festgelegten Informations- und Dokumentenstrukturen mit den freisprachlichen Benennungen für Messdaten, Dokumentenabschnitte, Merkmalen und/oder Werten sind in der Regel nicht durch alle zu integrierenden Systeme interpretierbar. Für den Austausch von Daten sollten die in Abschn. 3 aufgeführten Klassifikationen und Terminologien eingesetzt werden. Der Einsatz dieser Standards stellt sicher, dass die übertragenen Inhalte für alle zu integrierenden Systeme einheitlich lesbar sind bzw. zukünftig lesbar werden.

Der Weg von der strukturierten medizinischen Dokumentation zur europa- und weltweit standardisierten medizinischen Dokumentation setzt die Integration von Medizintechnik und Informationstechnik voraus und wird in naher Zukunft unumgänglich werden, z. B. im Hinblick auf die Telemedizin. Diese Anforderungen werden dazu führen, dass schrittweise eine Abnahme der freitextlichen Dokumentation zugunsten einer strukturierten Dokumentation in den Krankenhäusern erfolgt. Tendenzen in diese Richtung sind die von den medizinischen Fachgesellschaften herausgegebenen Nomenklaturen zur strukturierten medizinischen Dokumentation. Um zu vermeiden, dass ein Datensatz für die informatische Umsetzung der strukturierten Dokumentation auf x-beliebige Weise übertragen wird, steht schon heute mit dem HL7 CDA (Clinical Document Architecture) ein weiteres standardisiertes Format zur Verfügung, das international

Abb. 4
Verwaltungszuständigkeiten im
Krankenhaus

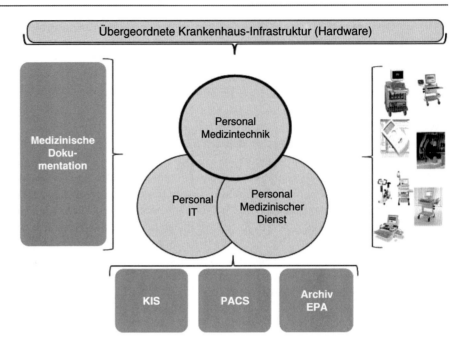

Abb. 4 Verwaltungszuständigkeiten im Krankenhaus

und in Deutschland in zahlreichen Projekten erfolgreich für den einrichtungsübergreifenden Austausch strukturierter Dokumente eingesetzt wird.

Der Erfolg basiert im Wesentlichen auf folgenden Aspekten:

- Für maschinelle Verarbeitung werden die strukturierten Dokumentinhalte im verbreiteten XML-Format repräsentiert. Mit sogenannten Style-Sheets werden menschenlesbare Formate erzeugt.
- Das XML-Format, d. h. die oben genannte Struktur der verwendeten Merkmale mit ihren Beziehungen und Datentypen, wird aus einem standardisierten Informationsmodell abgeleitet, dem HL7 RIM (Reference Information Model). Dieses gewährleistet, dass Inhalte einheitlich repräsentiert und damit verarbeitet werden.
- Für sämtliche Inhalte wie Dokumentabschnitte, Merkmale und Wertebereiche werden konsequent HL7-interne und HL7-externe Klassifikationen und Terminologien verwendet.

Über die HL7-Benutzergruppe kann der Implementierungsfaden für einen elektronischen Arztbrief im HL7-CDA-Format exemplarisch eingesehen werden. Damit können Systeme mit proprietären Datenformaten strukturierte Daten rechnerverarbeitbar austauschen, indem sie ihre Inhalte in dem HL7-CDA-Standard abbilden.

6   Zusammenfassung

Zusammenfassend lässt sich feststellen, dass die Anforderungen, die an die Integration der Medizintechnik in die Informationstechnik des Krankenhauses gestellt werden, nicht nur die Technik und Organisation des Krankenhauses betreffen. Wird die Integration richtig angegangen, so ist dies für eine umfassende Vernetzung aus IT und Medizintechnik ein zukunftsorientierter und mittelfristig unumgänglicher Schritt in Richtung Zukunft, um Ressourcen richtig einzusetzen und konkurrenzfähig zu bleiben. Daten, die bisher nicht oder nur in geringem Umfang zwischen den Systemen austauschbar waren, werden zukünftig nicht mehr in einem proprietären Format, sondern als standardisiertes Format vorliegen. Die organisatorischen und technischen Aufgabenstellungen werden dazu führen, dass Sicherheitskonzepte und Ausfallsszenarien an die neuen Gegebenheiten angepasst werden, sodass Sicherheitslücken aufgedeckt und Risiken minimiert werden.

Mit der Anbindung der Medizingeräte wird es zu einer Verlagerung der Ressourcen und zu einer Kostenreduktion kommen. Gründe hierfür sind beispielsweise

- die effizienteren Prozesse durch die Vermeidung von Medienbrüchen,
- die Reduzierung der Prozessdauer durch schnellere Datenübermittlung,
- die synergetische Nutzung der Medizintechnik und
- die Erweiterung der Einsatzmöglichkeiten auf Basis bestehender Medizinprodukte.

Damit wird eine Verbesserung der Behandlungsqualität erreicht, z. B. durch eine schnellere Diagnostik, kürzere Behandlungsdauern sowie eine hohe Verfügbarkeit der Behandlungsdokumentation. Die höhere Zufriedenheit der Ärzte und Patienten mit der Behandlung, die Verbesserung der Patientensicherheit (etwa durch eindeutige Zuordnung von Patient und patientenbezogenen Daten), die Vermeidung von Fehlern

Tab. 1 Prozessvorteile

Endoskopie und Sonografie	Ist			Soll					Ist-Soll	
	Häufigkeit/ Anzahl/ Frequenz	Bearbeitungszeit (1–n Mitarbeiter)	Preis in €	Häufigkeit/ Anzahl/ Frequenz	Bezugsgröße (z. B. pro Anforderung, Fall, Tag)	Bearbeitungszeit (1–n Mitarbeiter)	Qualifikation/ Rolle	Preis in €	Differenz Prozesszeiten (in Std. p.a.)	Differenz Prozesskosten
Terminabstimmung/ Prioritätendiskussion Station mit Endo/ Sono	1895	4	0,41	632	UNT	4	PFL	0,41	84	2072
Laufende Koordination/ Patiententransport	6316	2	0,41	6316	UNT	1	PFL	0,41	105	2590
Ausdruck Bilder Sachkosten	6701	1	0,40	6701	UNT	0	STCK	0,40		2680
Ausdruck/Ablage stationärer Befund	6316	3	0,41	6316	UNT	1,5	PFL	0,41	158	3884
Ausdruck/Ablage ambulanter Befund	385	3	0,41	385	UNT	0	PFL	0,41	19	474
Unterschrift stationärer Befund	6316	1	0,80	6316	UNT	0,5	ASS	0,80	53	2526
Unterschrift ambulanter Befund	385	1	0,80	385	UNT	0,5	ASS	0,80	3	154
Erstellung ambulanter Arztbrief (Anschreiben)	385	5	0,80	385	UNT	1	ASS	0,80	26	1232
Kommunikation Befund (Papier/KIS)	250	20	0,28	250	TAG	40	HIP	0,28	−83	−1400
Summe Prozessvorteile										14.212

bei der Datenübertragung und die bessere Information des Patienten und seines Umfelds sprechen für sich.

So konnte im Rahmen einer Wirtschaftlichkeitsanalyse nach der Fusion von Medizintechnik und IT im Bereich der Endoskopie mit drei Arbeitsplätzen ein Einsparpotenzial von 14.000,– € pro Jahr ermittelt werden (Tab. 1).

Diese Analyse bewertet den Einführungsstatus, die erreichte Effizienzsteigerung der Anwender entlang des Behandlungsprozesses und das Verbesserungspotenzial des Endoskopieprozesses insgesamt. Die folgende Tabelle beschreibt sowohl die Prozess-Optimierung als auch die erreichte Kapazitätsumlagerung und -einsparung durch die Vernetzung von Medizintechnik, der Software zur strukturierten medizinischen Dokumentation und dem Krankenhausinformationssystem.

Die optimale Vernetzung von Medizintechnik und IT ermöglicht es, statt zahlreicher Insellösungen ein Gesamtkonzept zu schaffen. Dieses Konzept wird den Alltag in Kliniken effizient und effektiv unterstützen und die Zukunftsvisionen der globalen Datenverfügbarkeit im Krankenhaus Realität werden lassen.

Patientenüberwachung durch verteilte Alarmsysteme

Armin Gärtner

Inhalt

1   Einleitung

In den letzten 40 Jahren hat sich in der Medizintechnik eine eigenständige Technologie zur personalunabhängigen Überwachung von Patienten in Form des Patientenmonitorings mit elektronischen Überwachungs- und Anzeigegeräten entwickelt. Anwender müssen gemäß der Zweckbestimmung und dem bestimmungsgemäßen Gebrauch dieser Geräte nicht (mehr) andauernd Patienten unmittelbar am Bett beaufsichtigen und betreuen. Das Patientenmonitoring entwickelt sich mit hoher Komplexität weiter zu verteilten Alarmsystemen mit netzwerkgestützter Software, Servern und IT-Netzwerken. Die Alarmierung der zunehmend ortsunabhängigen Anwender erfolgt somit immer häufiger durch mobile Kommunikationsgeräte über weite Entfernung. Diese Komplexität verteilter und komplexer Alarmsysteme über IT-Netzwerke führt auch zu Gefährdungen von Patienten, da häufig kein Risikomanagement vorhanden und die Zusammenarbeit von Medizintechnik und IT ebenfalls oft nicht gegeben ist.

Der vorliegende Beitrag stellt daher die technischen Möglichkeiten verteilter Alarmsysteme dar und beschreibt die regulatorischen und normativen Anforderungen an die Alarmweiterleitung gemäß Medizinprodukte-Richtlinie und aktuellen technischen Standards (IEC-Normen).

2   Grundlagen und Entwicklung der Patientenüberwachung durch elektronische Monitore

In den 1950er-Jahren wurden die ersten Intensivbetten eingerichtet, an denen bei kritisch kranken Patienten permanent eine Krankenschwester anwesend war. Anfang der 1960er-Jahre wurden elektronische Überwachungsgeräte entwickelt, die als ersten Vitalparameter das Elektrokardiogramm auf einem Oszilloskopmonitor anzeigten. Diese ersten bettseitigen Überwachungsgeräte lösten weitgehend die personalintensive, permanente Vor-Ort-Überwachung durch die Pflege

A. Gärtner (✉)
Ingenieurbüro für Medizintechnik, Erkrath, Deutschland
E-Mail: author@noreply.com

© Springer-Verlag GmbH Deutschland 2017
R. Kramme (Hrsg.), *Informationsmanagement und Kommunikation in der Medizin*,
DOI 10.1007/978-3-662-48778-5_40

ab. Ausgehend von der EKG-Überwachung können heute zahlreiche Vitalparameter, wie verschiedene invasive/nicht-invasive Blutdrücke, die Sauerstoffsättigung, Temperatur, und andere Parameter überwacht werden. Bei Überschreiten bestimmter Einstellungen erkennen die Überwachungsmonitore verschiedene Alarmbedingungen, die zu akustischen und optischen Alarmen (Alarmierung) führen.

Alarmierung bedeutet, dass der Anwender (Arzt, Pflegekraft) durch ein optisches oder akustisches Alarmsignal eines Überwachungsgeräts auf einen kritischen Zustand bzw. auf das Auftreten einer gefährlichen Situation als Alarmbedingung für einen Patienten hingewiesen wird, die ein sofortiges Eingreifen erfordert. Dazu werden häufig Überwachungssysteme eingesetzt, die aus den bettseitigen Überwachungsmonitoren, einem Netzwerk und einer Zentrale zur Anzeige und Alarmierung der Überwachungsparameter an einem zentralen Stützpunkt bestehen.

Folgende Begriffe der IEC 60601-1-8 (DIN EN 60601-1-8) werden in dieser Betrachtung verwendet:

- Alarm(bedingung): Zustand eines Alarmsystems bei Feststellung einer möglichen Gefährdung
- Alarmsignal: akustische und/oder optische Signalart, um einen Alarm bzw. eine Alarmbedingung anzuzeigen
- Alarmsystem: Teile eines medizinischen elektrischen Gerätes (ME-Gerätes) oder medizinischen elektrischen Systems (ME-System), die Alarmbedingungen entdecken und Alarmsignale erzeugen
- Verteiltes Alarmsystem: Alarmsystem, das aus mehreren Komponenten eines ME-Systems besteht, die durch große Entfernungen voneinander getrennt sein können.

Der zunehmende Einsatz verteilter Alarmsysteme in Krankenhäusern gründet einerseits auf dem Personalkostendruck in den Krankenhäusern, aufgrund dessen weniger Personal (Anwender) stationär vor Ort eingesetzt wird. Andererseits sind diese Entwicklungen die eigentlich logische Konsequenz aus der dynamischen technischen Entwicklung von IT-Netzwerken und mobilen Kommunikationsgeräten. Durch die immer weiter voranschreitende technische Entwicklung ist es nunmehr prinzipiell möglich, Alarme und Informationen über den Zustand eines Patienten auch über größere Entfernungen mittels Funknetzwerken (WLAN) und/oder IT-Netzwerken zu übertragen und anzuzeigen.

2.1 Verteilte Alarmsysteme (VAS) gemäß IEC 60601-1-8

Die bettseitige und zentrale Überwachung wird zunehmend ergänzt und/oder erweitert durch die Übertragung von Alarmen über das IT-Netzwerk des Betreibers. Damit werden ortsunabhängige Anwender auch außerhalb der akustischen und optischen Reichweite der intensivmedizinischen Überwachungsanlage über das Auftreten kritischer Situationen und Ereignisse eines Patienten informiert.

Durch die Übertragung von Alarmen über weitere Komponenten auf entfernte Anzeigeelemente entstehen sogenannte verteilte Alarmsysteme (VAS) im Sinne der IEC 60601-1-8. IEC 60601-1-8 stellt eine Kollateral- oder Ergänzungsnorm zur Grundnorm IEC 60601-1 dar. Ergänzungsnormen legen zusätzliche, allgemeine Anforderungen und Prüfungen fest, die für eine Mehrzahl von Produkten in medizinischer Anwendung gelten. Daher definiert IEC 60601-1-8 besondere Anforderungen an Medizinprodukte bezüglich Alarmierung, die in der Grundnorm nicht oder nicht vollständig abgedeckt wurden.

Ein verteiltes Alarmsystem mit räumlich getrennter Alarmerkennung, Alarmweiterleitung und Alarmanzeige stellt eine erlaubte Form eines Alarmsystems dar. Ein Alarmsystem eines Überwachungsgerätes darf Daten zu oder von anderen Teilen eines entfernten (verteilten) Alarmsystems senden und auch empfangen, einschließlich der Anzeige von Informationssignalen und Alarmbedingungen. Der Einsatz von Überwachungsmonitoren und die Anbindung an weiterleitende Systeme sowie Anzeigen in Form eines verteilten Alarmsystems unterliegen in Deutschland den Anforderungen der Medizinprodukte-Betreiberverordnung (MPBetreibV).

3 Rechtliche und normative Grundlagen der Patientenüberwachung durch elektronische Monitore

Die rechtlichen Anforderungen an den Betreiber hinsichtlich der Sorgfaltspflicht und Dokumentation beim Einsatz von Überwachungssystemen und verteilten Alarmsystemen ergeben sich aus dem Bürgerlichen Gesetzbuch, dem Behandlungsvertrag mit dem Patienten sowie aus dem Medizinproduktegesetz (MPG) und speziell der Medizinprodukte-Betreiberverordnung (MPBetreibV).

3.1 Regulatorische Grundlagen (MPBetreibV)

In Deutschland muss ein Krankenhaus als Betreiber die Anforderungen des Betreiberrechtes in Form der Medizinprodukte-Betreiberverordnung einhalten und umsetzen. Dies bedeutet, dass ein Krankenhaus ein verteiltes Alarmsystem, das Vitalparameter eines Patienten überwacht und bei bedrohlichen Änderungen alarmiert, nach den Bestimmungen des Medizinproduktegesetzes und der MPBetreibV installieren, einweisen, anwenden und in Stand halten (lassen) muss.

§ 2 Abs. 1 der MPBetreibV führt aus, dass Medizinprodukte nur nach ihrer Zweckbestimmung und entsprechend den Vorschriften der MPBetreibV, den allgemein anerkannten Regeln der Technik sowie den Arbeitsschutz- und Unfallverhütungsvorschriften errichtet, betrieben, angewendet und in Stand gehalten werden dürfen.

§ 2 Abs. 3 MPBetreibV fordert, dass die Anbindung von Medizinprodukten an weitere Medizinprodukte und sonstige Gegenstände nur erfolgen darf, wenn dies im Rahmen der Zweckbestimmung erfolgt und die Kombination für Patient, Anwender und Dritte sicher ist.

Die MPBetreibV verlangt nach § 5 eine Einweisung speziell für die in Anhang I der Verordnung genannten Medizinprodukte; dennoch ergibt sich aus dem Kontext der Verordnung, insbesondere aus § 2 Abs. 1 und 2, dass ein Überwachungsgerät und eine Überwachungsanlage einzuweisen sind, da die richtige Bedienung, der Umgang und die Kenntnis der Alarmübertragung bei verteilten Alarmsystemen durch den Anwender existenzielle Bedeutung für den Patienten, z. B. mit Asystolie (Herzstillstand), haben können.

Sowohl das deutsche Medizinproduktegesetz als auch die MPBetreibV sind ansonsten allgemein gehalten und enthalten keine konkreten Angaben zum Thema Alarmierung, zur Verwendung von WLAN als Infrastruktur oder anderem. Um die Anforderungen der Betreiberverordnung bei der Kombination von Geräten zu einem verteilten Alarmsystem zu erfüllen und nachzuweisen, sollte der Betreiber ein Risikomanagement durchführen. Die Durchführung und Dokumentation eines solchen Risikomanagements entspricht also der geforderten Sorgfaltspflicht des Betreibers beim Einsatz verteilter Alarmsysteme.

Nachfolgend werden zwei wesentliche technische Regeln vorgestellt, die Anforderungen an den Aufbau und die Zuverlässigkeit verteilter Alarmsysteme beinhalten, nämlich die Regeln IEC 60601-1-8 und TR IEC 80001-2-5.

3.2   Normative Grundlagen

Bisher gab es keine Anleitungen, wie ein VAS aufgebaut sein muss, um die erforderliche Sicherheit für Patienten zu gewährleisten. Da für ein VAS Medizinprodukte in Form von Überwachungsgeräten mit Rufanlagen und/oder Kommunikationsservern, Alarmierungsservern und anderen Produkten kombiniert werden, kann der Betreiber die IEC 60601-1-8 als anerkannte Regel der Technik heranziehen, um solche verteilten Alarmsysteme konform zur Medizinprodukte-Betreiberverordnung zu installieren, zu betreiben, anzuwenden und in Stand zu halten.

3.2.1   IEC 60601-1-8

Die IEC 60601-1-8 legt für Medizinprodukte mit Überwachungsfunktion die Art und Weise der Alarmierung und der Quittierung der Alarme fest. Diese Ergänzungsnorm trifft allgemeine Festlegungen für Alarmsysteme in medizinischen elektrischen Geräten und Systemen. Zweck ist es, Merkmale der Basissicherheit und der wesentlichen Leistungen sowie Prüfungen für Alarmsysteme von medizinischen elektrischen Geräten und Systemen zu beschreiben und zusätzlich Anleitung für ihre Anwendung zu geben. Dies wird durch die Definition von Alarmkategorien (Prioritäten) nach dem Grad der Dringlichkeit, konsistenten Alarmsignalen und Kontrollbedingungen sowie deren einheitliche Kennzeichnung erreicht.

Verteiltes Alarmsystem (Distributed Alarm System, DAS) IEC 60601-1-8 definiert in Abschn. 3.17 den Begriff des verteilten Alarmsystems, das mehr als ein Gerät eines ME-Systems umfasst. Abb. 1 zeigt beispielhaft ein solches verteiltes Alarmsystem, dessen Komponenten bestimmungsgemäß durch größere bzw. große Entfernungen voneinander getrennt sein können.

Abb. 1 Vernetztes medizinisches System zur ergänzenden Überwachung in der Kardiologie

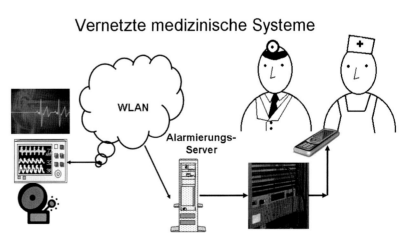

Vernetzte medizinische Systeme

WLAN

Alarmierungs-Server

Übertragung Alarmierung Patientenmonitor –WLAN - Alarmierungs-Server –
Kommunikationsanlage – mobiles Gerät

Rechtliche Bedeutung der IEC 60001-1-8 Der Begriff „anerkannte Regel der Technik" findet sich im Zusammenhang mit Medizinprodukten in der Medizinprodukte-Betreiberverordnung (MPBetreibV), ohne dass die Verordnung diesen Begriff näher definiert. IEC 60601-1-8 ist als anerkannte Regel der Technik gemäß § 2 Abs. 1 der Medizinprodukte-Betreiberverordnung anzusehen, nach der Betreiber verteilte Alarmsystem planen, installieren, betreiben, anwenden und in Stand halten können. Hersteller wie auch Betreiber sind daher gut beraten, die Anforderungen der IEC 60601-1-8 an verteilte Alarmsysteme zu beachten und umzusetzen, um ein Produkt konform mit den Anforderungen des Medizinproduktegesetzes in den Verkehr zu bringen und entsprechend den Anforderungen der MPBetreibV zu betreiben. Mit der Umsetzung dieser Norm kann die Patientensicherheit deutlich erhöht werden.

3.2.2 TR/IEC 80001-2-5

Ende 2014 ist der Technical Report TR/IEC 80001-2-5 ergänzend zur IEC 80001-1 erschienen. Der Begriff „Technical Report" wird im Normungsdeutsch mit „Beiblatt" übersetzt. Während die Grundnorm IEC 80001-1 generelle Anforderungen an ein Risikomanagement bei der Integration von Medizinprodukten in ein IT-Netzwerk beinhaltet, beschreibt der TR als Beiblatt konkrete Anforderungen für Betreiber an die Gestaltung und den Betrieb verteilter Alarmsysteme.

TR 80001-2-5 definiert erstmalig konkrete Anforderungen an die Sicherheit von Alarmsystemen und kann daher zukünftig als Regel der Technik Maßstäbe für Betreiber setzen. Waren bisher die regulatorischen und technischen Anforderungen des MPG, der MPBetreibV und der Normen (IEC 60601-1-8) an Alarmierungssysteme sehr abstrakt formuliert, ergibt sich mit Erscheinen des TR ein praktischer Standard als Maßstab, eingesetzte verteilte Alarmsysteme zu überprüfen und auf den Stand der 80001-2-5 als vertrauenswürdiges, verteiltes Alarmsystem mit Erstfehlersicherheit zu bringen. Der bereits in der IEC 60601-1-8 beschriebene Begriff des verteilten Alarmsystems wird in diesem Technical Report weiter ausgeführt. Der TR beschreibt ein verteiltes Alarmsystem als eine Kombination einer Alarmquelle (Source), einem Integrator (Integrator) und einem Kommunikationsgerät (Communicator). Der Integrator überwacht, ob und welche Antwort von einem Anwender erfolgt, der den Eingang einer Nachricht auf dem Kommunikationsgerät annehmen, negieren oder nicht beantworten kann. Entsprechend kann der Integrator eine Alarmweiterleitung eskalieren. Neben der Überwachung der Reaktion eines Anwenders und der Weiterleitung zeichnet sich ein System nach dem Technical Report ebenfalls dadurch aus, dass es eine technische Alarmbedingung abgibt, wenn die verlässliche Übertragung von Informationen und Signalen nicht mehr gewährleistet ist.

TR 80001-2-5 unterscheidet drei wesentliche Begriffe, die nachfolgend vorgestellt werden sollen.

3.3 Definitionen: Verteiltes Alarmsystem und verteiltes Informationssystem

Verteiltes Informationssystems (VIS), auch als „Distributed Alarm System" (DIS) bezeichnet Ein System, das zur Übertragung von Informationen und/oder Alarmen an ein Endgerät vorgesehen ist, aber keine sichere, verlässliche Übertragung von Informationen und/oder Alarmen garantieren kann, wird als verteiltes Informationssystem bezeichnet. Kennzeichnend für ein solches System ist, dass es keine technische Alarmbedingung abgibt, wenn eine Komponente ausfällt oder aber die Übertragung unterbrochen ist. Der Anwender darf sich auf dieses Informationssystem nicht verlassen. Dies bedeutet, dass der Anwender in der Nähe der optischen und akustischen Alarmgebung der bettseitigen Überwachungsmonitore bleiben muss.

Verteiltes Alarmsystem (VAS), auch als „Distributed Alarm System" (DAS) bezeichnet Ein System, das eine verlässliche Übertragung von Informationen und/oder Alarmen an ein Endgerät durchführt, wird als verteiltes Alarmsystem bezeichnet. Die Verlässlichkeit ergibt sich daraus, dass ein solches System bei Ausfall einer der Komponenten bzw. der Unterbrechung der Weiterleitung von Information oder Alarmen eine technische Alarmbedingung abgibt. Aufgrund dieser technischen Alarmbedingung wird der Anwender informiert, dass es eine Störung gibt und dass er sich nicht mehr auf die verlässliche Übertragung des Systems verlassen darf. Der Anwender muss dann durch geeignete Maßnahmen wie offene Türen, zusätzliches Personal usw. die Sicherheit der Patienten gewährleisten. Ein solches System entspricht den Anforderungen der IEC 60601-1-8.

Verteiltes Alarmsystem mit Bestätigung, auch als „Distributed Alarm System with Confirmation" bezeichnet Ein System, das nicht nur eine verlässliche Übertragung von Informationen und/oder Alarmen an ein Endgerät durchführt, sondern auch die Reaktion des Anwenders rückkoppelt, wird als verteiltes Alarmsystem mit Bestätigung bezeichnet. Ein solches Alarmsystem erfüllt die Anforderungen eines verteilten Alarmsystems mit der Erweiterung der Rückkopplung der Anwenderreaktion.

Derzeit (2015) werden noch keine derartigen, den Anforderungen des TR 80001-2-5 entsprechenden Alarmsysteme kommerziell angeboten. Daher finden sich in den Krankenhäusern immer noch viele Anbindungen von Überwachungsmonitoren und anderen Medizinprodukten wie Infusionspumpen etc. an herkömmliche Schwesternrufanlagen.

3.4   Ablösung der Begriffe Primär- und Sekundärüberwachung

Die Begrifflichkeiten der Primär- und Sekundärüberwachung ergeben sich aus der Norm E DIN EN 60601-2-49, die im Anhang AA in der Erläuterung zu 208.6.42 – „Verzögerung zu oder von einem verteilten Alarmsystem" – von der primären Alarmanzeige spricht. Die Begriffe werden in der Praxis umgangssprachlich verwendet, um die Abgrenzung der Verantwortlichkeiten und der Funktion (Alarm versus Information) bei der Kombination von Überwachungsgeräten und Informationssystemen zu charakterisieren.

Hersteller von Überwachungsanlagen bezeichnen diese Form der direkten anwendungsbezogenen und technischen Überwachung von Patienten allgemein als Primärüberwachung, die vom Hersteller in der Zweckbestimmung nach § 3 Abs. 10 des Medizinproduktegesetzes und/oder in den Gebrauchsanleitungen der Überwachungsgeräte definiert wird. Eine formalrechtliche Definition der Primärüberwachung gibt es weder im MPG noch in der MPBetreibV. Hersteller von Patientenüberwachungsanlagen beziehen sich ausschließlich auf die primäre bettseitige Überwachung und die Überwachung durch die Zentrale, weil eine Rufanlage und das IT-Netzwerk eines Betreibers nicht in die Konformitätsbewertung eines Herstellers einbezogen sind und der Hersteller somit keine Verantwortung für den Betrieb mit diesen Komponenten übernehmen kann.

Als Sekundärüberwachung bezeichnet man die Anbindung eines Patientenüberwachungssystems (Einzelgerät, Überwachungsanlage) an ein weiteres Alarmierungssystem, das in der Verantwortung des Betreibers liegt, um unterstützend/ergänzend zur Primärüberwachung das Pflegepersonal und/oder Ärzte über das Auftreten eines Alarmes bei einem überwachten Patienten zu informieren.

Da die Begriffe Primär- und Sekundärüberwachung normativ nicht definiert sind, wird empfohlen, die normativ definierten Begriffe „Verteiltes Alarmsystem" und „Verteiltes Informationssystem" entsprechend zu verwenden.

4   Anbindung an Rufanlagen nach VDE 0834

Die VDE 0834 stellt eine nationale deutsche Norm dar. Sie besteht aus zwei Teilen, Teil 1 beschreibt Geräteanforderungen, Errichten und Betrieb, Teil 2 Umweltbedingungen und elektromagnetische Verträglichkeit.

Teil 1 der Norm führt in Abschn. 1 aus, dass Rufanlagen keine Medizinprodukte oder Zubehör zu Medizinprodukten im Sinne der Richtlinie Medical Devices Directive 93/42/EWG seien, da sie nicht zur unmittelbaren Überwachung von Patienten dienen. Diese Formulierung basiert auf der Tatsache, dass es sich bei der VDE 0834 um eine nationale

Norm handelt; es ist keine harmonisierte Norm, die zum Nachweis der Erfüllung der grundlegenden Anforderungen der Medical Devices Directive 2007/47/EG herangezogen werden kann. Eine Norm kann als technische Regel eine solche Festlegung nicht treffen, nach dem Konzept der Europäischen Harmonisierungsrichtlinien legt immer der Hersteller eines Produktes fest, nach welcher Richtlinie er sein Produkt in Verkehr bringt. Somit kann auch ein Hersteller Rufanlagen durchaus als Medizinprodukt bauen und mit einer CE-Konformitätserklärung nach der Medizinprodukte-Richtlinie in Verkehr bringen.

Die Norm weist in Abschn. 1 ausdrücklich darauf hin, dass die Nutzung einer Rufanlage beim Einsatz (bzw. Anbindung) von medizinischen elektrischen Geräten oder Geräten der Intensivpflege nicht die Vorschriften für das Personal und die Aufsichtspflicht beim Betrieb solcher Geräte ersetzt bzw. den Betreiber davon entbindet. Eine Rufanlage ist nur dafür vorgesehen, Meldungen (von alarmierenden Geräten) zur Beschleunigung der Ruf- oder Alarmbefolgung zusätzlich zu übertragen. Der Text der Norm VDE 0834:2000 schließt eine Verwendung als Alarmsystem nur verklausuliert aus.

Der Einsatz und die Zweckbestimmung von Rufanlagen haben sich in den Krankenhäusern während der letzten 20 Jahre deutlich geändert. Rufanlagen (RA) nach VDE 0834 dienen primär zur Kommunikation zwischen Pflegepersonal und Patienten. Dabei unterstützen die im Krankenhausbereich häufig auch als Lichtrufanlagen bezeichneten Anlagen einerseits das Personal bei Kontaktwünschen von Patienten, und andererseits sollen sie die Sicherheit der Patienten gewährleisten. Rufanlagen signalisieren optisch und akustisch einen ausgelösten Ruf. Anlagen mit Sprachübertragung ermöglichen eine direkte Sprachkommunikation mit dem Patienten.

Die Zweckbestimmung von Rufanlagen besteht darin, dass ein Patient über ein Rufsystem (Personalruf), z. B. durch einen Taster, die Mitarbeiter der Station informieren kann, dass er Hilfe benötigt. Überwachungsgeräte, wie Monitore, Pulsoximetriegeräte etc., die bestimmungsgemäß über einen entsprechenden Ausgang zur Ansteuerung eines potenzialfreien Relaiskontaktes verfügen, können unter bestimmten Voraussetzungen an eine Lichtrufanlage angeschlossen werden. Hersteller beschreiben die Zweckbestimmung von Rufanlagen dahingehend, dass sie das Personal über das Auftreten von Alarmen informieren sollen. Rufanlagen sind ursprünglich nicht dafür vorgesehen (Zweckbestimmung), Alarme medizinischer technischer Geräte zu übertragen. Dies wird allerdings seit vielen Jahren im Krankenhausbereich vor allem auf den sogenannten Normalstationen praktiziert. Diese Form der Alarmübertragung findet sich häufig in Krankenhäusern mit Altbausubstanz und mit verwinkelten Stationsbereichen, in denen ein akustischer und optischer Alarm im Zimmer eines Patienten die Anwender nicht erreicht. Aber auch auf Intensivstationen finden sich Lichtrufanlagen zur Übertragung von Alarmen und Ereignissen bettseitiger Überwachungsgeräte, vereinzelt sogar als zentrale Komponente eines verteilten Alarmsystems. Dies bedeutet aus Sicht des MPG und der MPBetreibV, dass eine Rufanlage als Teil eines Medizinproduktesystems eingesetzt wird, das der Betreiber durch die Kombination in Form einer Eigenherstellung nach § 12 MPG betreibt, weil damit eine Änderung der Zweckbestimmung einhergeht.

In vielen Krankenhäusern werden Rufanlagen faktisch als Alarmsystem genutzt und eingesetzt, um die Anwender auf einen kritischen Zustand eines Patienten (Vitalparameteralarm) hinzuweisen und zu sofortigem Handeln zu veranlassen. Mit einem solchen faktischen Einsatz von Rufanlagen als Teil eines Medizinproduktesystems ändert der Betreiber die Zweckbestimmung von Rufanlagen; dies bedeutet, dass der Betreiber mit Änderung der Zweckbestimmung eine Eigenherstellung nach § 12 MPG durchführt und eine entsprechende Dokumentation erstellen muss.

Im klinischen Alltag wird beim Anschluss von medizinischen technischen Geräten rechtlich nicht zwischen Information und Alarmierung über eine Rufanlage unterschieden. Es empfiehlt sich daher, die Rufanlage von Stationen, in denen häufig Infusionsapparate angeschlossen werden, eindeutig als Medizinprodukt zu definieren und gemäß den Anforderungen der MPBetreibV zu betreiben. Diese Vorgehensweise empfiehlt sich aus Sorgfaltsgründen, weil vielfach die Betreuung der angeschlossenen Geräte und die Betreuung einer Rufanlage durch verschiedene Abteilungen im Krankenhaus wahrgenommen werden, die nicht immer miteinander kommunizieren.

Aus normtechnischer sowie technischer Sicht stellt die Kombination eines Überwachungsmonitors mit einer Rufanlage kein verlässliches verteiltes Alarmsystem dar, weil das so erstellte System nicht erstfehlersicher ist. Die Anbindung und sichere Funktion eines Überwachungsmonitors an eine Rufanlage wird nicht im Sinne einer technischen Alarmbedingung überwacht, wie es die Alarmierungsnorm IEC 60601-1-8 für ein verteiltes Alarmsystem fordert.

5 Betreiberaufgaben bei der Erstellung von verteilten Alarm- und Informationssystemen

Die Forderung nach automatisierter Überwachung von Patienten mit Überwachungsgeräten ohne permanente Anwesenheit von Ärzten und Pflegepersonal hat in den letzten Jahren in vielen Bereichen deutlich zugenommen und wird sich beispielsweise aus folgenden Gründen noch weiter verstärken:

- Zunahme behandlungs- und somit überwachungsintensiver Patienten aufgrund des Einsatzes komplexer Medizintechnik

- Optimierung des Personaleinsatzes aus Kostengründen (Wirtschaftlichkeitsdruck)
- Weniger Personaleinsatz
- Multifunktionaler und mobiler Einsatz des Personals mit Aufhebung der Bindung an eine feste Station, Tätigkeiten dort, wo Personal ad hoc benötigt wird
- Technologische Entwicklung der Übertragungsqualität von IT-Netzwerken
- Technologische Entwicklung der Funktechnologien wie WLAN (Bandbreite etc.)
- Technologische Entwicklung der Mobilgeräte wie Smartphones, Apps etc.
- Zunehmender Einsatz von Mobilgeräten als Anzeigegeräte für Alarme.

Die Definition der Übertragung von Informationen an die Anwender über verteilte Alarmsysteme wie Rufanlagen und IT-Netzwerke ist in der Praxis nicht immer eindeutig.

Wann handelt es sich eindeutig um einen Alarm (als Information) über eine lebensbedrohliche Krise/Situation eines Patienten, die sofortiges Eingreifen erfordert und wann um eine Information, die kein unmittelbares Handeln erfordert.

Diese Fragen muss der Betreiber gemeinsam mit den Anwendern, der Medizintechnik und IT in Form einer Risikoanalyse klären und dokumentieren

6 Risikomanagement bei der Erstellung von VIS und/oder VAS

Der Betreiber, der ein verteiltes Alarmsystem beschafft, installiert und/oder selber zusammensetzt, muss die gesetzlichen Anforderungen sowie die Medizinprodukte-Betreiberverordnung mit den darin geforderten anerkannten Regeln der Technik einhalten.

Immer dann, wenn der Betreiber Alarmsignale eines Medizinproduktes weiterleiten will (Anbindung an Rufanlagen, Übertragung über IT-Netzwerke, Einsatz von Mobilgeräten etc.), sollte er sich mit folgenden beispielhaften Fragestellungen auseinandersetzen, um daraus abzuleiten, welche technischen und organisatorischen Maßnahmen zu treffen sind und welche Dokumentation er über das zu installierende System zu erstellen hat:

- Was soll das alarmübertragende System leisten bzw. wozu wird es eingesetzt? Erstellen eines Anforderungsprofils mit allen Berufsgruppen.
- Wie lautet die Zweckbestimmung des zu erstellenden alarmübertragenden Systems?
- Erfolgt die Anbindung eines Überwachungsgerätes als Medizinprodukt an ein alarmübertragendes und -anzei-

gendes System im Rahmen der Zweckbestimmung des Herstellers des Überwachungsgerätes?

- Wie werden die Komponenten eines verteilten Alarmsystems zusammengesetzt (Schnittstellen, galvanische Trennung, Protokollwandler etc.)?
- Ist das zu beschaffende System erstfehlersicher gemäß der Definition eines verlässlichen verteilten Alarmsystems in der IEC 60601-1-8 bzw. in dem TR IEC 80001-2-5?
- Welche technische Abteilung/Bereich/Dezernat betreut das zu erstellende Alarmsystem technisch im Sinne der Verantwortlichkeit und des Monitorings der Funktion bzw. möglicher Ausfälle?
- Wie ist sichergestellt, dass ein Ausfall bzw. eine Unterbrechung eines verteilten Alarmsystems überwacht und sofort festgestellt werden?
- Wer muss das durchführen und welche Reaktionen müssen dann erfolgen, um die Sicherheit der überwachten Patienten sicherzustellen und die Funktionsfähigkeit des verteilten Alarmsystems wieder herzustellen?
- Wie sind die Anwender eingebunden?
- Wie werden die Anwender über eine Unterbrechung bzw. die Wiederherstellung der Alarmübertragung informiert?
- Wie stellen die Anwender eine Unterbrechung der Alarmübertragung fest?
- Wie haben die Anwender dann zu reagieren? Was müssen sie tun und an wen (technische Abteilung?) können sie sich wenden?
- Gibt es eine Dienstanweisung über die Nutzung bzw. auch die Funktionsprüfung eines Alarmsystems vor Anwendung/Anschluss eines Patienten?
- Wer führt verantwortlich das Risikomanagement im Sinne der Projektleitung und führt/vervollständigt die Dokumentation?
- Welcher Mitarbeiter ist in der Lage, ein Risikomanagement mit Risikoanalyse nach DIN EN ISO 14971 durchzuführen?

7 Zusammenfassung und Empfehlungen

Es obliegt der Sorgfaltspflicht des Betreibers, dafür Sorge zu tragen, dass durch den Einsatz von komplexer Technik kein Patient zu Schaden kommt. Dies bedeutet, dass der **Betreiber** organisatorische, personelle und technische Maßnahmen treffen muss, damit die Anwender die Komplexität eines verteilten Alarmsystems kennen und beherrschen. Ein verteiltes Alarmsystem muss die Anwender entlasten bzw. unterstützen und nicht zusätzlich belasten.

Die Tendenz, Alarmsysteme zu installieren und zu betreiben, um aus Kostengründen die Mitarbeiterzahl zu reduzieren, ist ungeeignet. Anwender geraten durch zwei Aspekte unter Arbeitsdruck:

- Zunehmende Betreuungsintensität intensiv- und überwachungspflichtiger Patienten aufgrund des Einsatzes von immer mehr Medizintechnik
- Personalreduktion durch Einsatz von komplexer Technologie.

Alarmsysteme sollten eingesetzt werden, um den Workflow der Anwender zu unterstützen und nicht um Personal abzubauen. Ein solcher Prozess ist kontraproduktiv, weil er den Arbeitsdruck auf die verbleibenden Mitarbeiter noch mehr erhöht.

IEC 60601-1-8 ist als anerkannte Regel der Technik gemäß § 2 Absatz 1 der MPBetreibV anzusehen, nach der Betreiber verteilte Alarmsysteme planen, installieren, betreiben, anwenden und in Stand halten können. Betreiber sind gut beraten, die Anforderungen der IEC 60601-1-8 und der seit 2015 als Weißdruck erschienenen TR/ICE 80001-2-5 an verteilte Alarmsysteme zu beachten und umzusetzen, um ein Produkt konform mit den Anforderungen des Medizinproduktegesetzes in den Verkehr zu bringen und entsprechend den Anforderungen der MPBetreibV zu betreiben. Mit der Beachtung und Umsetzung dieser Normen kann die Patientensicherheit deutlich erhöht werden.

Literatur

DIN EN 60601-1-8. VDE 0750-1-8:2008-02. Medizinische elektrische Geräte – Teil 1–8: Allgemeine Festlegungen für die Sicherheit einschließlich der wesentlichen Leistungsmerkmale – Ergänzungsnorm: Alarmsysteme – Allgemeine Festlegungen, Prüfungen und Richtlinien für Alarmsysteme in medizinischen elektrischen Geräten und in medizinischen Systemen (IEC 60601-1-8:2006)

Gärtner A (2010) Medizinproduktesicherheit, Bd 6, Anwendung und Praxis. TÜV Media, Köln. ISBN 978-3-8249-1168-4

http://www.gesetze-im-internet.de/bundesrecht/mpbetreibv/gesamt.pdf. Zugegriffen am 27.12.2014

IEC 80001-1:2010. Anwendung des Risikomanagements für IT-Netzwerke, die Medizinprodukte beinhalten – Teil 1: Aufgaben, Verantwortlichkeiten und Aktivitäten

IEC/TR 80001-2-5:2014. Application of risk management for IT-networks incorporating medical devices – Part 2–5: Application guidance – Guidance for distributed alarm systems

ISO 14971:2012. Medizinprodukte – Anwendung des Risikomanagements auf Medizinprodukte

VDE 0834-1:2000–04. Rufanlagen in Krankenhäusern, Pflegeheimen und ähnlichen Einrichtungen – Teil 1: Geräteanforderungen, Errichten und Betrieb

Krankenhausinformationssysteme: Ziele, Nutzen, Topologie, Auswahl

3

Peter Haas und Klaus Kuhn

Inhalt

1   Einleitung

Das Gesundheitswesen in vielen Industrienationen steht vor großen Herausforderungen. Steigendes Durchschnittsalter mit einhergehender Zunahme chronischer Erkrankungen und damit steigende Ausgaben, arbeitsmarktbedingte Beitragsausfälle und der durchgängige Anspruch aller Bürger, ungeachtet ihrer Finanzkraft, nach hochwertiger zeitgemäßer medizinischer Versorgung führen zu einem erhöhten Druck auf die Gesundheitssysteme, einerseits die Behandlungsprozesse in den Institutionen effektiver zu gestalten, aber auch die Koordination und Zusammenarbeit zwischen den Institutionen zu verstärken – nicht nur um Doppeluntersuchungen zu vermeiden, sondern vor allem um die Patientensicherheit und eine beschleunigte Diagnostik und Therapie zu gewährleisten und so auch u. a. Folgekosten zu vermeiden. Dabei spielt vor allem der Einsatz der Informationstechnologie für beide Herausforderungen eine entscheidende Rolle – vor allem auch für Krankenhäuser mit ihren komplexen Organisations-, Kommunikations- und Dokumentationsstrukturen. Heute kann kein Krankenhaus mehr ohne den Einsatz eines umfassenden Krankenhausinformationssystems wirtschaftlich und sicher betrieben werden. Eine große Herausforderung ist dabei auch die Translation des neuesten Wissens in den praktischen klinischen Alltag.

Stichworte von Lösungsansätzen sind hier u. a. „managed care„ und „evidence-based medicine“. Schon lange gefordert ist die bessere Verzahnung der verschiedenen Versorgungssektoren. Von diesen Lösungsansätzen sind die Krankenhäuser in besonderem Maße betroffen bzw. müssen zur Umsetzung wesentlich beitragen, da sie ganz wesentliche

P. Haas (✉)
Medizinische Informatik, Fachhochschule Dortmund, Dortmund, Deutschland
E-Mail: author@noreply.com

K. Kuhn
Institut für Med. Statistik und Epidemiologie, Klinikum rechts der Isar der TU München, München, Deutschland
E-Mail: author@noreply.com

© Springer-Verlag GmbH Deutschland 2017
R. Kramme (Hrsg.), *Informationsmanagement und Kommunikation in der Medizin*,
DOI 10.1007/978-3-662-48778-5_41

Informationen zum Patienten erheben und dokumentieren und bei jeder komplexeren Erkrankung wesentliches Glied in der Behandlungskette sind. Folgerichtig formulierte Henke schon 1999 „Keine Netze ohne Kliniken" (Henke 1999). Ein Großteil der medizinischen Information zu einer Person wird in Krankenhäusern erhoben und dokumentiert. Dies umso mehr für die eingangs erwähnten Gruppen der chronisch und schwer Kranken und der Menschen im fortgeschrittenen Lebensalter. Wesentliche medizinische Maßnahmen sowohl diagnostischer als auch therapeutischer Art – welche bedeutsam auch im weiteren Lebens- und Behandlungsverlauf sind – finden im Krankenhaus statt. Was davon heute in den ambulanten Sektor diffundiert, ist i. d. R. eine sehr knapp gefasste und oftmals zu spät kommende Epikrise, die sicher hilft, schnell einen Überblick zu verschaffen, aber Detailfragen nicht transparent beantworten kann.

Politik, Selbstverwaltungsorgane, Fachgesellschaften und auch die Bürger sind sich zunehmend bewusst, dass diese Herausforderungen nur mittels einer informationstechnologischen Vernetzung zum Zweck der Verzahnung aller Versorgungssektoren des Gesundheitswesens – v. a. aber der ambulanten, stationären und rehabilitativen – bewältigt werden können. Schlagwort für einen solchen Lösungsansatz ist die Gesundheitstelematik.

Eine funktionierende und leistungsfähige Vernetzung macht jedoch nur Sinn, wenn die Knoten eines solchen Netzes (= die beteiligten betrieblichen Informationssysteme) vorhanden und geeignet sind, dieses Netz tatsächlich zu knüpfen und mit Leben zu füllen. Damit wird deutlich, dass die Ausstattung von Gesundheitsversorgungsinstitutionen mit geeigneten einrichtungsbezogenen Informationssystemen (sog. betriebliche Informationssysteme wie Krankenhausinformationssysteme, Arztpraxissysteme, Informationssysteme im Rettungswesen etc.) sowie der adäquaten personellen Kompetenz zum Betrieb der Systeme ein kritischer Erfolgsfaktor für die weitere Entwicklung von Gesundheitsversorgungssystemen sind.

Gesundheitstelematik und Telemedizin ist ohne eingebundene Krankenhausinformationssysteme undenkbar, es kann gar argumentiert werden, dass Krankenhausinformationssysteme das Rückgrat der Gesundheitstelematik bilden. Dies auch, da viele Problemstellungen und Lösungsansätze sowie semantische Bezugssysteme aus dem „Mikrokosmos" Krankenhaus sehr wohl ihre Entsprechungen im „Makrokosmos" der gesundheitstelematischen Netze haben. Darüber hinaus können Krankenhäuser mit ihren IT-Abteilungen den Betrieb aktiver Netzknoten für ganze Subregionen übernehmen.

Dazu bedarf es in Krankenhäusern umfassender Informationssysteme und einer mittel- und langfristigen strategischen Informationssystemplanung. Hierzu werden im Folgenden Detailausführungen gegeben.

2 Notwendigkeit, Ziele und Nutzen umfassender Krankenhausinformationssysteme

2.1 Notwendigkeit

Die Notwendigkeit des Einsatzes umfassender Krankenhausinformationssysteme (KIS) ergibt sich aus übergeordneter Sicht gesehen aus vier wesentlichen Aspekten:

1. Die Krankenhäuser sind einem hohen Druck hinsichtlich ihrer Effektivität und Effizienz ausgesetzt. Weitreichende Nachweis- und Datenübermittlungspflichten sind u. a. Ausdruck dieser Situation, aber auch das Vergütungssystem mittels „Diagnosis-Related Groups" (DRG). Ein betriebliches Management ist nur noch auf Basis einer medizinökonomisch ausgerichteten Deckungsbeitragsrechnung mit allen notwendigen vor- und nachgelagerten Komponenten möglich. Hierzu werden detaillierte Angaben zu individuellen Behandlungen bzw. den durchgeführten Behandlungsmaßnahmen – auch mit Blick auf die Morbiditätssituation der einzelnen behandelten Patienten – benötigt, die nur über ein flächendeckend eingesetztes Krankenhausinformationssystem erfasst und ausgewertet werden können.

2. Die rasche Umsetzung neuester medizinischer Erkenntnisse – welche mittels elektronischer Medien und Internet immer zeitnaher verfügbar werden – in den klinischen Arbeitsalltag ist ohne Unterstützung durch die Informationstechnologie nicht mehr zu leisten. Hier werden, u. a. bezogen auf die individuelle Behandlungssituation, kontextsensitive Rechercheinstrumente benötigt, die dem Arzt entsprechende im KIS oder in speziellen medizinischen Daten- und Wissensbasen vorhandene und zugreifbare Informationen direkt und ohne Aufwand zur Verfügung stellen.

3. Die Umsetzung von Leitlinien und klinischen Pfaden sowie die organisatorische Koordination und Straffung der Abläufe ist ohne entsprechende unterstützende IT-Funktionen nicht leistbar.

4. Aus dem eingangs Gesagten wird deutlich, dass Krankenhausinformationssysteme eine ganz wesentliche Rolle beim Aufbau einer Gesundheitstelematik spielen. Kein effizientes und vernetztes Gesundheitswesen kommt ohne leistungsfähige interoperable Krankenhausinformationssysteme aus.

Vor diesem Hintergrund ist die Frage, wie die Krankenhäuser – die letztendlich immaterielle Güter wie Gesundheit, Besserung oder Linderung produzieren bzw. produzieren sollen – mit der für die Produktion dieser Güter wichtigsten Ressource „Information" umgehen, von höchster strategischer Bedeutung. Dies v. a. auch, weil der kritische Erfolgsfaktor für effizientes ärztliches Handeln – und damit für ein hohes Maß an Effizienz, Wirtschaftlichkeit und Qualität – die schnelle und umfassende Verfügbarkeit aktueller Informationen über Untersuchungen, deren Ergebnisse, spezifische Ereignisse und mögliche Handlungsalternativen bezogen auf eine spezielle Patientenbehandlung ist. Es kann also festgestellt werden, dass die Verfügbarkeit eines leistungsfähigen Krankenhausinformationssystems und eines entsprechenden strategischen Informationsmanagements (Pietsch et al. 2004; Heinrich und Lehner 2005) für jedes Krankenhaus entscheidender Faktor für Unternehmenserfolg und qualitativ hochwertige und sichere Behandlungen sind.

2.2 Ziele des Informationstechnologieeinsatzes im Krankenhaus

Die Ziele des Einsatzes von IT im Krankenhaus müssen sich – wie in allen Einsatzbereichen (Bullinger 1991) – prinzipiell den Unternehmenszielen unterordnen bzw. von diesen abgeleitet sein. Insofern hat jedes Krankenhaus im Speziellen diese Ziele festzulegen, ein Beispiel einer solchen zielorientierten Strategie findet sich bei Kuhn und Haas (1997).

Allgemeingültig können jedoch folgende strategische Ziele angegeben werden:

Strategische Ziele
Der IT-Einsatz im Krankenhaus muss

- das Handeln des Managements umfassend unterstützen,
- die Optimierung der Erlössituation ermöglichen,
- Kosten- und Leistungstransparenz schaffen,
- die Rationalisierung von administrativen Vorgängen ermöglichen,
- zur Effektivierung medizinischer Organisations- und Entscheidungsprozesse beitragen,
- die Durchlaufzeiten (Untersuchungsaufträge, Operationen, stationäre Aufenthaltsdauer etc.) verkürzen,
- die Transparenz medizinischer Organisations- und Entscheidungsprozesse herstellen,
- die Patientensicherheit gewährleisten,
- ein kontinuierliches Qualitätsmonitoring sicherstellen,
- die diagnosegruppenbezogene Standardisierung medizinischer Kernbehandlungsprozesse unterstützen,
- ein Informationsangebot für Patienten, Personal und Bürger ermöglichen,
- die Koordination/Kooperation mit externen Partnern verbessern,
- eine vollständige elektronische Krankenakte zur Verfügung stellen.

Wesentliche – diesen strategischen Zielen folgende – operative Ziele sind dabei die Transparentmachung vieler für den erfolgreichen Betrieb des Unternehmens Krankenhaus und sichere Patientenbehandlungen wichtiger Aspekte:

Operative Ziele
- Sicherstellung der aktuellen Abrechnungsformen und Nachweispflichten, Liquidität verbessern:
  → *Einnahmentransparenz*
- Einführung einer (erweiterten) Basisdokumentation, einheitliche Verschlüsselungssoftware:
  → *Transparenz des Krankengutes*
- Einführung einer elektronischen Patientenakte
  → *Transparenz des individuellen Behandlungsgeschehens zu einem Patienten, Verbesserung der Patientensicherheit*
- Operative Systeme in Materialwirtschaft, Personalwirtschaft, Technik, Küche etc.:
  → *Kostentransparenz*
- Flächendeckende „optimale" Leistungserfassung:
  → *Leistungstransparenz, Handlungstransparenz*
- Deckungsbeitragsrechnung/Prozesskostenrechnung ermöglichen:
  → *Transparenz der Ressourcenverwendung* (Personal, Sachmittel etc. für Fallgruppen)
- Medizinische Organisations- und Dokumentationssysteme für die Fachabteilungen:
  → *Organisationstransparenz, Dokumentationstransparenz*
- Informationsmedium Intra-/Internet für die verschiedenen Zielgruppen:
  → *Transparenz des Krankenhauses* (z. B. für Mitarbeiter, Patienten und Bürger)
- Integrierte Funktionen für die Kommunikation und Empfang/Versand von Unterlagen von/an externe Partner:
  → *Transparente effektive Zusammenarbeit mit externen Institutionen.*

2.3 Nutzenpotenziale

Das Nutzenpotenzial der Informationsverarbeitung im Krankenhaus ist breit gefächert und ergibt sich z. T. aus den bereits genannten Zielen. Zieht man einmal die Analogie, dass ein Krankenhausinformationssystem betriebliches Gehirn (in diesem Sinne das Gedächtnis) und Nervensystem (Informationsübermittlung, Steuerung, Überwachung, Statusinformationen) des Krankenhauses darstellt, wird die enorme Bedeutung und das Nutzenpotenzial eines KIS deutlich. Der Nutzen eines KIS sind in der folgenden Übersicht zusammengefasst.

Nutzenpotenzial eines KIS
Ein Krankenhausinformationssystem

- ermöglicht eine gesamtheitliche Sicht auf die Patientenbehandlung,
- trägt zur Integration der verschiedenen Berufsgruppen bei,
- entlastet das medizinische Personal von Doppelarbeiten und administrativem Overhead,
- ermöglicht den schnellen Zugriff auf frühere Behandlungsfälle/-dokumentationen,
- ermöglicht den schnellen Zugriff auf aktuelles medizinisches Wissen,
- ermöglicht eine bessere Koordination und Abstimmung z. B. durch ein Terminplanungsmodul und somit eine zeitnahe Steuerung und Regelung der betrieblichen Prozesse,
- ermöglicht ein kontinuierliches Qualitätsmonitoring,
- trägt selbst zur erhöhten Behandlungsqualität bei,
- unterstützt die Patientensicherheit,
- hilft, unnötige Untersuchungen zu vermeiden,
- gibt Auskunft über die entstandenen Kosten und wofür diese angefallen sind,
- schafft betriebliche Transparenz,
- hilft, Kosten zu sparen,
- trägt zur Patientenzufriedenheit bei,
- steigert die Attraktivität des Krankenhauses für zuweisende Ärzte, für Patienten und für Bürger,
- schafft Wettbewerbsvorteile durch adäquates Leistungsangebot sowie schnellere Reaktion auf Marktveränderungen,
- schafft eine Informationsbasis für die Forschung im Bereich der klinischen Epidemiologie, aber auch für die Gesundheitsökonomie.

Das Potenzial für bessere Behandlungsqualität, weniger Behandlungsfehler und Liegezeitverkürzungen als Folgeeffekte des Einsatzes von KIS wurden frühzeitig belegt (Bates et al. 1994; Clayton et al. 1992; Kohn et al. 2000; Leape 1997). Auch der positive Effekt von IT-generierten Erinnerungs- und Warnhinweisen ist hervorzuheben (McDonald et al. 1999). Es gibt aber daneben auch kritische Stimmen (Bates 2005).

Die Informationsverarbeitung mit ihrem Charakter einer Querschnittstechnologie eröffnet jedoch diesen Nutzen nur bei einer ausgewogenen und abgestimmten Durchdringung aller betrieblichen Bereiche – was also eine gesamtbetriebliche IT-Strategie voraussetzt. Gerade in einer Situation beschränkter Finanzmittel kommt daher einem strategisch gesteuerten und koordinierten stufenweisen Ausbau des KIS in einem Krankenhaus besondere Bedeutung zu.

3 Unterstützung des Krankenhausbetriebes durch ein KIS

Die zuvor dargestellten Ziele und Nutzenpotenziale können insgesamt nur erreicht werden, wenn innerhalb eines Krankenhausinformationssystems alle Aspekte der IT-Unterstützung berücksichtigt sind. Wesentliche Unterstützungsdimensionen von IT-Systemen im Krankenhaus werden im Folgenden kurz erläutert (Bates und Gawande 2003; Haas 2005).

Verarbeitungsunterstützung Die Unterstützung bei der Verarbeitung von Daten im Sinne der Durchführung von komplexen Berechnungen, Transformationen und Datenkonvertierungen.

Ermittlung der abrechenbaren DRG (Diagnosis Related Group) aus dokumentierten vorliegenden klinischen Sachverhalten. Ein stärker klinisch orientiertes Beispiel ist die Dosisberechnung, etwa von Infusionsraten. Auch Monitoringsysteme fallen in diese Kategorie.

Dokumentationsunterstützung Die Unterstützung bei der Dokumentation durch Zurverfügungstellung entsprechender elektronischer Formulare und Textsysteme zur Erstellung von Dokumenten sowie deren Archivierung in elektronischen (Patienten)Akten. Im Bereich der abrechnungsrelevanten Dokumentation von Diagnosen und Maßnahmen werden auch komplexere IT-Module mit Thesaurusfunktionalität und Überprüfungen eingesetzt. Das derzeit wichtigste Problem ist hier, dass in Deutschland zwar vergröbernde Klassifikationen, aber noch keine auch Detailbeschreibungen ermöglichenden Terminologien für die Dokumentation von Diagnosen und Maßnahmen sowie wichtiger Ergebnisse eingesetzt werden. Dies schränkt auch die Möglichkeit der Entscheidungsunterstützung, etwa durch Generierung von Hinweisen aufgrund einer Überprüfung gesammelter Daten, ein. Ebenso wird die semantische Interoperabilität zwischen Informationssystemen erschwert.

Organisationsunterstützung Die Unterstützung der Organisation zielt speziell im Krankenhaus ab auf die Unterstützung der Ressourcenbelegungsplanung (Terminpläne in den Leistungsstellen, Bettenbelegungsplanung auf Station, OP-Planung), der Prozessabwicklung durch ein Workflowmanagementsystem und der Behandlungsunterstützung durch den Einsatz klinischer Pfade. Auch die Personaleinsatzplanung ist komplex und kann mit entsprechender Software gut unterstützt werden.

Kommunikationsunterstützung Die Unterstützung der innerbetrieblichen Kommunikation in Form der Befundkommunikation sowie eine Unterstützung bei Übergabe/Schichtwechsel, zunehmend auch die Kommunikation mit externen Partnern. Eine Kommunikationsunterstützung ist eng an eine funktionierende Dokumentationsunterstützung sowie an einen verbesserten Zugang zu Information gekoppelt. So kann die Integration von Befunden und Diagnosen in Arztbriefe die Brieferstellung beschleunigen und die wichtige Kommunikation zwischen stationärem und ambulantem Sektor verbessern. Die Auftragskommunikation gewinnt zunehmend an Bedeutung im Krankenhaus. Bei der Erstellung von Aufträgen können im KIS durch Überprüfung der Daten Erinnerungs- und Warnhinweise generiert werden. Dies unterstützt auch die Patientensicherheit.

Entscheidungsunterstützung Die Unterstützung von Entscheidungsvorgängen durch ein betriebliches Wissensmanagement zur kontextsensitiven Zurverfügungstellung von aktuellem Wissen (Beispiel: Zugriff auf Medline, Leitlinien etc.) und zur automatisierten Bewertung gegebener Faktenlagen (z. B. Interpretation von Laborergebnissen, EKG-Kurven, Symptomatologie, Medikationscheck). Die o. g. Erinnerungs- und Warnhinweise sind wohl die wichtigste Form der Entscheidungsunterstützung; ihr Nutzen ist nachgewiesen, ihre Verbreitung ist derzeit v. a. durch das Fehlen einer Standardterminologie für die klinische Dokumentation eingeschränkt.

Die wesentlichsten Funktionen eines KIS bezüglich dieser Unterstützungsdimensionen im Krankenhaus zeigt die Tab. 1.

Tab. 1 IT-Unterstützungsdimensionen und beispielhafte KIS-Funktionalitäten

Dimension	Beispiel
Verarbeitungsunterstützung	Ermittlung der abrechenbaren DRG
	Ermittlung fallbezogener Prozesskosten
	Kalkulation von Deckungsbeiträgen
	(Fortwährende) Berechnung wesentlicher statistischer Maßzahlen wie mittlere Verweildauer, Auslastung usw.
	Erstellung von (gesetzlich vorgeschriebenen) Statistiken und Nachweisen
	Dosisberechnungen z. B. für Bestrahlungen, Medikationen, Chemotherapien
Dokumentationsunterstützung	Abrechnungsorientierte Diagnosen- und Prozedurdokumentation
	Klinische Diagnosendokumentation

(Fortsetzung)

Tab. 1 (Fortsetzung)

Dimension	Beispiel
	Dokumentation durchgeführter Maßnahmen mit zugehörigen Befunden, so z. B. auch die Operationsdokumentation, Anästhesiedokumentation, Laborwertdokumentation u. v. a. m.
	Symptomdokumentation
	Dokumentation wesentlicher Vorfälle und Vorkommnisse
	Medikationsdokumentation
	Arztbriefschreibung, Epikrisendokumentation, integriert in einer elektronischen Krankenakte
Organisationsunterstützung	Terminpläne/ Ressourcenbelegungsplanung in Ambulanzen und Funktionsbereichen
	Bettenbelegungsplanung auf Station
	Workflowmanagement zur Unterstützung der Abwicklung von Untersuchungsaufträgen und der Dokumenten-/ Befunderstellung
	Anwendung von klinischen Pfaden und Behandlungsstandards
	Überwachung der Vollständigkeit und Zeitnähe der Abrechnungsdokumentation
Kommunikationsunterstützung	Gebundene betriebliche Kommunikation in Form der Leistungsanforderung und Ergebnisrückmeldung (Leistungskommunikation, „order entry/result reporting")
	Übermittlung von Falldaten an Krankenkassen gemäß § 301 SGB
	Übermittlung von Entlassbriefen an die einweisenden Ärzte
	Interne betriebliche E-Mail-Kommunikation
Entscheidungsunterstützung	Kontextsensitiver Zugriff auf Fakten- und Wissensbasen
	Klinische Erinnerungsfunktionen („Reminder") und Warnhinweise
	Kontextsensitive Laborwertüberwachung
	Kontraindikations- und Wechselwirkungsprüfung

4 Unterstützung am Fallbeispiel

Anhand eines beispielhaften kurzen fiktiven Behandlungsverlaufes der ersten beiden Tage eines Krankenhausaufenthaltes einer Patientin – also eines stationären Falles – sollen hier die wesentlichen Aspekte der Unterstützung des Krankenhausbetriebes durch ein KIS deutlich gemacht werden.

Frau Maier – eine ältere Dame – soll eine künstliche Hüfte erhalten. Hierzu wurde ein Termin für die Krankenhausaufnahme am 16. Januar 2006 mit ihr bzw. ihrem Hausarzt vereinbart. Die IT-Unterstützung der Organisation greift bereits vor dem aktuellen Krankenhausaufenthalt durch eine vorausschauende Betten- und Ressourcenbelegungsplanung – im Beispielfall ist also für Frau Maier bereits ein Bett für die voraussichtliche Dauer des Aufenthaltes gebucht.

Erscheint die Patientin dann am geplanten Aufnahmetag, kann sie nach kurzer Ergänzung der bereits vorhandenen Informationen in der zentralen Aufnahme – wo die für die Abrechnung notwendigen Falldaten erfasst werden – direkt auf die Station gehen, wo ihr real aber auch innerhalb des Krankenhausinformationssystems ein Bett zugewiesen wird (Abb. 1). Entsprechende Funktionen mit einer grafischen Bettenbelegungsübersicht sind heute praktisch in allen KIS realisiert. Des Weiteren werden nun auf Station weitere Daten

ergänzt: Die Bezugspersonen der Patientin und aktuelle Mitbehandler sowie bereits bekannte Risikofaktoren (Abb. 2).

Für die weitere Unterstützung des Behandlungsablaufes arbeiten viele Krankenhäuser an der Einführung sogenannter klinischer Pfade, die diagnosen- bzw. behandlungsspezifisch festlegen, welche Maßnahmen im Ablauf durchzuführen sind. In unserem Beispielfall wird also der entsprechende Pfad zur Hüft-TEP (Abb. 3) angewandt. In der elektronischen Krankenakte der Patientin sind nach Zuweisung des Bettes dann bereits alle notwendigen durchzuführenden Maßnahmen automatisch im Zeitverlauf eingetragen (Abb. 4). Dass diese noch „offen", also zu erledigen sind, ist am Statuskürzel („a" für angefordert oder „gepl" für geplant) zu erkennen. Ebenso ist die stationäre Aufnahme bereits dokumentiert, über die Dokument-Icons ist für autorisierte Benutzer der direkte Zugriff auf die Aufnahmedaten und den Einweisungsschein möglich.

Im nächsten Schritt führt nun der diensthabende Arzt die Anamnese und die klinische Untersuchung (Abb. 5) durch und dokumentiert die Ergebnisse elektronisch. Während oder nach der Durchführung dieser Maßnahmen ergänzt er die Diagnosedokumentation (Abb. 6), die auch wichtig ist für die spätere DRG-Abrechnung und die elektronische Übermittlung der Abrechnungsdaten an die Krankenkasse.

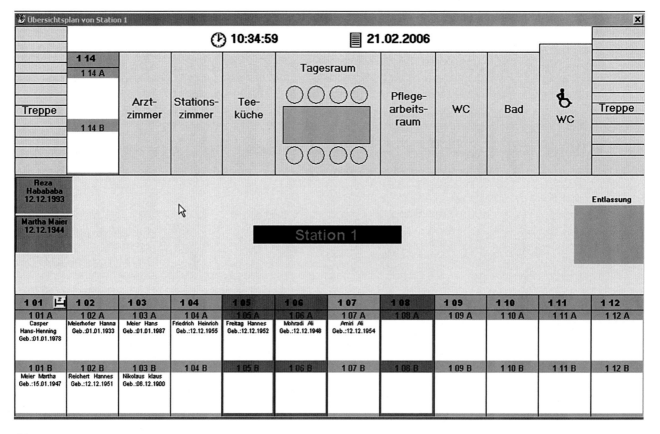

Abb. 1 Beispielmaske Stationsübersicht

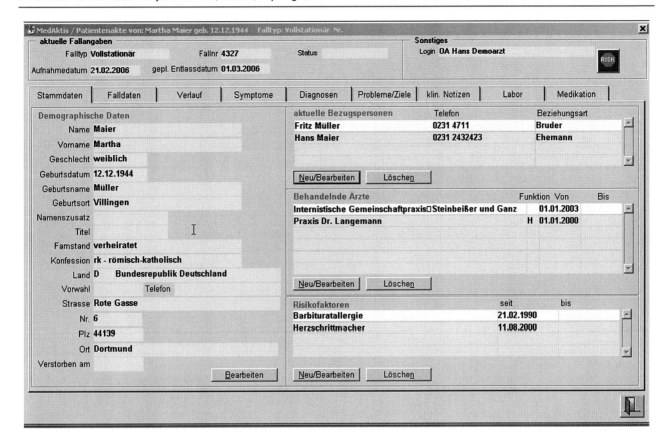

Abb. 2 Beispielmaske Patientenstammdaten

Abb. 3 Klinischer Pfad
Hüft-TEP

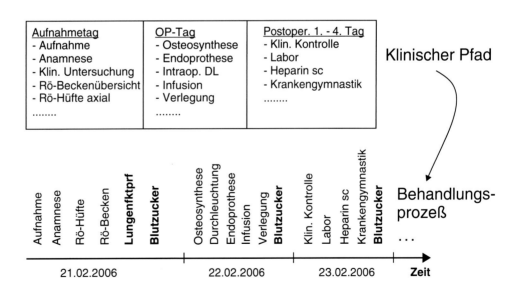

Da Frau Maier auch über Atembeschwerden klagt, ordnet der Arzt mittels der elektronischen Auftragsfunktion (Abb. 7) abweichend vom Standardbehandlungspfad noch eine zusätzliche Thoraxröntgenaufnahme an. Am gleichen Nachmittag wird daher neben den anderen geplanten Maßnahmen im Labor und in der Röntgenabteilung auch noch eine entsprechende Thoraxaufnahme durchgeführt. Die Abarbeitung in der Röntgenabteilung erfolgt anhand elektronischer Arbeitslisten, in denen je Röntgenarbeitsplatz die geplanten Untersuchungen angezeigt werden und von denen aus dann die Leistungserfassung erfolgt. So stehen direkt nach der Untersuchung Leistungsdaten, Bilder und kurze Zeit später auch der Befund zeitnah auf Station zur Verfügung.

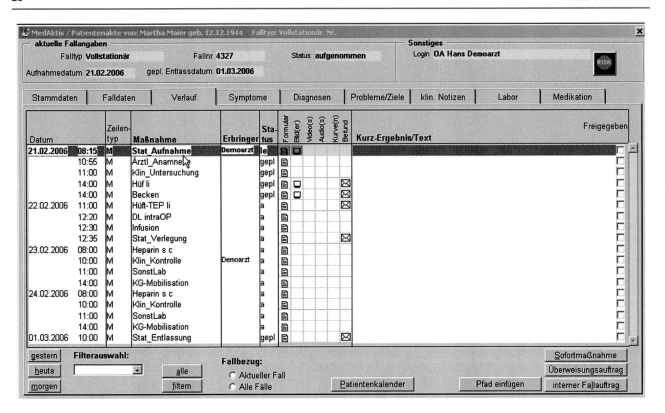

Abb. 4 Aktenübersicht mit Hüft-TEP-Pfad

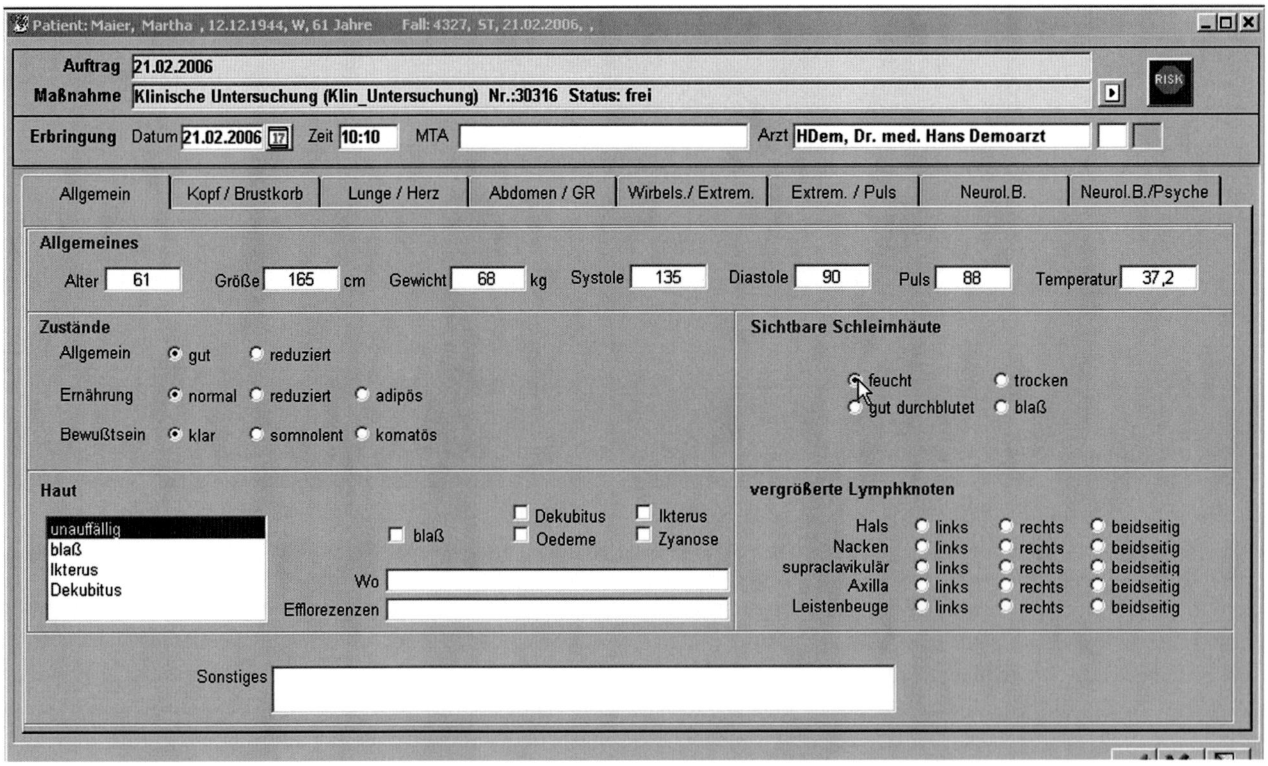

Abb. 5 Beispielmaske für Dokumentation

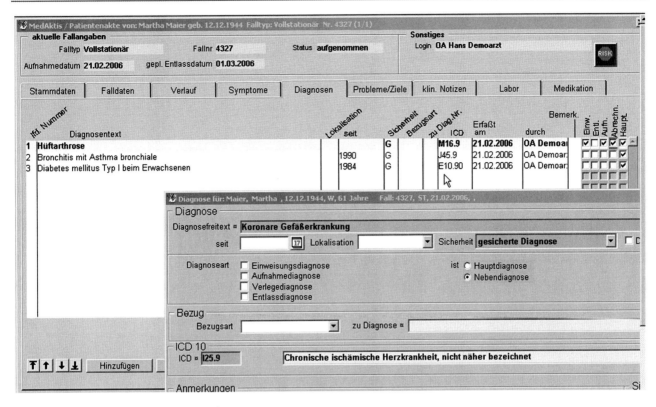

Abb. 6 Beispielmaske Diagnosendokumentation

Abb. 7 Beispielmaske
Auftragsvergabe

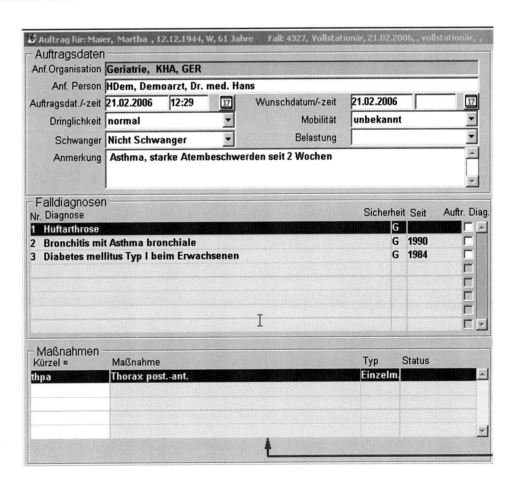

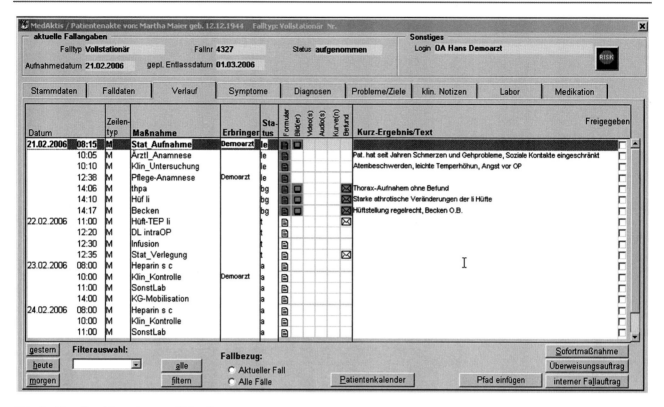

Abb. 8 Aktenübersicht nach erstem Behandlungstag

Am nächsten Morgen stellt sich nun die elektronische Krankenakte wie in Abb. 8 gezeigt dar: Alle geplanten Maßnahmen des Vortages sind durchgeführt (Status „le" = Leistung erfasst oder „bg" = Befund geschrieben), die Befunde und Formulare können nun über die grünen Icons direkt eingesehen werden und für die Patientin hat am Vorabend auch der OP-Organisator die Operation für 11 Uhr angesetzt („t" = Termin vergeben). Ebenfalls ersichtlich wird, dass am Vortag um 12:38 Uhr eine Pflegeanamnese durchgeführt wurde.

Auf eine weitere Schilderung des Fallverlaufes und dessen Steuerung und Dokumentation durch das KIS soll an dieser Stelle verzichtet werden. Insgesamt ist deutlich geworden, dass mittels eines modernen KIS behandlungsbegleitend eine zeitnahe Prozessdokumentation entsteht, die sowohl eine hohe organisatorische wie auch dokumentatorische Transparenz schafft – jeder am Behandlungsprozess Beteiligte hat Zugriff auf die für seine Aufgabenerfüllung wichtigen Informationen und ist zeitnah über den Stand des Behandlungsablaufes informiert. Wichtig ist auch, dass am Ende der stationären Behandlung alle Informationen in die Epikrise, die zusammenfassende Bewertung, einmünden und die Angaben hierzu (teil)automatisch aus der elektronischen Krankenakte übernommen werden können. Damit ist sowohl ein zeitnaher Versand des Arztbriefes – eventuell auch in elektronischer Form an den einweisenden Arzt – als auch eine zeitnahe elektronische Übermittlung der Abrechnungs-

daten an die Krankenkasse gegeben. Für interne Zwecke kann auf Basis des im KIS gespeicherten Behandlungsverlaufes auch eine Prozesskostenrechnung erfolgen, mittels der der Kostendeckungsbeitrag einzelner Patienten bzw. diagnosebezogener Patientenkollektive ermittelt werden kann.

Insgesamt zeigt das Beispiel, wie ein KIS durch die Unterstützung von Verarbeitung, Dokumentation, Organisation und Kommunikation die Behandlung im Krankenhaus effektiver macht und die klinische und administrative Transparenz für alle Beteiligten ganz wesentlich erhöht. Aufwendige Telefonanrufe wie „Ist Frau Maier schon geröntgt? Wo ist der OP-Bericht, ist der schon geschrieben? Welche Leistungen können abgerechnet werden?" gehören damit genauso der Vergangenheit an, wie die ökonomische Intransparenz des Krankenhausgeschehens.

5 Architektur und Komponenten eines Krankenhausinformationssystems

5.1 Logisches Architekturmodell

Architekturmodelle dienen als Bezugssystem und schaffen somit eine gemeinsame Diskussions- und Verständnisbasis für alle an einem Gestaltungs- und Diskussionsprozess Beteiligten. Im Wesentlichen müssen Modelle aus Sicht des Benutzers („owner's representation") und aus Sicht des

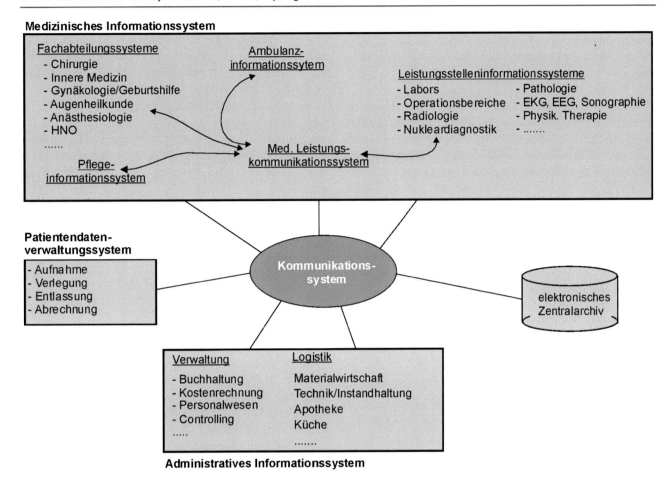

Abb. 9 Logisches Architekturmodell eines KIS

Informatikers („„designer's representation", Seibt 1991) unterschieden werden. Eine Reihe von technisch orientierten Modellen für Krankenhausinformationssysteme sind in Boese und Karasch (1994) zu finden. Ein logisches Architekturmodell eines KIS – also nicht orientiert an technischen Netzwerken, Protokollen und Rechnerebenen, sondern orientiert an Organisationseinheiten und spezifischen Anwendungslösungen und somit an der Sicht der Nutzer („owner's representation") – zeigt Abb. 9.

Dabei sind die folgenden „Teilinformationssysteme" mit ihren jeweiligen Systemen zu unterscheiden.

5.1.1   Administratives Informationssystem

Hierunter subsumieren sich alle Anwendungen der *Verwaltung* und der *Logistik*. Zählte bisher hierzu auch immer das Patientendatenverwaltungssystem, so wird gerade vor dem Hintergrund des neuen Abrechnungsrechts immer deutlicher, dass dieses als eigenständige Komponente zu betrachten ist, da es Funktionalitäten enthält, die für alle anderen – also auch die medizinischen – Informationssysteme unabdingbar sind.

5.1.2   Patientendatenverwaltungssystem

Hierunter fallen alle *Funktionen für die Verwaltung der Patientendaten, die zur Abrechnung und zur Erfüllung der gesetzlichen Nachweispflichten* notwendig sind. Hierzu gehören z. B. die Funktionen für die Aufnahme, Verlegung und Entlassung von Patienten. Durch die aktuelle Entwicklung im gesetzlichen Umfeld und die damit verbundenen Nachweispflichten ist der ehemals reine administrative Datenumfang stark um medizinische Angaben (Diagnosen, Begründungen, Pflegekategorien, diagnostisch-therapeutische Maßnahmen) erweitert worden. In dieser „Zwitterfunktion" – d. h. administrative und rudimentäre, aber auch wichtige medizinische Daten umfassend – kommt dem Patientendatenverwaltungssystem besondere Bedeutung zu. Auch ein Bettenbelegungsplanungsmodul kann hierunter subsumiert werden.

5.1.3   Medizinisches Informationssystem

Zum medizinischen Informationssystem gehören alle Anwendungen/Informationssysteme zur Unterstützung der Dokumentation und Organisation der medizinischen Organisationseinheiten. Das medizinische Informationssystem selbst kann aufgrund der verschiedenen Ausrichtungen und der notwendigen spezifischen Funktionalitäten der Einzelmodule je Anwendungsbereich in die nachfolgend aufgeführten Systeme unterteilt werden.

Fachabteilungssysteme Hierzu zählen z. B. Chirurgieinformationssystem, Anästhesieinformationssystem, gynäkologisches Informationssystem etc. Sie unterstützen die fachärztliche Dokumentation sowie die dieser nachgeordneten Verwendungszwecke wie Qualitätsmanagement, Nachweispflichten, Abrechnung usw. innerhalb der Fachabteilung in spezialisierter Weise.

Neben der Dokumentation unterstützen sie den ärztlichen Entscheidungsprozess nicht nur durch die schnelle Verfügbarmachung neuester Befunde mittels des Leistungskommunikationssystems, sondern erlauben auch den Zugriff auf an das KIS angekoppelte Wissensbasen und elektronische Lehrbücher. Mittels eines Behandlungsplanungsmoduls erlauben sie fachabteilungsspezifisch, problem- oder diagnosebezogene Behandlungsstandards zu hinterlegen und bei konkreten Behandlungen als Planungsgrundlage zu nutzen.

System zur Unterstützung der Ambulanzen Spezifisch zu unterstützende Aufgaben in den Ambulanzen sind v. a. in der effektiven Unterstützung des Einbestellwesens und des Terminmanagements zu sehen, die effektive Unterstützung des ambulanten Behandlungsprozesses im Sinne eines berufsgruppenübergreifenden Workflows sowie in der spezifischen Leistungsdokumentation und ambulanten Abrechnung, die in der Bundesrepublik besonders differenziert und komplex ist.

Leistungsstelleninformationssysteme Hierzu zählen bspw. Laborinformationssystem, Radiologieinformationssystem, Pathologiesystem, Operationsdokumentationssystem. Sie unterstützen in spezialisierter Weise integriert die Organisation, Dokumentation und Kommunikation für spezielle Leistungsstellen (Funktionsabteilungen). Neben der sehr speziellen Dokumentation und speziellen Workflows, deren effektive Abarbeitung den Durchsatz erhöht, fällt hier auch die Einbindung spezieller medizintechnischer Komponenten an, wie z. B. die Online-Anbindung von Laboranalysegeräten an das Laborinformationssystem oder der bildgebenden Modalitäten an das Radiologieinformationssystem. Wie bei den Ambulanzen benötigen Leistungsstellen, in denen direkt Patienten untersucht werden, auch ein effektives Terminmanagement.

Leistungskommunikationssystem Dieses System dient der Leistungsanforderung und Befundrückmeldung (auch als Auftrags- und Leistungskommunikation oder „order-entry-result reporting" bezeichnet) zwischen den stationären oder ambulanten Einheiten und den Leistungsstellen/Funktionsbereichen. Dabei wird mit diesem System der klassische Anforderungsbeleg durch Online-Anforderungen am Bildschirm ersetzt und eine direkte Einbuchung von Aufträgen im Leistungsstellensystem ermöglicht. Der Anforderer hat jederzeit die Möglichkeit, den Status seines Auftrags abzurufen und erhält das Untersuchungsergebnis rasch in elektronischer Form zum frühest möglichen Zeitpunkt.

Pflegeinformationssystem Es wird verwendet zur Unterstützung der Pflegeplanung, Pflegedokumentation inkl. der Kurvenführung sowie des pflegerischen Qualitätsmanagements.

Im Idealfall wird durch das Zusammenspiel dieser verschiedenen medizinischen Informationssysteme und deren Komponenten eine vollständige elektronische Krankenakte – also eine papierlose digitale Sammlung aller Behandlungsdokumente – möglich (Abb. 10).

5.1.4 Kommunikationssystem

Aus Anwendersicht wird hierunter das oben angeführte Leistungskommunikationssystem verstanden, auf technischer Ebene und bezogen auf das Topologiemodell in Abb. 10 ist darunter jedoch ein *Informationsvermittlungssystem* zur Software-technologischen Kopplung unterschiedlichster Anwendungssysteme zur Ermöglichung einer Datenkommunikation zwischen diesen (z. B. Fachabteilungssysteme mit Labor- und Radiologiesystem) zu verstehen. Dieses Vermittlungssystem wird im Allgemeinen als *Kommunikationsserver* bezeichnet.

5.1.5 Querschnittsanwendungen

(Nicht in Abb. 10 repräsentiert.)

Hierunter fallen *Anwendungen, die für viele Abteilungen/ Nutzer von Interesse sind,* wie z. B. Befundschreibung und -verwaltung, Diagnoseverschlüsselung, Wissensserver mit diversen Datenbanken wie Rote Liste, MEDLINE etc., Bürokommunikation, Tabellenkalkulation; im weitesten Sinne hat auch ein Pflegedokumentationssystem sowie ein Terminplanungsmodul Querschnittscharakter.

5.2 Implementierungsalternativen: holistisch vs. heterogen

Ein weiteres wichtiges Merkmal von gesamtbetrieblichen Informationssystemen ist neben der logischen Architektur die Software- und Hardware-technologische Implementierung und die ggf. damit auch determinierte Verteilbarkeit der Lösung auf verschiedene Hardware-Infrastrukturkomponenten.

Grundsätzliche Alternativen im Hinblick auf die Anwendungssoftware sind:

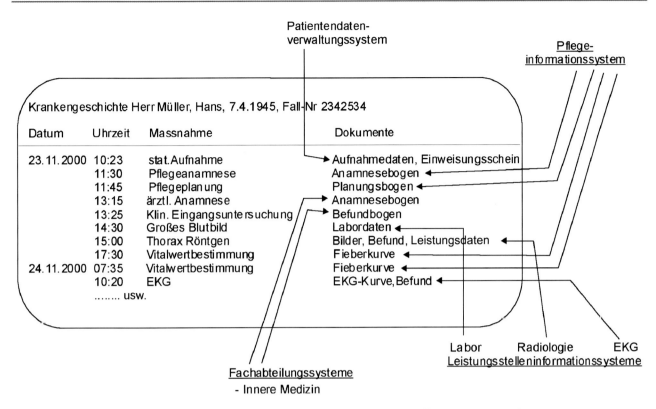

Abb. 10   Aktenübersicht einer elektronischen Krankenakte und zugeordnete Informationsquellen

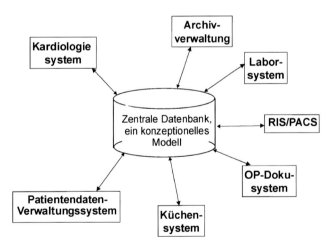

Abb. 11   Beispiel für ein holistisches KIS

5.2.1   Holistisches Informationssystem

Die Software für alle im logischen Architekturmodell vor-
kommenden Systemkomponenten stammt von einem Hersteller und basiert auf einem gesamtkonzeptuellen Datenmodell, das gesamte KIS ist also aus „einem Guss", dabei kann
die Software auch zur besseren Wartungs- und Verteilbarkeit
modularisiert in einzeln betreibbare Komponenten zerlegt
sein (Abb. 11).

5.2.2   Heterogenes Informationssystem

Die Software für die im logischen Architekturmodell aufgeführten Komponenten stammt von verschiedenen Herstellern, die alle mit eigenen Datenmodellen und Datenhaltungen
arbeiten. Durch entsprechende Kopplungssoftware – z. B.
einen Kommunikationsserver – erfolgt die Kommunikation
und der Datenabgleich zwischen diesen Systemen (Abb. 12).

Die Wahl der technischen Ausprägung des KIS determi-
niert v. a. den notwendigen Betreuungsaufwand, je inhomo-
gener ein betriebliches System, desto betreuungsaufwendiger
wird es.

Sowohl der holistische als auch der heterogene Lösungsansatz haben Vor- und Nachteile, die jeweils invers zueinander sind. Tab. 2 zeigt eine Gegenüberstellung.

Entsprechend der Komplexität und Differenziertheit von
Krankenhausinformationssystemen haben sich verschiedene
Typen von Anbietern entwickelt, die im Wesentlichen in die
folgenden drei Klassen eingeteilt werden können:

- *Gesamtanbieter, die alle Problemlösungen* (also auch
  z. B. OP-System, RIS, PACS, Pflegeinformationssystem
  etc.) *in einer integrierten Lösung anbieten.* Das macht den
  Einsatz weiterer Systeme anderer Hersteller unnötig.
  Diese Lösungen sind i. d. R. sehr breit angelegt, gehen
  aber nur wenig in die spezifische funktionale Tiefe.

Abb. 12 Beispiel für ein
heterogenes KIS

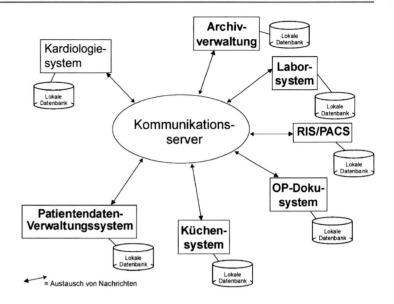

= Austausch von Nachrichten

Tab. 2 Vor- und Nachteile der beiden Lösungsansätze holistisches und
heterogenes Informationssystem

Holistisch = alle Anwendungen eines Herstellers	Heterogen = Anwendungen verschiedener Hersteller
+ Ggf. ein konzeptionelles Modell	– Verschiedene konzeptionelle Modelle
+ Alles aus einer Hand, ein Vertragspartner	– Schnittstellenprobleme
* Weniger Betreuungsaufwand	– Verschiedene Oberflächen
+ Konsistente Oberfläche	– Verschiedene Datenhaltungssysteme
+ Keine doppelte Datenhaltung	– Hoher Betreuungsaufwand
– Geringe medizinische Einzelfunktionalität	+ Hohes Maß der Anpassung der Einzelsysteme an Terminologie, Semantik und Workflow des Einsatzbereichs
– Abhängig von einem Hersteller	

Kundenspezifische Individualisierung der medizinischen
Inhalte ist kaum erreichbar bzw. wird zunehmend über
„Formulargeneratoren" zur Implementierung medizinischer Formulare durch den Kunden selbst versucht zu
implementieren. Das wesentliche Vertriebsargument ist
hier die integrierte Lösung – hier als *holistisches KIS*
bezeichnet (Abb. 11).

Schaut man hinter die Kulissen, wird jedoch oftmals
deutlich, dass manch eine Gesamtlösung keinesfalls
aus einer Software mit einem einheitlichen darunterliegenden Unternehmensdatenmodell besteht, sondern auch aus
zusammengekauften Systemen assembliert ist, die über mehr
oder weniger triviale Kopplungsmechanismen miteinander
kommunizieren. Dies entspricht dann in etwa dem Lösungs-
angebot der 2. Klasse von Anbietern.

• *Gesamtanbieter, die z. B. über eine administrative Ge-
samtsoftware verfügen*, ggf. noch über ein zentrales
Order-/Entry-System, und daran mehr oder weniger
aufwendig beliebige medizinische Subsysteme anbinden
(hier als *heterogenes KIS* – Abb. 12 – bezeichnet).

Aufgrund des monolithischen Charakters dieser einzelnen Subsysteme und des Zentralsystems müssen die
gemeinsamen Inhalte wie Patientendaten, Untersuchungsergebnisse etc. mehrfach gehalten und über den Austausch
von Datensätzen (sog. Kommunikationssätzen) zwischen
den beteiligten Systemen abgeglichen werden, was zunehmend durch einen Kommunikationsserver geschieht.

• *Spezialanbieter, die – zumeist – hochkompetente und
in sich abgeschlossene Lösungen für Teilbereiche
anbieten* (Labor, Radiologie, Hygiene etc.) und sich
über Datenkommunikation in heterogene KIS integrieren
lassen.

In der Praxis hat sich gezeigt, dass, je größer ein Krankenhaus ist, desto weniger bedarfsgerecht der Einsatz eines
einzigen Informationssystems ist. An einem Beispiel sei dies
verdeutlicht:

Während in einem 200-Betten-Krankenhaus die Radio-
logieabteilung zwei Röntgengeräte besitzt und die Unterstützung dieser Leistungsstelle mit dem Querschnittsmo-
dul „Leistungskommunikation" des holistischen KIS
abgedeckt werden kann, hat eine radiologische Abteilung
in einem 1200-Betten-Haus 16 und mehr Untersuchungsgeräte und eine komplexe Organisation. Hier erfolgt
die IT-Unterstützung zweckmäßigerweise mit einem
speziellen Radiologieinformationssystem mit angebunde-
nem „picture archiving system" (PACS) und Online-Ein-
bindung der einzelnen bildgebenden Modalitäten.

5.3 Integrationsaspekte heterogener Krankenhausinformationssysteme

Die Integration verschiedener Informationssysteme zu einem konstruktiven Ganzen ist komplex und wird als „Enterprise Application Integration" (EAI) bezeichnet (Conrad et al. 2006).

Beim heterogen Lösungsansatz erfolgt die Kommunikation zwischen den einzelnen Systemen generell nur durch den Austausch von Datensätzen (sog. Nachrichten). Daher müssen die einzelnen in das KIS integrierten Systeme über folgende Funktionalitäten verfügen:

- Importmodul zum Empfangen von Datensätzen,
- Exportmodul zum Senden von Datensätzen,
- geeignete interne Datenbankstrukturen zum Speichern der empfangenen Daten,
- eigene Funktionen (Programme) zum Anzeigen/Weiterverarbeiten der empfangenen Daten aus anderen Systemen.

Die resultierende komplexe Situation je Anwendungssystem zeigt Abb. 13. Damit wird deutlich, dass es zu erheblichen Mehraufwendungen – sowohl entwicklungs- als auch betreuungstechnisch – kommt, wenn Gesamtsysteme mittels Kopplung verschiedener Systeme entstehen. Es wird daher oftmals ein *Kommunikationsserver* eingesetzt, der die Koordination und Abwicklung der Kommunikation zwischen den verschiedenen Systemen übernimmt und auch die Funktionalität besitzt, Nachrichten eines sendenden Systems in ein für das empfangende System verarbeitbares Format zu konvertieren.

Aufgrund der Komplexität des Vorgangs der Kopplung heterogener Systeme in der Medizin sowie der Notwendigkeit eines solchen Lösungsansatzes in fast allen Gesundheitsversorgungssystemen wurde, beginnend in den 1980er-Jahren, der Kommunikationsstandard HL7 („health level seven") entwickelt, der eine Standardisierung von Nachrichtentypen – also eine Festlegung von Syntax und Semantik der zu übermittelnden Datensätze – darstellt und mittlerweile in der Version 3 (HL7 Standards 2000) vorliegt. Unterstützen medizinische Systeme diesen Standard (sowohl importierend als auch exportierend), können diese ohne wesentlichen zusätzlichen Programmieraufwand und somit ohne zusätzliche Kosten miteinander gekoppelt werden. Abb. 14 zeigt beispielhaft die Zusammensetzung eines solchen Nachrichtentyps.

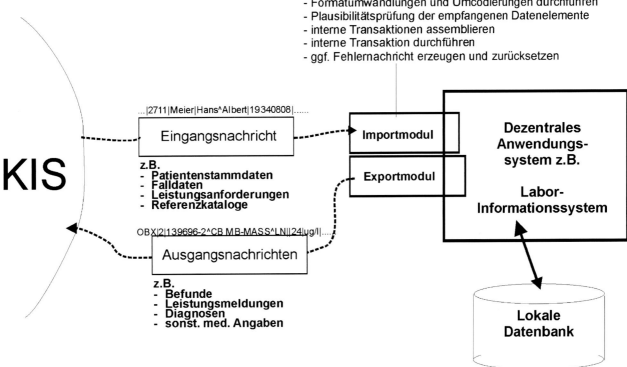

Abb. 13 Situation bei datensatzorientierter Kommunikation

ADT	ADT Message	Chapter
MSH	Message Header	2
EVN	Event Type	3
PID	Patient Identification	3
[PD1]	Additional Demographics	3
[{ NK1 }]	Next of Kin /Associated Parties	3
PV1	Patient Visit	3
[PV2]	Patient Visit - Additional Info.	3
[{ DB1 }]	Disability Information	3
[{ OBX }]	Observation/ Result	7
[{ AL1 }]	Allergy Information	3
[{ DG1 }]	Diagnosis Information	6
[DRG]	Diagnosis Related Group	6
[{ PR1	Procedures	6
[{ROL}]	Role	12
}]		
[{ GT1 }]	Guarantor	6
[		
{ IN1	Insurance	6
[IN2]	Insurance Additional Info.	6
[IN3]	Insurance Add'l Info - Cert.	6
}		
]		
[ACC]	Accident Information	6
[UB1]	Universal Bill Information	6
[UB2]	Universal Bill 92 Information	

Abb. 14 Beispiel für HL-7-Nachrichtentyp, ADT-Message (Admission-Transfer-Discharge)

Die Umstellung dieses HL7-Standards zur Nutzung von XML steht mit der Version 3 von HL7 heute zur Verfügung (www.hl7.org). Die „HL7-patient-record-architecture" (Dolin et al. 1999), die zum Ziel hat, ein allgemeingültiges Datenstrukturschema für den Austausch von Patientendokumenten aus elektronischen Patientenakten auf Basis von XML zu ermöglichen, steht heute in der Version 2.0 zur Verfügung. Auf Basis dieses Standards – der auch eine Methodologie zum Entwurf spezieller CDA-Dokumente enthält – können heute klinische Dokumente jeglicher Art gut standardisiert – d. h. strukturiert und formalisiert und damit für Rechner les- und -auswertbar – werden. So trägt dieser Standard zu einem Austausch von Dokumenten zwischen Informationssystemen bei.

Aufgrund dieser Bemühungen ist absehbar, dass vor dem Hintergrund internationaler Standards die Integration von medizinischen Anwendungssystemen verschiedener Hersteller zunehmend einfacher werden wird, wenngleich dies nicht ersetzen kann, dass eine zentrale Instanz innerhalb des KIS zur Führung und v. a. auch zur Langzeitarchivierung der elektronischen Krankenakten notwendig ist.

6 Aktuelle Trends und Perspektiven

Wie in den voranstehenden Darstellungen gezeigt werden konnte, sind Krankenhausinformationssysteme inzwischen umfassende betriebliche Informationssysteme für Kranken-

häuser, die alle Aspekte des operativen, taktischen und strategischen Handelns im Unternehmen Krankenhaus unterstützen. Für solche Informationssysteme ist es besonders wichtig, dass die Funktionalitäten entsprechend den sich verändernden Rahmenbedingungen für Krankenhäuser in gegebenem Maße angepasst und weiterentwickelt werden.

Dabei finden vor allem die nachgenannten Aspekte derzeit besondere Beachtung:

- Ausbau der medizinischen Dokumentation zum papierlosen Krankenhaus, dabei auch Aufbau eines integrierten und rechtssicheren digitalen Langzeitarchivs,
- Integration der Medizintechnik und Übernahme von Daten und Informationsobjekten aus medizintechnischen Geräten,
- Vernetzung mit externen Einrichtungen über sichere Infrastrukturen wie z. B. das KV Safenet, dabei vor allem Kommunikation von standardisierten Überleitungsberichten und Arztbriefen an Arztpraxen,
- Unterstützung der Patientensicherheit,
- Entscheidungsunterstützung für Ärzte,
- Integration genetischer Daten.

6.1 Medizinische Dokumentation

Während in der Vergangenheit v. a. die im Rahmen der Auftragskommunikation entstehende Dokumentation im Vordergrund stand – z. B. die Laborwertdokumentation, die Dokumentation radiologischer Befunde, die Dokumentation von Untersuchungsergebnissen wie die EKG-, EEG- und Sonographiedokumentation – sowie die wichtige Anästhesie- und Operationsdokumentation, rücken nun auf dem Weg zum papierlosen Krankenhaus die Fachabteilungsdokumentationen in den Mittelpunkt. Diese unterscheiden sich zwischen den einzelnen Fachabteilungen erheblich und müssen daher auf Basis des existierenden Formularwesens überarbeitet und in eine elektronisch erfassbare Form gebracht werden. Auch Spezialdokumentationen, wie z. B. die Tumordokumentation, finden ein hohes Interesse. Die Implementierung solcher Dokumentationen erfolgt i. d. R. mittels eines vom Hersteller des Krankenhausinformationssystems mitgelieferten Werkzeuges – meist in Form eines Formulargenerators –, das den Krankenhäusern die Implementierung und Integration spezifischer Dokumentationsfunktionen außerhalb des Standardfunktionsumfanges des gelieferten Systems ermöglicht. Dabei ist auch der Trend zu erkennen, besonders wichtige Dokumentationen, z. B. die Tumordokumentation, generell auf nationaler Ebene zu standardisieren.

6.2 Integration Medizintechnik

Die zuvor geschilderte Entwicklung des Aufbaus umfassender papierloser Dokumentationen fördert den Wunsch nach der Integration von Informationen, die eigentlich mittels medizintechnischer Systeme akquiriert werden. Während diese Entwicklung z. B. im radiologischen Bereich durch die Integration der Modalitäten mit PACS und Radiologieinformationssystem weitgehend abgeschlossen ist, gibt es eine Vielzahl medizintechnischer Geräte wie z. B. EKG-Geräte, EEG-Geräte, Lungenfunktionsdiagnostikgeräte, Herzkathetermessplätze, die heute zwar weitgehend ebenfalls Informationen in digitaler Form aufnehmen, verarbeiten und speichern, aber eben noch nicht so interoperabel ausgestattet sind, dass sie über Standardschnittstellen problemlos mit anderen Systemen bzw. dem KIS kommunizieren können. Hier sind z. T. noch erhebliche Individualentwicklungen notwendig, aber eine Konvergenz zwischen Medizintechnik und Informationstechnik ist eingeläutet. Mit dieser Integration ist es absehbar, dass die heute bestehenden Medienbrüche und verteilt gehaltenen medizinischen Patienteninformationen zunehmend der Vergangenheit angehören und eine papierlose integrierte elektronische Patientenakte unter Einschluss von Daten und Dokumenten aus medizintechnischen Geräten zentral im Krankenhausinformationssystem verfügbar wird.

6.3   Vernetzung mit externen Einrichtungen

Krankenhausinformationssysteme waren in der Vergangenheit im Wesentlichen konzentriert auf die Unterstützung aller Aspekte der eingangs erläuterten Unterstützungsdimensionen innerhalb des Krankenhauses. Die zunehmend intensivere Integration der Versorgungssektoren und die damit einhergehende Notwendigkeit einer effektiven Kooperation und Koordination zwischen Krankenhaus, zuweisenden Ärzten, medizinischen Versorgungszentren, Pflegeeinrichtungen und ambulanten Pflegediensten führen jedoch zu einem erheblichen Bedarf auch der elektronischen Vernetzung der einzelnen Informationssysteme dieser verschiedenen Leistungserbringer. Während eine nationale Gesundheitstelematikplattform, mittels derer alle Akteure auf Basis von sicheren und vereinbarten zentralen Diensten kooperieren können, noch nicht in Sicht ist, haben viele Krankenhäuser zusammen mit ihren Herstellern Wege gesucht und beschritten, um die informationstechnologische Vernetzung mit anderen Einrichtungen voranzutreiben. An erster Stelle stehen hier Krankenhausportale, die den Zuweisern die Möglichkeit bietet, über sichere Internetverbindungen auf extra bereitgestellte ausgewählte medizinische Informationen der von ihnen eingewiesenen Patienten zuzugreifen und diese – meist in Form von Dokumenten vorliegenden Informationen wie OP-Berichte, Befunde und Entlassbriefe – nicht nur per Webbrowser einzusehen, sondern auch auf ihr lokales Arztpraxisinformationssystem herunterzuladen und manuell in ihre elektronische Karteikartenführung zu integrieren. Dies geschieht auf Basis eines differenzierten Zugriffsrechtesystems, sodass jeder Zuweiser nur Zugriff auf die Informationen seiner Patienten und auch nur auf Basis einer Einwilligung jedes Patienten hat.

Diese Portale haben jedoch den Nachteil, dass niedergelassene Ärzte, die mit mehreren Krankenhäusern kooperieren, evtl. verschieden zu bedienende Portale nutzen müssen. Daher scheint es als Konsequenz aus dieser Entwicklung angebracht, dass eine automatisierte Kommunikation solcher Informationen auf Basis einer transparenten Interoperabilität zwischen Krankenhausinformationssystemen und Arztpraxissystemen implementiert wird. Spezifikationen zum elektronischen Arztbrief liegen inzwischen vor, auch Projekte zum Austausch solcher elektronischer Arztbriefe sind erfolgreich abgeschlossen worden. Im Rahmen des neuen eHealth-Gesetzes soll vor allem der Einsatz von elektronischen Arztbriefen gefördert werden. Eine wesentliche Hürde dafür ist jedoch die fehlende nationale Sicherheitsinfrastruktur, sodass bei allen Projekten eine für eigene oder eine für andere Zwecke implementierte Infrastruktur genutzt werden muss. Im Rahmen einer nationalen Projektinitiative (eFA = elektronische Fallakte) werden aktuelle Standards für die technische und semantische Interoperabilität zwischen Krankenhausinformationssystem und anderen Informationssystemen von Leistungserbringern mit einer physisch oder nur logisch-zentralen Patientenakteninfrastruktur auf Basis des Standards IHE/XDS entwickelt und erprobt. Ziel ist es, dass wichtige im Rahmen der Versorgung entstehende Dokumente oder aber auch feingranulare Informationen wie Diagnosen, Symptome und Maßnahmen von allen Leistungserbringern in eine solche einrichtungsübergreifende elektronische Fall- bzw. Patientenakte ohne großen Aufwand eingestellt werden können und damit eine einrichtungsübergreifende Transparenz des Behandlungsprozesses und der spezifischen Patientensituation entsteht, die jedem Behandler effektiv und vollständig die wichtigen Informationen zur Verfügung stellt. Dabei muss auch die informationelle Selbstbestimmung des Patienten sowie die besten denkbaren Sicherheitsmechanismen berücksichtigt werden.

Für die Zusammenarbeit mit den externen Systemen benötigen die Krankenhausinformationssysteme zum einen ein Interoperabilitätsmodul, das die technische Kommunikation mit den externen Systemen bzw. Telematikplattformkomponenten übernimmt, und zum anderen eine Ergänzung der internen Funktionalität um integrierte elektronische Posteingangs- und Postausgangskörbe, die es dem Anwender ermöglicht, eingegangene Dokumente und Informationen abzurufen und manuell oder automatisch in die entsprechenden internen elektronischen Patientenakten einsortieren zu können. Darüber hinaus ist es notwendig, dass innerhalb der Patientendokumentationen ersichtlich ist, welche Dokumente und Informationen von außerhalb stammen bzw. nach außerhalb versandt wurden.

6.4 Entscheidungsunterstützung für Ärzte

Da die Krankenhausinformationssysteme (KIS) immer mehr klinische Daten beinhalten, bietet sich auf Basis dieser eine Entscheidungsunterstützung an. Prominentestes Beispiel hierfür ist die Arzneimitteltherapiesicherheit. Wird im KIS eine Verordnungsdokumentation bzw. Medikationsdokumentation geführt, kann auf Basis einer hinterlegten Wissensbasis und hinterlegter Detailangaben zu Arzneimitteln die Überprüfung von Wechselwirkungen vorgenommen werden. Bei Verordnungen können aber auch auf Basis der dokumentierten Diagnosen und sonstiger medizinischer Daten Kontraindikationen überprüft und auf diese hingewiesen werden. Basiert die Dokumentation auf Vokabularen und Ontologien, kann auch eine weitergehende Unterstützung erfolgen. So ist es dann möglich, zu bestimmten Diagnosen mögliche Behandlungsverfahren anzugeben oder aber auf das Vorhandensein von klinischen Pfaden oder Leitlinien hinzuweisen.

6.5 Unterstützung der Patientensicherheit

Die Entwicklung im Gesundheitswesen und speziell im Krankenhausbereich hat die Leistungsverdichtung auch für die Ärzte immer größer werden lassen. Oftmals ist nur wenig Zeit für die Kommunikation über den Patienten bei Schichtwechsel etc. Mehr denn je sind die Ärzte darauf angewiesen, eine optimale Unterstützung ihrer patientenbezogenen Zusammenarbeit durch das Krankenhausinformationssystem zu erhalten.

Insgesamt geht es also darum, die Patientensicherheit im Rahmen von Krankenhausbehandlungen zu erhalten bzw. zu erhöhen.

▶ Patientensicherheit bedeutet, dass ein Patient während einer Behandlung nicht zu Schaden kommt und keinerlei potenziellen Gesundheitsgefahren ausgesetzt wird. Patientensicherheit wird in der Europäischen Union sehr ernst genommen.

Die jüngsten Studien zeigen, dass in immer mehr Ländern bei ungefähr 10 % der Krankenhausaufenthalte Fehler auftreten (Quelle: http://ec.europa.eu/health-eu/care_for_me/patient_safety/io_de.htm).

Es kann davon ausgegangen werden, dass mit Zunahme der Durchdringungen des medizinischen Bereichs der Krankenhäuser mit IT auch die Forderungen nach Unterstützung der Patientensicherheit durch (pro)aktive intelligente Mechanismen im KIS zunehmend intensiver werden. Dabei können verschiedene Facetten bzw. Aspekte aufgeführt werden, wie z. B.:

- strukturierte Risikoerfassung und Darstellung, auch fortwährend und kontextsensitives Hinweisen auf bestehende Risiken bei Verordnungen und der Planung von Maßnahmen,
- Dokumentationsübersicht im Sinne einer patientenbezogenen Schnellübersicht zu allen wesentlichen und neuen Informationen,
- Unterstützung bei der Durchführung von Maßnahmen oder bei der Reaktion auf ungeplante Ereignisse durch Anzeigen von Checklisten,
- integriertes Meldungssystem, auch aktives Messaging durch das KIS an den diensthabenden oder zugeordneten Arzt bei Eintreffen neuer Befunde, ggf. befundtypanhängig bzw. parametrierbar je Patient,
- Unterstützung der Medikation bis hin zu intelligenten Funktionen wie AMTS etc.,
- integriertes CIRS,
- Generierung übersichtlicher Überleitungsberichte.

6.6 Genetische Daten

Die Medizin steht am Beginn einer Entwicklung, auch genetische Daten zu verarbeiten – oftmals unter dem Stichwort „personalisierte Medizin,, diskutiert. Dies zwingt zu erheblichen Sicherheitsmaßnahmen und ethischen Überlegungen bezüglich des Einsatzes unterstützender Informationssysteme, denn genetische Daten und Dispositionen betreffen nicht nur den Patienten, sondern auch seine Angehörigen. Der zunehmende Einsatz von genetischen Untersuchungen und die Identifikation von Biomarkern mit dem Ziel einer personalisierten Medizin führen zu einer Ergänzung der medizinischen Dokumentationsfunktionen, die besonderem Schutz bedürfen.

7 Auswahl und Einführung von Krankenhausinformationssystemen

7.1 Vorbemerkungen

Die Einführung von Informationssystemen in den klinischen Bereichen eines Krankenhauses führt zu hochkomplexen und sensiblen betrieblichen soziotechnischen Systemen, deren Funktionsfähigkeit nur dann die gewünschten operativen und strategischen Ergebnisse bringt, wenn alle Beteiligten sich nach Einführung in einer zumindest gleichbleibenden, eher jedoch verbesserten Arbeitssituation wiederfinden. Es ist daher von hoher Bedeutung, dass bei Vorbereitung, Auswahl und Einführung von klinischen Informationssystemen die vielfältigen Gestaltungsdimensionen betrieblicher Informationssysteme wie Aufbau- und Ablauforganisation, Dokumen-

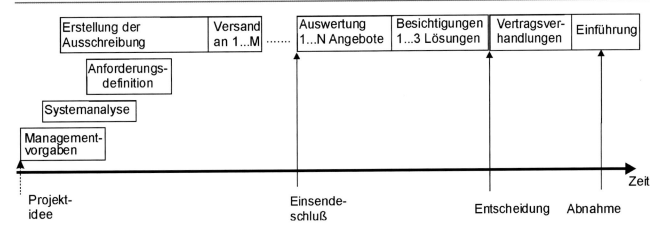

Abb. 15   Phasenmodell für die Systemauswahl

tation, technische Infrastruktur, Benutzerakzeptanz etc. frühzeitig Berücksichtigung finden (Ammenwerth und Haux 2005).

Je stärker ein Informationssystem in menschliche Handlungsfelder hinein implementiert wird, desto mehr müssen alle diese Gestaltungsdimensionen beachtet werden. Ohne genaue Kenntnisse der gegebenen makro- und mikroskopischen Organisation, ohne Reflexion der Ziele eines Informationssystems an den Zielen und Aufgaben einer Organisation, ohne Kenntnisse und Berücksichtigung der Bedürfnisse von Benutzern und Betroffenen sollten daher keine Beschaffungsprozesse und Implementierungen von Informationssystemen vorgenommen werden.

Die Auswahl eines Krankenhausinformationssystems muss als eigenständiges Projekt begriffen werden (Winter et al. 1998). Nur so wird sichergestellt, dass eine solide und abgesicherte Entscheidung getroffen wird. Dafür müssen bis zu 10 % des Gesamtinvestitionsvolumens zur Finanzierung des Auswahlprozesses eingesetzt werden.

Um eine Kauf- oder Entwicklungsentscheidung solide und basierend auf den eigenen Belangen und dem Stand der Technik methodisch herbeiführen zu können, sind folgende Phasen zu durchlaufen (Abb. 15):

- Vorbereitungsphase (allgemeine und projektspezifische Vorarbeiten),
- Projektierung,
- Systemanalyse,
- Erstellung Ausschreibung,
- Auswahl,
- Vertragsgestaltung,
- Abnahme und Einführung,
- frühe Betriebsphase.

Diese Phasen gelten sowohl für größere Projekte zur Einführung ganzer Krankenhausinformationssysteme als auch bei kleineren Projekten, z. B. der Einführung von Abtei-lungsinformationssystemen wie Radiologie- oder Laborinformationssystemen.

Wichtige Meilensteine sind im engeren Sinne die Fertigstellung der Systemanalyse, die Aussendung der Ausschreibung, der Vertragsabschluss und die Inbetriebnahme.

In der Folge werden in Form von Checklisten jene Aktivitäten und Sachverhalte aufgeführt, deren Durchführung als kritische Erfolgsfaktoren des gesamten Prozesses verstanden werden und deren Nichtberücksichtigung den Erfolg von IT-Projekten gefährdet oder aber zu suboptimalen Lösungen führt.

7.2   Projektphasen und kritische Faktoren

7.2.1   Vorbereitungsphase

Am Beginn eines IT-Projekts steht i. d. R. der Anstoß zu diesem Projekt: Erkannte Schwachstellen sollen beseitigt werden, gesetzliche Änderungen erfordern den IT-Einsatz, Effektivierungsressourcen sollen genutzt werden, ein veraltetes System kann nicht mehr weiter betrieben werden usw.

Dabei wird oftmals zu kurz gezielt, wenn sich Systemauswahl und -einsatz nur an diesem Initialgrund orientieren, und es wird die Chance der Neugestaltung einer informationstechnologieadäquaten betrieblichen Organisation vertan! Im Gegensatz dazu sollte sich der Einsatz der Informationstechnologie ausrichten an den betrieblichen Zielen – sowohl auf Unternehmens- als auch auf Abteilungsebene. Ein Beispiel für ein solches Vorgehen wird in Kuhn und Haas (1997) gegeben.

Im Allgemeinen wird vorausgesetzt, dass innerhalb des Krankenhauses bereits Richtlinien für den Einsatz und die Beschaffung von IT-Verfahren existieren. Ist dies nicht der Fall, sollten diese umgehend definiert werden. Sie können neben technischen Standards und Vereinbarungen auch Festlegungen in Bezug auf Bedienung und Ergonomie beinhalten.

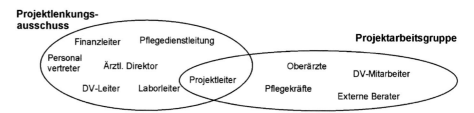

Abb. 16 Beispiele für Projektlenkungsausschuss und Projektarbeitsgruppe

Wichtige Aktivitäten in dieser Phase sind demnach:

- ggf. Unternehmensziele definieren/ergänzen,
- Zielformulierung für IT-Einsatz (abgeleitet aus den Unternehmenszielen),
- ggf. Richtlinien der IT definieren/ergänzen,
- ggf. generelle Standards und Vereinbarungen aus den Richtlinien der IT ableiten,
- Projektidee bzw. Projektziel grob definieren.

Während es sich bis auf die letzte Aktivität um allgemeine Vorgaben und Standards handelt, die im Idealfall schon definiert sind, muss als letztes zumindest das konkret geplante Projekt und seine Initialgründe beschrieben werden.

7.2.2 Projektierung
Im Rahmen der Projektierung werden alle notwendigen Voraussetzungen geschaffen, um die operative Projektarbeit aufzunehmen.

▶ Orientiert an den durch die allgemeinen Vorarbeiten gesetzten Rahmenbedingungen müssen am Ende dieser Phase klare Entscheidungs-, Berichts- und Dokumentationsstrukturen sowie die Projektverantwortlichkeiten und Kompetenzen definiert sein.

Unabhängig von der Größe des Projekts sollte eine Trennung zwischen strategisch/taktischer Planung/Überwachung (durch einen Projektlenkungsausschuss) und der operativen Durchführung (durch eine Projektarbeitsgruppe) vorgenommen werden. Dadurch kann die Einbeziehung von Entscheidungsträgern, Vertretern der verschiedenen Betroffenen und der einzelnen Benutzergruppen in angemessener Weise realisiert werden (Abb. 16). Die Besetzung der Projektarbeitgruppe sollte aus ausgewählten Vertretern der einzelnen Berufsgruppen bestehen, ihre zeitliche anteilige Mitarbeit sollte geklärt sein.

An Aktivitäten sind bei der Projektierung zu berücksichtigen:

- Bilden und Einsetzen des Projektlenkungsausschusses unter
  - Einbindung des Managements,
  - Einbindung von Leitungsfunktionen der betroffenen Organisationseinheiten,
  - Beteiligung der Personalvertretung;
- Bilden und Einsetzen der Projektarbeitsgruppe unter
  - Beteiligung ausgewählter Vertreter des Projektlenkungsausschusses,
  - Beteiligung von Vertretern aller späteren Anwendergruppen,
  - Beteiligung der IT- und Organisationsabteilung,
  - Beteiligung des betrieblichen Datenschutzbeauftragten;
- Definition der Projektziele:
  - strategische Ziele durch den Projektlenkungsausschuss,
  - operative Ziele durch die Projektarbeitsgruppe.

Nachdem die beiden wesentlichen Zirkel installiert sind und auch die Ziele des Projekts feststehen, müssen die projektbezogenen Kompetenzen und Verantwortlichkeiten definiert und allen Beteiligten und Betroffenen zur Kenntnis gebracht werden. Es sind also zu berücksichtigen:

- Definition der projektbezogenen Kompetenzen und Verantwortlichkeiten,
- Rahmenbedingungen abklären (Personal, Räume, Ausstattung etc.),
- Finanzierungsrahmen abklären,
- interne Ressourcen klären,
- externe Ressourcen klären/Angebote einholen,
- Projektdokumentation initialisieren und einrichten,
- Projektgrobzeitplanung,
- erste Information der Betroffenen und Kommunikation der projektbezogenen Kompetenzen und Verantwortlichkeiten,
- Erstellen/Fortschreiben des betrieblichen IT-Rahmenkonzepts.

Nach Abschluss dieser Phase sollten alle für die Projektdurchführung notwendigen Festlegungen getroffen sein. Dabei kommt v. a. der initialen und danach kontinuierlichen Information aller Beteiligten eine besondere Bedeutung zu. Wenn möglich, sollten hierfür die neuen Medien selbst (E-Mail mit Verteilern, Intranet mit entsprechenden Projektseiten etc.) genutzt werden.

7.2.3 Systemanalyse
Auswahl und Einführung von Informationssystemen erfordern ein hohes Maß an betrieblicher Transparenz. Letztendlich

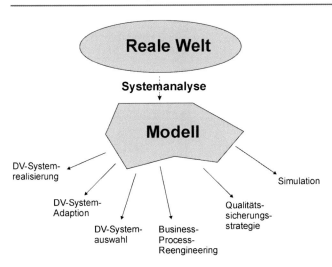

Abb. 17 Verwendungszwecke der Ergebnisse der Systemanalyse

handelt es sich bei allen Projekten zur Einführung klinischer IT-Systeme um hochgradige Migrationsprojekte, in deren Mittelpunkt eine komplexe und differenzierte medizinische Dokumentation steht. Eine der wesentlichsten kritischen Erfolgsfaktoren von IT-Projekten gerade in der Medizin ist daher die Durchführung einer hinsichtlich des Ziel- und Erkenntnisinteresses ausreichend detaillierten Systemanalyse. Erst deren Ergebnis schafft i. d. R. die Basis für eine Anforderungsdefinition und entsprechende organisatorische Betrachtungen. Die verschiedenen Verwendungszwecke der Ergebnisse der Systemanalyse zeigt Abb. 17.

In der Vergangenheit hat es sich jedoch gezeigt, dass viele Krankenhäuser in dieser Phase – im Grunde also beim Fundament eines Projektes – die Kosten am meisten scheuen, ja oftmals sogar eine Systemanalyse und eine auf die eigenen Bedürfnisse bezogene Anforderungsdefinition ganz auslassen!

Bei der Durchführung der Systemanalyse können je nach Erkenntnisinteresse und Projektziel verschiedene Vorgehensansätze angewandt werden:

- *Horizontales Vorgehen:*
  Bezüglich eines bestimmten Aspektes (z. B. Formularwesen) werden alle betroffenen betrieblichen Einheiten untersucht.
- *Vertikales Vorgehen:*
  Einige interessierende/alle betroffenen betrieblichen Einheiten werden gesamtheitlich detailliert untersucht.
- *Prozessorientiertes Vorgehen:*
  Alle Aspekte werden entlang definierter betrieblicher (Haupt-)Prozesse – auch organisationseinheitsübergreifend – erhoben.

An Aktivitäten sind hier in Anlehnung an Haas (1989) durchzuführen:

- Einflussgrößenanalyse,
- Ausstattungsanalyse (Personal, eingesetzte IT-Systeme und Datenhaltungssysteme, Hardware und Betriebssysteme, sonstige Geräte),
- Strukturanalyse (Räume, Netzinfrastruktur etc.),
- Mengengerüste (Fallzahlen, Leistungszahlen etc.),
- Kommunikationsanalyse,
- Dokumentationsanalyse,
- Organisationsanalyse,
- Abrechnungsanalyse,
- Schwachstellenanalyse.

Dabei liegen die Schwerpunkte bzw. der Hauptaufwand aufgrund der differenzierten und komplexen medizinischen Dokumentation und der stark arbeitsteiligen Organisation meist auf

- der Dokumentationsanalyse
  - medizinisch/abrechnungs- und controllingbezogen/gesetzlich;
- der Organisationsanalyse, u. a. der Analyse von Hauptprozessen
  - Aufnahme, Entlassung, Verlegung, Notaufnahme,
  - Auftragskommunikation (Organisationsmittel?, Koordination?),
  - Befundkommunikation,
  - Befundschreibung,
  - interne übergreifende Abläufe (medizinisch – administrativ).

Die aufgeführten Analysen sind mit Ausnahme von abteilungsübergreifenden Prozessanalysen i. d. R. fachabteilungsbezogen durchzuführen bzw. bezogen auf isoliert betrachtbare Leistungsstellen.

Oftmals wird aus Zeit- oder Finanzgründen oder aus politischen Gründen auf eine Schwachstellenanalyse verzichtet. Gerade aus der Schwachstellenanalyse können die möglichen Effektivierungs- und Verbesserungspotentiale durch eine IT-Lösung sowie die Anforderungen an ein zu beschaffendes System besonders gut abgeleitet werden. Schwachstellenanalyse bedeutet aber, offen und ehrlich diese zu erarbeiten, zu benennen und zu kommunizieren – was im Grunde die Schaffung eines „Organisationsqualitätszirkels" bedeutet und daher gern umgangen wird.

Am Ende der Systemanalyse steht eine entsprechend strukturierte Analysedokumentation, die als Basis für alle nachfolgenden Phasen dient.

7.2.4   Pflichtenhefterstellung

Diese Phase kann in die Teilphasen eingeteilt werden:

- Erstellung der Sollkonzeption,
- Erstellung der fachlichen Anforderungsdefinition und
- Erstellung des Pflichtenhefts.

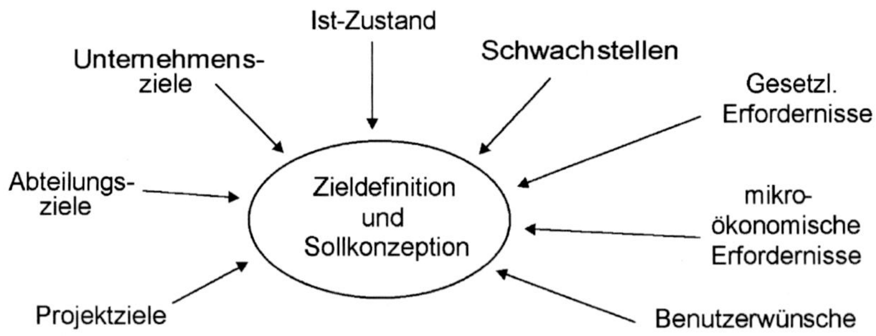

Abb. 18 Einflussfaktoren auf und Quellen für die IT-Sollkonzeption

Abb. 19 Gliederung von Ausschreibung und Angeboten

Ausschreibung
Einleitung
Ausschreibungs-, Angebots- und Vergabebedingungen
Rahmenbedingungen
Anforderungskatalog
Formulare
Anlagen z.B. Raumpläne, Organisationsskizzen etc.

Angebot
Anbieterprofil
Lösungsübersicht/Konfiguration
Projektierung und Dienstleistungen
Wartung und Pflege
Angebotsbedingungen
Kostenzusammenstellung/ Preisgestaltung
beantworteter Anforderungskatalog
ausgefüllte Formulare
Anlagen: Broschüren u. Infomaterial

Die *Sollkonzeption* (Abb. 18) dient dazu, auf Basis der Ergebnisse der Systemanalyse das organisatorische, technische und IT-verfahrenstechnische Soll zu erarbeiten und zu definieren. Dies sollte möglichst unter Berücksichtigung der Gestaltungsdimensionen betrieblicher Informationssysteme geschehen. Dabei muss es v. a. darum gehen, orientiert an den betrieblichen Zielen und an den gefundenen Schwachstellen eine klare Projektion des Projektendzustands (also welche betrieblichen Tätigkeiten bzw. Prozessketten sollen unterstützt werden, welche Informationsobjekte sind zu verwalten etc.) zu entwickeln.

Darüber hinaus ist es zu diesem Zeitpunkt möglich, unter Berücksichtigung der verschiedenen zur Verfügung stehenden Informationsquellen sowohl eine Überprüfung der strategischen Ziele als auch eine differenzierte Ableitung der operativen Ziele des Einsatzes des IT-Systems vorzunehmen.

Die Erarbeitung einer Sollkonzeption unter Berücksichtigung der oben angeführten Faktoren lässt sich in idealer Weise durch moderierte Workshops durchführen. Diese können einerseits auf Leitungsebene als auch auf operativer Ebene durchgeführt werden, der Moderator hat dabei die Ergebnisse der Systemanalyse als Hintergrund und kann so die interaktive Erarbeitung steuern. Am Ende steht ein von allen Beteiligten mit erarbeitetes und akzeptiertes Sollkonzept, was erheblich zur Akzeptanz des weiteren Projektverlaufs beiträgt.

Dieses Sollkonzept wird danach weiter zu einer *Anforderungsdefinition* ausgebaut, die alle funktionalen, bedienungs- und organisationsbezogenen Anforderungen an das System enthält und zentraler Bestandteil des Pflichtenhefts ist. Die Formalisierung und Operationalisierung der Anforderungen sowie Ergänzung um allgemeine Prinzipien für Informationssysteme steht dabei im Mittelpunkt. Dabei sollten alle für die Entscheidung und den Kaufvertrag wichtigen Anforderungen in strukturierter und eindeutig beantwortbarer Form enthalten sein. Zur Beantwortung notwendiger Zusatzinformationen sind entsprechend beizufügen. Die Ausschreibung sowie die darauf basierenden Angebote sollten sich in die in Abb. 19 gezeigten Teile gliedern.

Für den allgemeinen Teil der Ausschreibung (Einleitung, Bedingungen, Rahmenbedingungen) gelten:

- klare Vorgaben zum Ausfüllen bzw. Beantworten der Anforderungen,
- eindeutige Teilnahmebedingungen (z. B. Mindestanforderungen),

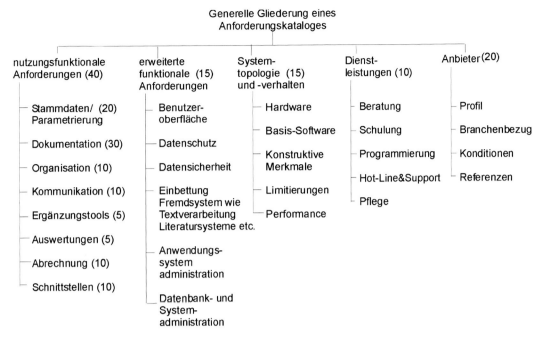

Abb. 20 Beispielhafte Aufgliederung des Anforderungskataloges mit einigen beispielhaften Gewichtungen

- Abgabetermin festlegen,
- Ansprechpartner benennen für Rückfragen,
- zeitlich beschränktes Gespräch anbieten (Alternative: Anhörung),
- zeitliche Vorstellungen zum Gesamtverlauf,
- wichtige Rahmenbedingungen darstellen:
  - *qualitativ:* z. B. IT-Umfeld, Schnittstellen, bauliche Struktur, vorhandene Verkabelung etc.,
  - *quantitativ:* Mengengerüste für Fallzahlen, Untersuchungshäufigkeiten, Anzahl Benutzer etc.

Wichtige einzelne Aktivitäten sind in dieser Phase:

- Zieldefinition erweitern unter Einbeziehung der Unternehmensziele und IT-Richtlinien.
- Erarbeiten einer Sollkonzeption z. B. unter Zugrundelegung von Fragen wie beispielsweise
  - Welche erkannten Schwachstellen sollen beseitigt werden?
  - Wo liegen Effektivierungspotenziale?
  - Wo und wie kann die Qualität des ärztlichen/medizinischen Handelns unterstützend verbessert werden?
- Stufenplan zur Zielerreichung definieren.
- Entscheidende Rahmen-/Randbedingung festlegen.
- Machbarkeits- und Finanzierbarkeitsanalyse.
- Bildung einer repräsentativen Definitions- und Auswahlgruppe.
- Markterkundung.
- Funktionale Anforderungsdefinition erstellen unter
  - breiter Einbeziehung der Anwender,

- Berücksichtigung von Standards hinsichtlich Gliederung, IT-Standards etc. (Goldschmidt 1999; Haas und Pietrzyk 1996; Teich et al. 1999),
  - Berücksichtigung des Mach- und Finanzierbaren,
  - notwendiger sich aus Sollkonzeption und Anforderungsdefinition ergebender Variabilität der Lösung,
  - Definition der möglichen Stufen und Zeitpläne.
- Fortschreibung der Anforderungsdefinition zum Pflichtenheft.
- Erstellung der Ausschreibung auf Basis des Pflichtenheftes.
- Durchführung der formalen Ausschreibung.

Wichtig ist, darauf zu achten, dass das Pflichtenheft nicht zu grob und andererseits auch nicht zu fein gegliedert ist. Die Forderung bestimmter Feldlängen erscheint z. B. als wenig hilfreich, wenn nicht sogar kontraproduktiv.

Der Teil Anforderungskatalog ist weiter untergliedert nach verschiedenen funktionalen, technischen und strategischen Gesichtspunkten. Eine beispielhafte Aufgliederung, von der aus weiter detailliert werden kann, zeigt Abb. 20.

Den größten Schwachpunkt stellt oftmals der Anforderungskatalog mit nicht genügend präzise formulierten Fragen/Anforderungen oder im Gegensatz dazu zu vielen Antwortmöglichkeiten dar.

Im Wesentlichen sind folgende Beantwortungsmöglichkeiten denkbar:

- Freitext

Auf Fragen kann mit umfangreichen Erläuterungen geantwortet werden (Beispiel: „Stellen Sie dar, wie die

Aufnahme von Patienten erfolgt.") Von solchen Fragentypen ist strikt abzuraten! Ein Vergleich der Angebote bzw. der Antworten ist – wenn überhaupt – nur mit sehr viel Aufwand möglich und immer interpretationsabhängig.

- Kategorien und Erläuterungen
  Sie erzwingen zwar eine definitive Antwort (z. B. „Ist die KV-Abrechnung vorhanden?" „Ja" – „Nein" – „Erläuterungen: …"), aber oftmals kann die kategorisierte Antwort versteckt in den Erläuterungen relativiert werden. Spätestens bei Streitigkeiten im Rahmen der Vertragserfüllung werden diese Fragentypen zu kritischen Punkten.
- Kategorien
  Eine Antwort ist nur auf Basis definierter Kategorien („vorhanden" – „teilweise vorhanden" – „nicht vorhanden" oder „ja"/„nein" etc.) möglich. Dadurch werden die Bewertung der Angebote und deren Vergleich zum formalen Akt immer nachvollziehbar (keine Interpretationsunschärfen). Darüber hinaus ist es manchmal sinnvoll und auch zulässig, als Antwort eine Maßzahl zuzulassen (z. B. Anzahl maximal anschließbarer Geräte, Mindestspeicherplatz, Häufigkeit des Maskenwechsels für gewisse Arbeiten etc.).

7.2.5 Auswahl

Nach Eingang der Angebote sind diese auszuwerten. Die *Angebotsauswertung* betrifft einerseits den formalen Angebotsteil, andererseits die außerhalb von diesem gegebenen Rahmenbedingungen. Der formale Anforderungsteil sollte vor Eingang der Angebote gewichtet werden. Dabei werden pro Ebene in der Anforderungshierarchie z. B. je 100 Punkte vergeben (Tab. 1). Anhand der Antworten der Anbieter kann dann für den gesamten Anforderungsteil eine Gesamtpunktzahl errechnet werden, die ein Maß für die Anforderungserfüllung ist. Es wird auf das gängige Verfahren der Nutzwertanalyse verwiesen.

Ein wichtiger Schritt ist nach Eingang der Angebote als erstes eine Filterung dieser, sodass die unvollständigen oder die die Ausschlusskriterien nicht erfüllenden Angebote nicht in den weiteren – arbeitsaufwändigeren – Auswahlprozess einbezogen werden.

Des Weiteren sind folgende Hauptschritte zu durchlaufen:

- Bewertung entsprechend der festgelegten Gewichtungen,
- Ermittlung der Gesamtkosten (Einmalkosten/laufende Kosten),
- Ermittlung der Kosten je Punkt,
- Ermittlung der Rangfolgen (nach absoluter Punktzahl/nach Kosten pro Punkt).

Die beiden Rangfolgen können recht aufschlussreich sein. Während erstere angibt, wer funktional „am meisten" bietet,

gibt die zweite Rangfolge an, wer „das günstigste" Produkt liefert – jedoch unabhängig vom Zielerreichungsgrad. Je nachdem, ob beide Folgen übereinstimmen oder stark voneinander abweichen, muss eine strategische Bewertung hinsichtlich verfügbarer Funktionalität und verfügbarer Mittel vorgenommen werden.

Am Ende des Auswahlprozesses sollten zwei bis maximal drei Anbieter verbleiben, für deren Lösung dann *Vor-Ort-Besichtigungen* (d. h. Einsatz im Echtbetrieb) erfolgen bzw. vorgeschaltete Inhouse-Präsentationen unter Beteiligung aller Mitglieder der Projektgruppe. Hilfreich ist es auch, für Präsentationen im Hause des Anbieters (also nicht bei Vor-Ort-Besichtigungen) eigene Fallstudien oder Fälle vorzugeben und diese im Rahmen der Präsentation abarbeiten zu lassen.

Wichtige einzelne Aktivitäten sind in dieser Phase sind:

- Fortsetzung und Intensivierung der informellen Markterkundung;
- Definition von typischen betrieblichen Geschäftsvorfälen, sprich medizinischen Handlungsketten als Fallstudien für die Lösungsbegutachtung;
- Angebotsauswertung ggf. unter
  - Nachfragen, Präzisieren,
  - Formalbewertung und Priorisierung,
  - Lösungsbegutachtung,
  - Referenzkundenbesuche,
- informelle Nacherkundung/Validierung;
- Entscheidungsfindung und Entscheidung;
- Fixierung notwendiger produktbezogener Ergänzungen/Änderungen:
  - Abklären von Unklarheiten bei existierenden Modulen,
  - Definition der gemäß Pflichtenheft notwendigen Anpassungen/Erweiterungen.

7.2.6 Vertragsgestaltung

Die Vertragsgestaltung auf Basis der Ausschreibung sollte fachmännisch begleitet werden. In der Vergangenheit allzu oft strapaziertes „Glauben" von Zusicherungen sollte vertraglich in geschuldete Leistungen umgemünzt werden. Die Hinzuziehung von Rechtsexperten des Software-Rechts kann hier frühzeitige Klärungen bringen und Enttäuschungen vorbeugen. Die Vertragsgestaltung umfasst nicht nur den Erwerb von Nutzungsrechten, sondern auch die Vereinbarung notwendiger Dienstleistungen, um das Informationssystem zu installieren und einzuführen. Damit kommt auch einer klaren Definition der Aufgabenteilung und Verantwortlichkeiten besondere Bedeutung zu.

Wichtige einzelne Aktivitäten sind in dieser Phase:

- Spezifikation/Fixierung von Änderungen/Ergänzungen,
- Definition des externen Dienstleistungsangebots,

- Definition der vertraglichen Leistung: Nutzungsrechte und Pflege und Dienstleistungen,
- Definition des Einführungsprojekts,
- Definition der Aufgabentrennung Lieferant/Kunde,
- Definition der Verantwortlichkeiten.

Hinsichtlich der kritischen Faktoren bei der Vertragsgestaltung wird auf Zahrnt (1999) verwiesen.

7.2.7   Abnahme und Einführung

Nach Balzert (1998) erfolgt im Rahmen der Abnahmephase die Übergabe des Gesamtprodukts an den Auftraggeber, der dann mittels geeigneter funktionaler und mengenorientierter Abnahmetests das Produkt auf die Erfüllung der vertraglich zugesicherten Leistungen überprüft. Im Krankenhaus sind dazu eine ganze Reihe von Vorarbeiten notwendig, die der Systembereitstellung für den produktiven Betrieb gleichkommen. Insofern sind die für die Einführung notwendigen Arbeiten schon vor der Abnahmephase notwendig, oftmals kann die Abnahme aufgrund der Unmöglichkeit, die reale Betriebssituation zu testen, erst nach einer Testphase im Echtbetrieb erfolgen.

Die Einführung selbst kann eingeteilt werden in Vorbereitung, Systembereitstellung, Systemadaption und -einrichtung, Schulung, Vorbereitung der Inbetriebnahme und Inbetriebnahme.

Wichtige einzelne Aktivitäten sind:

- Rechtzeitige Schaffung der technischen Voraussetzungen.
    - Lokalisation und räumliche Gegebenheiten für Endgeräte geklärt?
    - Verkabelung technisch und zeitlich geklärt?
    - Aufstellungsort für Server geklärt?
- Hardware-Beschaffung, falls nicht integraler Teil der geschuldeten Leistung.
- Installation einer Projektierungs- (Test-) und Schulungsumgebung.
- Schulungs- und Betreuungskonzept (z. B. Multiplikatorenprinzip) festlegen.
- Stammdatenerhebung, Sammlung notwendiger Unterlagen.
- Schulung Systembetrieb und Projektierungsgruppe für:
    - Betriebssystem,
    - Datenbanksystem,
    - Anwendungsfunktionen.
- Stammdatenerfassung (Leistungskataloge, Organisation, Mitarbeiter etc.).
- Eventuell Datenübernahme aus Altsystem in Testumgebung, Bereinigung und Restrukturierung.
- Parameterisierung von funktionalen Aspekten (Workflow, dynamische Masken etc.).
- Schnittstellenimplementierung/-test.

- Schulungsplan für zeitgerechte Schulung aller Mitarbeiter.
- Information aller betroffenen Mitarbeiter.
- Organisation Systembetrieb.
- Organisation First-/Second-Level-Support, Störungsdienst, Rufbereitschaft.
- Installation des gesamten Anwendungssystems (Poduktivumgebung).
- Mengen- und Belastungstests.
- Schnittstellenimplementierung/Integrationstest.
- Einrichten der Produktionsumgebung.
- Altdatenübernahme in die Produktionsumgebung.
- Überprüfung aller Voraussetzungen:
    - Sind alle notwendigen Schnittstellen implementiert?
    - Sind alle Schnittstellen funktionsfähig?
    - Sind alle Stammdaten erfasst/Altdaten eingespielt etc.?
- Anwenderdokumentationen verteilen.

7.2.8   Frühe Betriebsphase

In der frühen Betriebsphase kommt es v. a. darauf an, den Anwender nicht allein und den Betrieb „laufen" zu lassen. Orientiert am Sollkonzept müssen nun die angestrebten Effekte überprüft und ggf. weitere betriebliche oder systemtechnische Optimierungen vorgenommen werden. Darüber hinaus sollte auch die Benutzerakzeptanz in den ersten Wochen kontinuierlich überprüft werden, um hieraus Rückschlüsse auf notwendige organisatorische Änderungen oder die Notwendigkeit für Nachschulungen zu ziehen.

- Organisation überprüfen/optimieren
- Performance-Evaluation und systemtechnische Optimierung
- Überprüfung der korrekten Nutzung
- Evaluation der Benutzerakzeptanz
- Gegebenenfalls Nachschulungen durchführen
- Überprüfung der Systemfunktionalität (Pflichtenheft vs. Istzustand), ggf. Nachspezifikation bzw. Nachforderungen auf Nachbesserungen

7.2.9   Weitere, nicht phasenbezogene Einflussfaktoren

- Kontinuierliche Information und Identifikation des Managements
- Kontinuierliche Einbeziehung und Information der Mitarbeiter
- Lösungsanbieter/Hersteller
- Anwendungssystem
    - Benutzeroberfläche/Aufgabenangemessenheit
    - Betreuungsaufwand
    - Flexibilität/Adaptibilität
    - Anwenderdokumentation
    - Systemdokumentation
    - Auslegung der Hardware
- Konzepte des Herstellers

8   Zusammenfassung

Krankenhausinformationssysteme sind ein entscheidender
Faktor für ein erfolgreiches Management von Krankenhäusern. Das Nutzenpotenzial ist hoch, erschließt sich aber nur
bei einem flächendeckenden Einsatz in allen Bereichen und
an allen Arbeitsplätzen. Hinsichtlich der technischen Architektur besteht die Wahl zwischen dem Einsatz eines holistischen oder aber eines heterogenen, aus mehreren Systemen
zusammengesetzten Gesamtsystems.

Die Einführung von Informationssystemen in Krankenhäusern bedarf weit mehr eines behutsamen Vorgehens, als
dies in vielen anderen Branchen der Fall ist. Zum einen, da
die Kernaufgaben – nämlich die direkte Behandlung und
Betreuung von kranken Menschen, die Zuwendung zu diesen, das richtige Eingehen auf sie, der persönliche Kontakt
und Bezug – nicht durch den IT-Systemeinsatz gestört werden dürfen. Das System als Werkzeug, muss im Hintergrund
bleiben. Zum anderen, weil im sensiblen Umfeld Ängste bei
Personal und Patienten abzubauen bzw. zu verhindern sind.
Dies ist ein gravierender Unterschied zum IT-Einsatz in den
meisten anderen Branchen, wo Kernaufgaben (z. B. das
Umgehen mit Buchungssätzen, das Verwalten von Materialien, deren Ausgabe etc.) direkt durch den Einsatz von
IT-Systemen modifiziert und verändert werden. Damit aber
kommt einer adäquaten Beteiligung der betroffenen Anwender am gesamten Prozess der Systemauswahl besondere
Bedeutung zu (Buchauer 1999).

Kritische Erfolgsfaktoren für die Einführung von Krankenhausinformationssystemen sind vielfältig, und alle aufgeführten Aktivitäten der vorangehend beschriebenen Projektphasen können insofern in sich schon als kritischer
Erfolgsfaktor gesehen werden. Welche Fragen jedoch im
Kern als besonders kritisch angesehen werden, sind in der
folgenden Übersicht formuliert.

**Fragestellungen bzgl. kritischer Erfolgsfaktoren für die
Einführung von Krankenhausinformationssystemen**
- Ist das Projektziel klar genug definiert (nicht IT um
  der IT willen)?
- Sind die Rahmenbedingungen (finanziell/organisatorisch/innenpolitisch) geklärt?
- Ist eine klare Projektorganisation festgelegt?
- Sind alle Verantwortlichkeiten und Konsequenzen
  ausreichend festgelegt, damit das Ziel auch erreicht
  werden kann?
- Steht das Management hinter dem Projekt?
- Ist das Projekt personell adäquat ausgestattet?
- Gibt es einen klaren Projektzeitplan?

- Sind die Mitarbeiter frühzeitig und ausreichend
  informiert?
- Ist eine Systemanalyse Basis für ein Sollkonzept,
  das selbst wieder als Basis für die Anforderungsdefinition dient?
- Ist eine ausreichende Mitarbeiterbeteiligung bei der
  Anforderungsdefinition und dem Auswahlprozess
  sichergestellt?
- Ist das Pflichtenheft adäquat differenziert und realistisch angelegt?
- Ist der Auswahlprozess transparent?
- Ist das Vertragswerk ausreichend ausgearbeitet, und
  gibt es Regelungen bei (teilweiser) Nichterfüllung
  zugesicherter Leistungen?
- Gibt es einen klaren realistischen Einführungsplan?
- Wird ausreichend Schulung angeboten?
- Ist die Implantation des Systems in den betrieblichen Alltag hinein ausreichend durchdacht?
- Sind alle betriebsnotwendigen Schnittstellen ausreichend getestet?
- Gibt es eine geeignete Strategie und Werkzeuge für
  die Anwenderbetreuung?
- Erfolgt eine kontinuierliche Überprüfung der richtigen Nutzung nach der Einführung?
- Genügt die Lösung den Standards hinsichtlich der
  Ergonomiekriterien?

Werden die dort aufgeführten Aspekte ausreichend berücksichtigt, kann das so erfolgreich eingeführte Krankenhausinformationssystem einen wesentlichen Beitrag zum Unternehmenserfolg des Krankenhauses und zu sicheren, effektiven
und auf dem neuesten Stand des Wissens durchgeführten
Behandlungen leisten.

Literatur

Ammenwerth E, Haux R (2005) IT-Projektmanagement in Krankenhaus
    und Gesundheitswesen. Schattauer, Stuttgart
Balzert H (1998) Lehrbuch der Software-Technik: Software-Management. Spektrum, Heidelberg
Bates DW (2005) Computerized physician order entry and medication
    errors: finding a balance. J Biomed Inform 38(4):259–261
Bates DW, Gawande AA (2003) Improving safety with information
    technology. Engl J Med 2003(348):2526–2534
Bates DW, O'Neil AC, Boyle D et al (1994) Potential identifiability and
    preventability of adverse events using information systems. J Am
    Med Inform Assoc 1(5):404–411
Boese J, Karasch W (1994) Krankenhausinformatik, Schriften der Gesundheitsökonomie. Blackwell (Wissenschafts-Verlag), Berlin
Buchauer R (1999) Einführung von Pflegeinformationssystemen –
    Erfahrungen und Konsequenzen. In: Forum der Medizin_Dokumentation und Medizin_Informatik 1:12 ff

Bullinger H-J (1991) Unternehmensstrategie, Organisation und Informationstechnik im Büro. In: Müller-Böling et al (Hrsg) Innovations- und Technologiemanagement. Poeschl, S 323–344

Clayton PD et al (1992) Costs and cost justification for integrated information systems in medicine. In: Bakker AR et al (Hrsg) Hospital information systems – scope – design – architecture. North Holland, Amsterdam, S 133–140

Conrad S, Hasselbring W, Koschel A, Tritsch R (2006) Enterprise Application Integration. Grundlagen – Konzepte – Entwurfsmuster – Praxisbeispiele. Elsevier, München

Dolin RH et al (1999) HL7 document patient record architecture: an XML document architecture based on a shared information model. In: Lorenzi NM (Hrsg) Proceedings AMIA Symposium, S 52–56

Goldschmidt AW (1999) Pflichtenheft – Einführung und Überblick. In: Ohmann et al Herausforderungen in der Informationsverarbeitung an den Universitätskliniken des Landes NRW. Shaker, 147 ff

Haas P (1989) Standardsystemanalyse im Krankenhaus. Praktischer Leitfaden. Universität Heidelberg, Abt. Med.-Informatik

Haas P (2005) Medizinische Informationssysteme und Elektronische Krankenakten. Springer, Berlin/Heidelberg/New York

Haas P, Pietrzyk P (1996) Generelle Projektphasen und Vorgehensweisen bei der Systemauswahl. In: Haas P et al (Hrsg) Praxis der Informationsverarbeitung im Krankenhaus. Ecomed, Erlangen, S 113 ff

Heinrich LJ, Lehner F (2005) Informationsmanagement – Planung, Überwachung und Steuerung der Informationsinfrastruktur. Oldenbourg, München

Henke R (1999) Keine Netze ohne Kliniken. Führen und Wirtschaften 2:98 ff

HL7 standards: HL7 version 3. Health Level Seven Inc., Ann Arbor. http://www.hl7.org/library/standards.cfm. Zugegriffen am 18.10.2000

Kohn LT, Corrigan JM, Donaldson MS (Hrsg) (2000) To err is human: building a safer health system. Institute of Medicine, Committee on Quality of Health Care in America. National Academy Press, Washington, DC

Kuhn K, Haas P (1997) Informationsverarbeitung im Krankenhaus. In: Das Krankenhaus 2:65 ff

Leape LL (1997) A systems analysis approach to medical error. J Eval Clin Pract 3(3):213–322

McDonald CJ, Overhage JM, Tierney WM et al (1999) The Regenstrief Medical Record System: a quarter century experience. Int J Med Inf 54(3):225–253

Pietsch T, Martiny L, Klotz M (2004) Strategisches Informationsmanagement, 4. Aufl. Erich Schmidt, Berlin

Seibt D (1991) Informationssystem-Architekturen – Überlegungen zur Gestaltung von technikgestützten Informationssystemen für Unternehmungen. In: Müller-Böling et al (Hrsg) Innovations- und Technologiemanagement. Schäffer-Poeschl, Stuttgart, S 251–280

Teich JM, Glaser JP, Beckley RF et al (1999) The Brigham integrated computing system (BICS): advanced clinical systems in an academic hospital environment. Int J Med Inf 54(3):197–208

Winter A et al (1998) Systematische Auswahl von Anwendungssoftware. In: Herrmann G et al (Hrsg) Praxis der Informationsverarbeitung im Krankenhaus. Ecomed, Erlangen, 61 ff

Zahrnt C (1999) Empfehlungen zum Erwerb und zur Wartung/Pflege von DV-Systemen. Tagungsdokumentation der 4. Fachtagung „Praxis der Informationsverarbeitung im Krankenhaus", 07.–08.05.1999 Mai in Dortmund

Management und Befundung radiologischer Bilder 4

Joachim Buck, Marc Lauterbach, Norbert Mükke und Alexander Schulz

Inhalt

J. Buck (✉)
Digital Health Services, Siemens Healthcare GmbH, Erlangen,
Deutschland
E-Mail: author@noreply.com

M. Lauterbach
Healthcare Sector Imaging & Therapy, Siemens AG Deutschland,
Erlangen, Deutschland
E-Mail: author@noreply.com

N. Mükke · A. Schulz
Healthcare Sector Imaging & IT Division, Siemens AG Deutschland,
Erlangen, Deutschland
E-Mail: author@noreply.com

1 Einleitung

Jeden Tag werden weltweit Millionen medizinischer Bilder erzeugt. Sie dienen im Wesentlichen der Diagnose krankhafter Veränderungen, dem Ausschluss von fragwürdigen Befunden und der Unterstützung gezielter Therapien. Um diese Schritte zu ermöglichen, müssen die erzeugten Bilder möglichst einfach und effizient verteilt, angezeigt, befundet, abgespeichert, weitergeleitet und archiviert werden.

Auch wenn immer noch analoge Technologien in Praxen und Kliniken im Einsatz sind, so ist die Digitalisierung der bildgebenden Verfahren an sich durchgängig erfolgt und die Befundung am Monitor weitgehend akzeptiert. Darüber hinaus halten mittlerweile verstärkt auch neue Ein- bzw. Ausgabegeräte Einzug in die Kliniken, wie z. B. Tablet-Computer, die dem Arzt auch unabhängig von einer Workstation Zugang zu Bilddaten ermöglichen.

Die Knotenpunkte für die effiziente Verteilung der Bilder sind das Picture Archiving and Communication Systems (PACS) bzw. das Radiologieinformationssystem (RIS). In den industrialisierten Ländern liegt der Durchdringungsgrad beider Systeme je nach Segment und Typ des Leistungserbringers bei bis zu 100 %. Konzipiert wurde das PACS in den frühen 1980er-Jahren ursprünglich, um die Bildarchivierung und die Kommunikation zwischen einzelnen Komponenten, wie Archivsystem und Befundungsarbeitsplatz, zu regeln.

Andererseits umfasst ein RIS typischerweise eine Reihe von Komponenten zur Unterstützung der Arbeitsabläufe in der Radiologie, wie die Erstellung von Anforderungen, Terminverwaltung, Befundberichtserstellung, medizinische Kodierung, Leistungserfassung und Schnittstellen zum Abrechnungssystem. Abb. 1 zeigt den typischen Einsatz von Bildmanagement und Befundungssystemen. Abb. 2a und 2b zeigen die Arbeitsabläufe bei der diagnostischen Befundung und bei der Therapie.

Die Verfügbarkeit von 3D-Schnittbildverfahren hat zu einer dramatischen Veränderung im Bereich der Diagnostik und der Therapieplanung geführt. Das Anzeigen von

© Springer-Verlag GmbH Deutschland 2017
R. Kramme (Hrsg.), *Informationsmanagement und Kommunikation in der Medizin*,
DOI 10.1007/978-3-662-48778-5_42

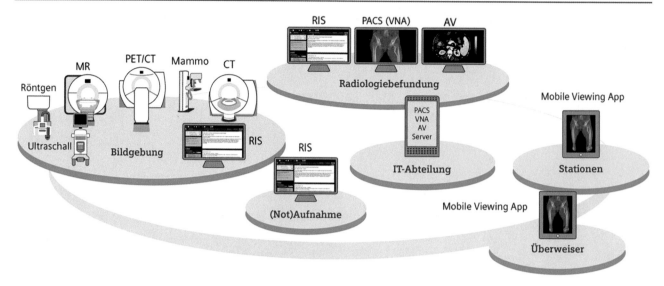

Abb. 1 Typischer Einsatz von Bildmanagement und Befundungssystemen

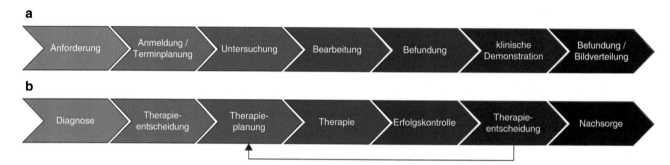

Abb. 2 **a** Arbeitsablauf bei der diagnostischen Befundung, **b** Arbeitsablauf bei der (bildgestützten) Therapie

3D-Bilddaten, wie z. B. Maximum Intensity Projection (MIP), Multiplanar Reconstruction (MPR) oder Volume Rendering Technique (VRT) ist mittlerweile Standard bei PACS-Befundungsarbeitsplätzen. Advanced-Visualization (AV)-Systeme ermöglichen den Einsatz von komplexen Diagnoseverfahren, wie z. B. der CT- oder MR-Perfusion, oder unterstützen neue Therapien, wie z. B. die Trans-Aortic Valve Insertion (TAVI). Abgesehen von möglichen Verbesserungen, z. B. der diagnostischen Genauigkeit, liegt der Vorteil der 3D-Visualisierung immer häufiger auch in geringerem Zeitaufwand: So kann eine komplette Abklärung des Brustkorbs, z. B. auf Frakturen, anhand von Applikationen, die die Rippen geometrisch in eine Ebene legen, signifikant verkürzt werden.

Diese Entwicklung ist auch der maßgebliche Grund für das starke Wachstum der Bilddatenmengen, was zur Folge hat, dass auch medizinische Bilddatenarchive jedes Jahr um

20–40 % wachsen.[1] In der Vergangenheit wurde die Archivierung im Wesentlichen durch das PACS übernommen. Allerdings hat das Bilddatenmanagement längst die Grenzen der Radiologie überschritten und wächst zu einer Anwendung für das gesamte Krankenhaus. Andere klinische Abteilungen wie Kardiologie, Neurologie, Strahlentherapie und neuerdings auch Pathologie wollen die Vorteile eines digitalen Bilddatenmanagements nutzen, Bilddaten in einem Archiv speichern und eine ähnliche Unterstützung der Arbeitsabläufe wie in der Radiologie schon üblich realisieren. Dadurch wächst der Bedarf nach standardisierten Schnittstellen, die „herstellerneutralen" Zugang zu beliebigen klinischen Daten geben und diese archivieren können. Hinter dem Einsatz dieser Vendor Neutral Archives (VNA) steht insbesondere auch der Wunsch, Installation und Instandhaltung der Systeme zu minimieren sowie Skaleneffekte in der Datenhaltung zu realisieren.

Datenaustausch über Klinikgrenzen hinweg stellt den nächsten wichtigen Schritt dar in dem Bemühen, die Qualität von Diagnose und Therapie nicht von der (Nicht-)Verfügbarkeit medizinischer Bilder und Daten abhängig zu machen. Hier spielen Cloud-Lösungen und vernetzte Applikationen,

---

[1] IDC Global Health Insights, EMC2: Managing healthcare data within the ecosystem while reducing IT costs and complexities, S 2.

die große Datenmengen handhaben können, eine zunehmende Rolle.

Die folgenden Kapitel sollen einen Überblick des Managements und der Befundung radiologischer Bilder geben.

2 Radiologischer Arbeitsablauf

Ziel der Einführung von IT-Systemen ist die Optimierung des Arbeitsablaufes. Die Arbeitsschritte von Anforderung bis zu Befund/Bildverteilung sollen derart unterstützt werden, dass die Gesamtdurchlaufzeit verkürzt wird und die weitere Behandlung schnellst möglich begonnen werden kann. Das kann nur durch das perfekte Zusammenspiel der einzelnen Komponenten erreicht werden. Anhand eines typischen Arbeitsablaufes (Abb. 2) sollen die Funktionsweisen der einzelnen Arbeitsschritte erklärt werden.

2.1 Anforderung

Der überweisende Arzt entscheidet, ob für die weitere Behandlung eine radiologische Untersuchung durchgeführt werden soll und fordert diese in der Radiologie an. Für die Anforderung sind drei Ablaufszenarien gebräuchlich, die teilweise auch parallel verwendet werden:

- Szenario 1: Anforderungen werden auch heute noch häufig auf Papier, Fax oder per Telefon übermittelt.
- Szenario 2: Für die Anforderung werden elektronische Anforderungsmodule von Radiologieinformationssystemen, die teilweise auch Web-basiert verfügbar sind, verwendet.
- Szenario 3: Es finden Anforderungsmodule, die von vielen Krankenhausinformationssystemen (KIS) bereitgestellt werden, Verwendung.

Der Vorteil der Bereitstellung dieser Funktionalität innerhalb eines KIS-Moduls ist die einheitliche Verwendung in einer Einrichtung. So hat z. B. ein Krankenhaus in Szenario 3 nur ein Modul, in dem die Anforderung generiert und an die angeschlossenen Abteilungssysteme im HL7-Format übertragen wird, während in Szenario 2 jeweils unterschiedliche Anforderungsmodule (eines pro Abteilungsinformationssystem) verwendet werden müssen.

Werden Anforderungen nicht elektronisch übermittelt, müssen die entsprechenden Daten in der radiologischen Abteilung manuell in das RIS eingegeben werden. In jedem Fall sind eine möglichst vollständige klinische Fragestellung sowie die Übermittlung von Informationen wie Kontrastmittelallergien und Laborwerte wichtig, um den weiteren Ablauf planen zu können.

2.2 Anmeldung und Terminplanung

Die Qualität der Terminverwaltung (oft wird der englische Begriff „scheduling" verwendet) bestimmt wesentlich die Prozesseffizienz in der Radiologie. Sie umfasst die Vorplanung der Termine, die Zuteilung von Ressourcen zu Untersuchungen (z. B. Räume und Personal) sowie die kurzfristige Reaktion auf ungeplante Ereignisse, die in der medizinischen Versorgung die Regel sind (z. B. Notfälle).

Wie bei den Anforderungen können die Abläufe der Terminplanung auf unterschiedliche Weise gestaltet und durch IT unterstützt sein. Im einfachsten Fall werden die Termine analog einem Terminbuch durch Mitarbeiter der Radiologie geplant. Manche RIS erlauben dem Anforderer, selbstständig aus Terminvorschlägen einen Termin auszusuchen. Bei noch weitergehender Automatisierung kann das RIS selbstständig anhand vorkonfigurierter Regeln den nächsten passenden Termin vorschlagen. Im nächsten Schritt werden den Terminen in Abhängigkeit von der Art der Untersuchung Ressourcen zugewiesen. In fast allen Fällen wird ein Raum mit entsprechender Ausstattung benötigt (z. B. ein MR-Scanner in einem bestimmten Raum). Nicht selten sind weitere Ausstattungen (z. B. Anästhesieausrüstung, Kontrastmittel, Verbrauchsmaterial) und Personal erforderlich. Daher spricht man in diesen Fällen von Multi-Ressource-Scheduling, für das ebenfalls IT-Unterstützung im RIS vorhanden sein kann. In der tagesaktuellen Planung muss schließlich auf ungeplante Ereignisse wie Notfälle, dringliche Untersuchungen oder langwierige Untersuchungen (z. B. wiederholte Atemartefakte im MR) reagiert werden. Da diese regelmäßig vorkommen, bieten die meisten RIS entsprechend einfache Möglichkeiten der Umbuchung oder Verschiebung von Untersuchungen in andere Räume oder auch die Einplanung von Puffern an.

Üblicherweise erhält die anfordernde Stelle eine Bestätigung des vorgeplanten Termins. Je nach Integrationstiefe zwischen KIS und RIS kann der Überweiser den aktuellen Status des Patienten in der Radiologie an seinem Arbeitsplatz verfolgen. Er kann erkennen, ob der Patient in der Radiologie angekommen ist, die Untersuchung begonnen hat oder Bild und/oder Befund schon verfügbar sind. Ab dem Moment, zu dem die Untersuchungen dem spezifischen bildgebenden System (Modalität) zeitlich zugeordnet sind, erzeugt das RIS eine DICOM-Worklist, die von der Modalität beim RIS abgerufen wird. Dadurch werden der Modalität automatisiert die wichtigsten Patienten- und Untersuchungsdaten zur Verfügung gestellt.

Je nach Archivierungsart können RIS und PACS zudem so konfiguriert werden, dass automatisch Voraufnahmen eines Patienten aus dem Langzeitarchiv dearchiviert werden, sodass für die Diagnostik relevante Voruntersuchungen verfügbar sind (Pre-Fetching).

2.3 Untersuchung

An der Modalität wird die DICOM-Worklist vom RIS abgerufen und in die lokale Arbeitsliste des bildgebenden Systems übertragen. Hier wird der Patient ausgewählt und die Untersuchung gestartet. Durch die elektronische Übertragung ist die Konsistenz der Patientendaten gewährleistet. Die Informationen der Untersuchung wie Art, Startzeit, Dauer und weitere Informationen werden von der Modalität registriert und im DICOM-Format MPPS (Modality Performed Procedure Step) an das RIS zurückgesendet. Die MPPS-Informationen werden an das PACS übertragen, und die Modalität sendet die aufgenommenen Bildserien zur Archivierung an das PACS.

Das Senden der Bilder zum PACS erfolgt vorwiegend im standardisierten DICOM-Format, das für den herstellerunabhängigen Datenaustausch von Modalitäten und RIS/PACS konzipiert wurde. DICOM beschreibt nicht nur die Bildformate, sondern auch Übertragungsprotokolle und regelt Sicherheitsbelange.

Für die meisten Medizinprodukte existieren DICOM-Conformance-Statements. Diese Dokumente beschreiben die unterstützten DICOM-Dienste. Dadurch wird die Grundlage der Produktkommunikation geschaffen, in der Praxis sind meist noch Detailanpassungen notwendig. Am Ende der Untersuchung gibt ein Mitarbeiter der Radiologie am RIS-Arbeitsplatz zusätzlich ein, welche radiologischen Leistungen durchgeführt wurden, die Röntgenverordnungswerte (ROV) und ggf. welche Kontrastmittel und Materialien, wie z. B. Katheter, verbraucht wurden. Diese Daten zur Leistungserfassung und zum Verbrauch hochwertiger Medizinprodukte sind insbesondere für die medizinische Dokumentation und die Abrechnung relevant. Abrechnungsrelevante Daten werden ggf. ebenfalls elektronisch an ein entsprechendes Abrechnungsmodul weitergegeben.

2.4 Steuerung der Befundung

Im Regelfall wird der Ablauf der Befundung durch das RIS gesteuert. Es stellt die Arbeitslisten mit abgeschlossenen und zur Befundung vorgesehenen Untersuchungen bereit. Hierbei kann das RIS den Arbeitsablauf insofern unterstützen, als dass die Arbeitsliste durch persönliche, vom Befunder eingestellte Filter vorselektiert wird und z. B. zunächst alle anstehenden CT- oder Röntgenuntersuchungen nacheinander vom RIS zur Befundung angezeigt werden. Alternativ kann der Arzt einen entsprechenden Patienten mit seiner Untersuchung aus der gesamten Arbeitsliste auswählen. Das RIS stößt in jedem Fall im PACS die Anzeige des aktuellen Bildmaterials und ggf. auch der Voruntersuchungen an.

Für komplexe Untersuchungen, die eine Bildnachverarbeitung benötigen (Post-Processing), stehen mittlerweile eine Vielzahl von spezialisierten Nachverarbeitungsapplikationen zur Verfügung, mit denen zum einen die Befundung unterstützt und beschleunigt werden kann und zum anderen wertvolle diagnostische Zusatzinformationen generiert werden können. Weiterhin ist ein arbeitsteiliger Ablauf zwischen MTRA und Arzt möglich, indem die technische Assistenz zunächst die Bildnachverarbeitung aus einer eigenen Arbeitsliste heraus vorbereitet und erst nach Abschluss dem Arzt die Untersuchung in seine Arbeitsliste einstellt.

Ist die Analyse des Bildmaterials erfolgt, wird im RIS ein Befundbericht erstellt. Häufig arbeiten die Befunder in einer Mehr-Monitor-Umgebung (mit bis zu vier Monitoren), die Bilder und Befund gleichzeitig anzeigen. Nach Abschluss der Befundung werden Befunde und ggf. auch Bilder verteilt und beides archiviert.

2.5 Bilddarstellung und Bildbefundung

Die ersten PACS-Arbeitsplätze waren primär für die Arbeit mit konventionellen, 2D basierten Röntgenbildern entwickelt worden.

Basisfunktionen zur Anpassung der Bildqualität (wie Helligkeit, Kontrast etc.) sowie der einfachen Bildmanipulation sind heute an jedem PACS-Arbeitsplatz verfügbar. Neben dem Ziel, eine möglichst hohe diagnostische Qualität durch z. B. die Anwendung von Mess- und Analysewerkzeugen der sogenannten Advanced Visualization (AV) zu erreichen, steht heute besonders das Erreichen einer Effizienzsteigerung bei der digitalen Bildbefundung im Vordergrund. Wesentliche Treiber dafür sind die sich ändernden Rahmenbedingungen wie hoher Kostendruck, höheres Patientenaufkommen, limitierte Expertenverfügbarkeit und ein erhöhtes Bilddatenaufkommen durch fortschreitende Technologien bei den bildgebenden Modalitäten.

2.6 Diagnose und Therapievorbereitung mithilfe von Advanced Visualization (AV)

Wie eingangs erwähnt, steigt die Menge an Bilddaten pro Untersuchung rasch an, insbesondere im Bereich der Schnittbildmodalitäten (CT, MR, PET/CT, PET/MR). Eine Befundung solcher komplexen Untersuchungen alleine mit den genannten Werkzeugen ist schon aus zeitlichen Gründen nicht mehr praktikabel. Es wurden daher in den letzten Jahren eine Vielzahl spezialisierter Nachverarbeitungsapplikationen entwickelt, die eine völlig neue Art der radiologischen Diagnostik ermöglichen und sich mehr und mehr als Standard bei Diagnose und Therapievorbereitung etablieren.

Basis der meisten Applikationen ist eine dreidimensionale Rekonstruktion (3D-Rekonstruktion) der zweidimensionalen Schichten, indem durch verschiedene mathematische Opera-

Tab. 1 3D-Nachbearbeitungsmethoden

Methode	Anwendungen
MIP (Maximum Intensity Projection)	Gefäßdarstellung
MPR (Multiplanar Reconstruction)	Darstellung beliebiger Schichtebenen aus einem Volumendatensatz
VTR (Volume Rendering Technique)	Darstellung von Oberflächenstrukturen aus 3D-Datensätzen

tionen die Bildinformation zwischen den Schichten interpoliert wird. Dabei sind die Ergebnisse umso genauer, je kleiner die Schichtdicke der Originaldaten ist. Die häufigsten 3D-Darstellungsmodi sind MIP (Maximum Intensity Projection), MPR (Multiplanar Reconstruction) und VRT (Volume Rendering Technique) sowie deren Derivate (Tab. 1).

Darüber hinaus ist bei Funktionsuntersuchungen wie Herzventrikelfunktion im MR und CT oder der funktionalen Magnetresonanztomographie (fMRT) die zeitliche Dimension entscheidend, und so existieren mittlerweile eine Vielzahl von Nachverarbeitungsapplikationen, die der Auswertung diese vierte zeitliche Dimension hinzufügen. Bilddatensätze unterschiedlicher Modalitäten können fusioniert (hybrid imaging) und dadurch wichtige zusätzliche diagnostische Information gewonnen werden. Prominente Beispiele sind PET-CT- oder PET-MR-Untersuchungen, in denen dadurch die funktionelle Sensitivität des PET (Positronenemissionstomographie) mit der morphologischen Genauigkeit des CT kombiniert und so beispielsweise Tumoren oder Metastasen wesentlich exakter beurteilt werden können. Für viele diagnostische Fragestellungen sind zudem spezielle Mess-, Auswerte- und Automatisierungsalgorithmen entwickelt worden.

Die Bündelung all dieser Möglichkeiten zur Advanced Visualization hat in den letzten Jahren eine Vielzahl von Modalitäten- und PACS-Herstellern, aber auch neue, auf dieses Gebiet spezialisierte Anbieter dazu bewegt, auf diagnostische und therapeutische Fragestellungen zugeschnittene Nachverarbeitungsapplikationen kommerziell anzubieten. Eine Auswahl häufig verwendeter Applikationen zeigt die folgende Auflistung:

Applikationen für die Herz- und Gefäßdiagnostik
- CT- und MR-Kardioperfusions- und -Ventrikelfunktionsanalyse inkl. Late Enhancement
- CT-Calcium-Scoring

Applikationen für die Neurodiagnostik
- CT- und MR-Neuroperfusion
- MR-Spektroskopie
- MR-Traktographie
- fMRT-Auswertung

Applikationen für die Tumordiagnostik
- PET-CT-Onkologie inkl. automatisierter anatomischer Registrierung von mehreren Untersuchungszeitpunkten zur vergleichenden Berechnung des Tumorverhaltens

Applikationen für die Therapieplanung
- Planung der TAVI (Transkatheter-Aortenklappenimplantation)
- Planung der minimal-invasiven Behandlung von Bauchaortenaneurysmen (Stent-Graft)

Der Trend, Advanced Visualization zunehmend bei der Routinebefundung und Therapieplanung einzusetzen, ändert zunehmend die radiologische Diagnostik: weg von einer reinen Bildbefundung, hin zu speziellen, auf die jeweilige diagnostische und therapeutische Fragestellung zugeschnittenen Auswerteapplikationen, die anatomisch-morphologische, funktionelle und quantitative Ergebnisse in einen Befund vereinen. Dadurch zeichnen sich zwei wesentliche Vorteile ab: Zum einen ergeben sich eine Vielzahl relevanter diagnostischer, aber auch therapeutischer Informationen, die zuvor nicht verfügbar waren. Diese ermöglichen eine präzisere Diagnose und erhöhen letztlich Sensitivität und Spezifität der bildgebenden Tests. Zum anderen wird durch zunehmende Automatisierung der Zeitbedarf für das Befunden reduziert, was zu einer Effizienzsteigerung in der radiologischen Diagnostik führen kann.

Nachverarbeitungsapplikationen der neuesten Generation erreichen durch Automatisierung und die damit verbundene klinisch sinnvolle Kombinatorik von Nachverarbeitungsschritten eine besonders hohe „Effizienzstufe".

Nach der weitestgehend automatisierten Bildbearbeitung erhält der Radiologe alle relevanten, auf den jeweiligen klinischen Fall bezogene Auswertewerkzeuge. So kann heute mit einem Mausklick ein Gefäß zur Stenosebeurteilung in einer „Curved planar reconstruction"-Ansicht« dargestellt werden, die das Gefäß automatisch im longitudinalen Schnitt zeigt und eine automatisierte Stenosequantifizierung möglich macht. Abb. 3 zeigt eine CT-Herzauswertung.

Viele Nachverarbeitungsapplikationen sind mittlerweile so ausgereift, dass sie zunehmend in der Befundungsroutine eingesetzt werden. Dies wird zukünftig verstärkt die traditionelle Grenzen zwischen Bilddarstellung, Bildauswertung und Bildnachverarbeitung (PACS und Advanced Visualization) aufheben. Dem Befunder wird es somit ermöglicht, zeitsparend, mit auf die klinische Fragestellung zugeschnitten Auswerteapplikation höchste diagnostische Qualität zu erzielen.

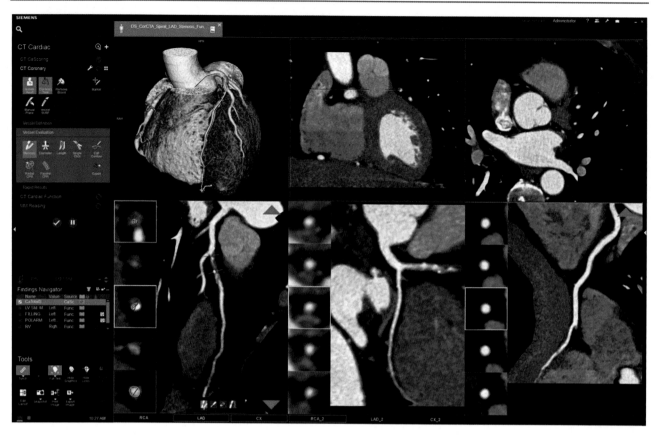

Abb. 3 3D-CT-Herzauswertung (MPR- und VRT-Darstellung) mit „Curved planar reconstruction"-Ansicht" der Koronararterien zur einfachen Stenosemessung

2.7 Automatische Identifikation anatomischer Strukturen

Einen Schritt weiter gehen Verfahren zur automatischen Identifikation von anatomischen Strukturen und CAD-Anwendungen („Computer Aided Diagnosis" oder „Computer Aided Detection").

Hier werden dem Befunder sinnvoll zugeschnittene Werkzeuge mit weitgehender Automatisierung an die Hand gegeben:

- Algorithmen für die automatische Identifikation von anatomischen Strukturen können innere Organe oder knöcherne Strukturen automatisch erkennen und darstellen. Damit können für den radiologischen Befundungsprozess in hohem Maße automatisierte und standardisierte Ansichten der zu diagnostizierenden Körperregion effizient, reproduzierbar und mit hoher Qualität erzeugt werden.
- CAD-Algorithmen untersuchen Bildmaterial selbstständig im Hinblick auf eine klinische Fragestellung. Es wird versucht, verdächtige Strukturen zu identifizieren und sie dem Befunder zur Begutachtung zu präsentieren. Da CAD-Anwendungen tief in die Diagnoseerstellung eingreifen, unterliegen sie der höchsten Risikostufe seitens

der regulatorischen Behörden. In der Regel müssen CAD-Anwendungen durch klinischen Studien nach GCP-Standard (GCP = Good Clinical Practice) validiert werden, bevor sie zugelassen werden. Es sind bereits eine Reihe von zugelassenen CAD-Anwendungen auf dem Markt, z. B. zur Detektion von Lungenrundherden, von Mikrokalzifikationen bei Brustkrebs sowie zur Polypenerkennung bei CT-Kolonographien. CAD-Anwendungen haben großes Potenzial, besonders im Bereich von Screening und Früherkennung, wo sie die Rate falsch negativer und möglicherweise auch falsch positiver Befunde signifikant verringern konnten.

Die genannten Verfahren machen deutlich, dass das Potenzial von PACS weit über die Bildkommunikation und die Darstellung von DICOM-Bildern hinausgeht.

2.8 Anforderungen an elektronische Displays (Befundungsmonitore)

Die auf dem Monitor dargestellten Bilder sind die Basis für die Bildbefundung und eine wesentliche Informationsquelle für alle nachfolgenden therapeutischen Maßnahmen.

Über die DIN 6868-157 „Sicherung der Bildqualität in röntgendiagnostischen Betrieben – Teil 157: Abnahme- und Konstanzprüfung nach RöV an Bildwiedergabesystemen in ihrer Umgebung" wurde 2012 ein detaillierter Normentwurf zum Einsatz elektronischer Display und Sicherung der Bildqualität veröffentlicht.

2.9 Erstellung des Befundberichts

Nachdem der Radiologe die Bilddaten in geeigneter Form bearbeitet und analysiert hat, kann im RIS direkt ein Befund erstellt werden. Es gibt verschiedene Methoden, den Befund zu generieren:

- Der Radiologe gibt den Befund als Freitext in das Programm ein.
- Der Radiologe verwendet Textbausteine für die effiziente Erstellung von Normalbefunden und ergänzt den Befund durch einen frei eingetragenen Text.
- Der Radiologe nimmt seinen Befund als Diktat auf, das später vom Sekretariat oder direkt durch ein Spracherkennungssystem in Text umgesetzt wird.
- Der Radiologe befundet strukturiert. Dabei werden die zu einer Untersuchung gehörigen Befunde strukturiert in Form von Werten und Tabellen erfasst. Ein fortgeschrittenes System kann unter Beibehaltung der strukturierten Information einen klinisch sinnvollen Prosatext generieren. Diese Form der Befundung gewinnt gerade bei komplexeren Untersuchungen zunehmend an Bedeutung (DICOM Structured Reporting).
- Ist der Befund geschrieben, muss er kontrolliert und durch den befundenden Arzt direkt oder den Oberarzt/Chefarzt freigegeben werden. Erst dann ist der Befund als (elektronisches) Dokument zu verteilen und zu archivieren.

2.10 Klinisch-radiologische Demonstrationen

Die klinisch-radiologischen Falldemonstrationen sind ein wichtiger Bestandteil der radiologischen Routine, diese werden oftmals täglich durchgeführt. Die gemeinsame Diskussion von radiologischen Befunden zwischen Radiologen und klinischen Kollegen ist essenziell und präzisiert gestellte Diagnosen oder kann oftmals eine individuellere und optimierte Therapie für den Patienten ermöglichen.

Während der klinischen Demonstration muss schnell auf Voraufnahmen oder Vorbefunde im RIS/PACS oder AV-System zugegriffen werden. Idealerweise sind diese Systeme an der Demonstrationskonsole so integriert, das aus einem Mastersystem (PACS oder AV) die patienten- bzw. fallbezogene klinische Historie zugegriffen werden kann. In vielen Fällen werden Demonstration nicht an einem Desktop-System mit Monitor(en) durchgeführt, sondern die Fälle über entsprechend hochauflösende Projektoren (Beamer) auf einer Leinwand dargestellt.

2.11 Befund- und Bildverteilung

Als letzter Prozessschritt des radiologischen Workflows ist die schnelle Verteilung der Ergebnisse an den Überweiser ein wesentlicher Bestandteil, der die Gesamteffizienz eines klinischen Workflows beeinflusst. Der überweisende Arzt muss zeitnah einen Zugriff auf die Resultate erhalten. Um das zu erreichen, sollten die Bildinformation und der Befund vom klinischen Arbeitsplatz aus aber schnell und einfach, z. B. mittels mobiler Geräte wie iPad, iPod oder Smartphone, aufrufbar sein. Technisch kann dem überweisenden Arzt beispielsweise ein Internet-basierter Zugriff auf die Datenbasis der Radiologie (für den Patienten bzw. für den Untersuchungsfall) ermöglicht werden. Mit einem Browser kann dann der überweisende Arzt die radiologischen Bilder aufrufen und den korrespondierenden Befund einsehen. Ob der Arzt alle Bilder sieht oder nur die relevanten, kann ebenso eingestellt werden wie die Qualität der Bilder. Um die Netzwerkbelastung zu verringern und die Zugriffszeiten zu minimieren, werden häufig komprimierte Bilder dargestellt. Wichtig ist, dass der Arzt aus dem Kontext seines klinischen Arbeitsplatzes die richtigen Bilder aufrufen kann. Dazu ist eine Integration der Radiologie in das übergeordnete IT-System des Krankenhauses unabdingbar. Um die Informationen an einem Arbeitsplatz darzustellen, an dem sie zu einem definierten Behandlungsschritt benötigt werden, sind z. B. im OP besondere PC-Systeme und -Eingabegeräte (sterilisierbar, OP-tauglich) notwendig.

3 Integration und Vernetzung

Befundung und Bildmanagement können heute tief in die Krankenhaus-IT integriert werden und sind dank standardisierter Schnittstellen und Protokolle wie DICOM, HL7 und IHE weitgehend unabhängig von den verwendeten Systemen. Dadurch lassen sich Abläufe und Organisation in der Klinik optimieren und die Leistungstransparenz erhöhen.

Global betrachtet liegen jedoch ca. 80 % der Daten im Gesundheitssystem in unstrukturierter Form vor[2] und lassen sich daher nur schlecht verwerten. Außerdem gibt es noch immer nur wenig großflächigen Austausch dieser Daten zwischen Ärzten und Kliniken. Aus diesem Grund richtet sich im Moment die Aufmerksamkeit unterschiedlicher Interessen-

---

[2] IBM, McKinsey Gobal Institute, http://bit.ly/1qaeJ9t.

gruppen auf übergreifende Vernetzungslösungen. Dabei spielt der Datenzugang über die Cloud eine zentrale Rolle.

3.1   Integration von Informationssystemen

Die verstärkte interdisziplinare Zusammenarbeit innerhalb und außerhalb eines Krankenhauses erfordert den Zugriff auf die jeweils relevanten und verfügbaren Patienten- und Falldaten über Abteilungsgrenzen hinweg. Durch eine reibungslose Integration unterschiedlicher Informationssysteme und einer Einbettung dieser in die Arbeitsabläufe des jeweiligen Leistungserbringers kann auf relevante Daten zugegriffen werden. So werden Untersuchungsrisiken und Kommunikationsprobleme vermindert.

Typischerweise bietet die elektronische Patientenakte einen ganzheitlichen Einstieg in die jeweiligen Patienten- und Falldaten. Sie ist das führende System im hierarchisch aufgebauten Datenmodell. Abteilungsinformationssysteme (z. B. Radiologie, Kardiologie, Labor) stellen hauptsächlich Daten zur Verfügung und nehmen mit Blick auf die Datenstruktur eine nachgeordnete Position ein.

Zusätzlich bietet die Integration von Daten aus unterschiedlichen Informationssystemen die Möglichkeit für eine systematische Analyse zur Verbesserung von geschäftlichen und klinischen Prozessen (Business Intelligence, Big Data).

3.2   Integration von Image-Managementsystemen

Moderne Image-Managementsysteme müssen nicht nur radiologische oder kardiologische Bilder im DICOM-Format verwalten können, sondern auch Nicht-DICOM-Dateien wie PDF-, Video- und Audio-Dateien. Ziele eines solchen Systems sind die Aufnahme, Strukturierung und das zeitliche Management (Information Life Cycle Management) heterogener Datensätze sowie die Bereitstellung dieser mit einer sehr hohen Verfügbarkeit und Performanz für alle Abteilungen und Ärzte ohne geographische bzw. zeitliche Grenzen. Sogenannte herstellerneutrale Archive (Vendor Neutral Archive, VNA) stellen diese Funktionalität zur Verfügung.

Ein VNA ist somit eine gemeinsame Ressource zur Datenhaltung, die für alle IT-Lösungen innerhalb oder außerhalb des Krankenhauses Daten zur Verfügung stellt und folgenden Anforderungen genügt:

- Es muss in der Lage sein, Bilder und Befunde über den IHE-Standard mit klinischen und radiologischen Systemen patientenzentriert in einem konsolidiertem System zusammenzuführen und auszutauschen.

- Es muss über Schnittstellen verfügen, die mittels des IHE-Standards Daten mit Krankenhausinformationssystemen und anderen Informationssystemen austauschen können und darüber hinaus eine Kommunikation und Einbindung in regionale Netzwerke erlauben.
- Es muss in der Lage sein, alle diagnostischen Bildformate der Radiologie und weiterer klinischen Abteilungen (inkl. aller DICOM-SOP-Klassen) mandantenfähig zu speichern.
- Es muss die Möglichkeit anbieten, auch proprietäre Datenformate zu speichern (Non-DICOM), wie etwa Bilddaten aus den klinischen Fachabteilungen, sowie Dokumente patientenzentriert zur Verfügung zu stellen.

Durch eine Zusammenführung in ein einziges konsolidiertes System können Anwendungen und Arbeitsabläufe von medizinischen Fachabteilungen vereinfacht, Kosten reduziert und die im VNA gespeicherten Daten auf eine standardisierte Weise abgerufen werden.

3.3   Teleradiologie

Die Integration von Informationssystemen und der Einsatz telematischer Verfahren ermöglichen heute eine umfängliche virtuelle Zusammenarbeit speziell in der Radiologie (z. B. Befunden von zuhause und Übermittlung von Befundergebnissen während des Hintergrunddienstes oder auch Fallbesprechung in Echtzeit für den Erhalt einer Zweitmeinung). Physikalische Krankenhausgrenzen können unter Berücksichtigung vorhandener gesetzlicher Anforderungen für Teleanwendungen bzw. Datenschutzrichtlinien überwunden und damit auch neue Dienstleistungen angeboten werden.

Authentifizierung und Autorisierung (Wer darf wann auf welche Daten zugreifen?) sowie eine sichere, verschlüsselte Datenübertragung, aber auch entsprechend hohe Netzwerkbandbreiten sind für diese Anwendungsfälle essenziell und müssen von Anfang an in die Planung und Umsetzung der IT-Infrastruktur Berücksichtigung finden.

3.4   Mobile Endgeräte

Neueste Softwaretechnologien kombiniert mit mobilen Endgeräten bieten inzwischen die Möglichkeit, auf sämtliche medizinische Bild- und Befunddaten mobil zuzugreifen (Abb. 4). Dies hat den Vorteil, dass z. B. in einem Notfallszenario oder während der täglichen Visite am Patientenbett alle relevanten Daten direkt aufgerufen werden können, was wiederum zur Verkürzung von Reaktionszeiten beim Einholen von Expertenmeinungen führt und im akuten Fall ent-

Abb. 4 Fusionierte PET/CT-
Bilddarstellung auf einem
Tablet-PC

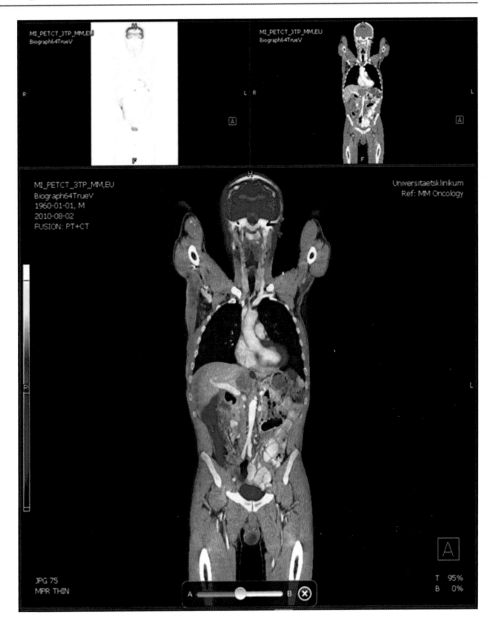

scheidend für den Patienten sein kann. Darüber hinaus kann
mit der gewonnenen Mobilität auch wesentlich zur Zufriedenheit des Patienten, aber auch des Klinikpersonals beigetragen werden. Durch die mittels der mobilen Endgeräte
ermöglichte Entkoppelung des Datenzugriffs von einer physikalischen Lokation hat der Radiologe die Möglichkeit, die
Bilder und Befunde überall hin „mitzunehmen", ad hoc diagnostisch zu bewerten bzw. den klinischen Kollegen und dem
Patienten zu präsentieren.

Der Einsatz von mobilen Endgeräten stellt auf der anderen Seite für die IT-Abteilungen eine neue Herausforderung
dar, da sich neue Aspekte z. B. bezüglich der Netzwerkinfra-
struktur, der Datensicherheit und des Gerätemanagements

und nicht zuletzt mit den damit verbundenen Investitionen
ergeben.

3.5   Moderne IT-Infrastruktur

Die typischen Anforderungen an die IT-Infrastruktur im
Krankenhaus sind wie folgt:

- Skalierbarkeit der Architektur von einer kleinen hin zu
  einer potenziell regionalen Lösung
- Berücksichtigung von Datensicherheit, Datenkonsistenz
  und einer hohen Datenverfügbarkeit

- Einhaltung von Standards für eine Integration heterogener Applikationen und IT-Systeme unterschiedlicher Hersteller zu einer Gesamtlösung ohne Reibungsverluste an den Schnittstellen
- Modularer Aufbau der IT-Infrastruktur zum Austausch einzelner Komponenten ohne Beeinträchtigung des laufenden Betriebes

3.6 Informationslebenszyklusmanagement

Ein essenzieller Baustein im Rahmen einer modernen IT-Infrastruktur ist das Thema Datenmanagement. Das Management von Bilddaten von der Akquisition bis zur Archivierung ist ein komplexer Prozess, der mit unterschiedlichen Technologien adressiert wird, um Datenverfügbarkeit, Sicherheit, Redundanz und Durchgängigkeit sicherzustellen:

- Kurzzeitspeicher: Beinhaltet je nach Konfiguration üblicherweise die Untersuchungsdaten der letzten 3–12 Monate. Auf die Daten kann sehr schnell zugegriffen werden. Eine Bereitstellung der Daten erfolgt von ausfallsicheren Speichersystemen (z. B. RAID).
- Langzeitspeicher und Backup: Daten müssen je nach Gesetzeslage bis zu 30 Jahre archiviert werden und in angemessener Zeit wieder zur Verfügung gestellt werden können. Ein regelmäßiges Backup der Daten ist notwendig, um die Originaldaten im Verlustfall wiederherstellen zu können (Disaster Recovery).

Kommerziell verfügbare hierarchische Speichermanagementsysteme (HSM) stellen die beschriebene Datenmanagementfunktionalität zur Verfügung und bieten zusätzlich die Möglichkeit, Daten für den Nutzer transparent über verschiedene Medien zu migrieren und zur Verfügung zu stellen.

3.7 Cloud Computing

Cloud Computing beschreibt die Nutzung von abstrahierten IT-Infrastrukturen (Rechnerleistung, Speicher, Applikationen) über lokale, aber auch öffentliche Netzwerke, mit dem Hintergrund, diese Ressourcen als Benutzer weder vorhalten oder kennen zu müssen. Es gibt vom National Institute for Standards and Technology (NIST) eine 2009 veröffentlichte, generell akzeptierte Definition von verschiedenen Servicemodellen für das Cloud Computing:

- IaaS – Infrastructure as a Service
- PaaS – Platform as a Service
- SaaS – Software as a Service

Die genannten Services unterscheiden sich im Wesentlichen durch den Umfang der angebotenen Leistungen von der Nutzung einfacher IT-Infrastruktur bis hin zur Nutzung einer kompletten Betriebsumgebung inklusive der zugehörigen Software-Anwendungen.

Das Krankenhaus bzw. die unterschiedlichen Abteilungen müssen beim Cloud Computing nur die Kosten der tatsächlich benötigte Infrastruktur und Leistung an den Cloud-Anbieter erstatten und können flexibel Ausgaben an den benötigten Bedarf anpassen, was zu deutlichen Kostenersparnissen in der IT-Abteilung führen kann.

Jede medizinische Cloud unterliegt der Besonderheit der strikten Datenschutzbestimmungen für die patientenbezogenen Daten. Hinzu kommt die Herausforderung der Interoperabilität zwischen unterschiedlichen Kooperationspartnern aufgrund der mangelnden Standardisierung der Datenformate in den verschiedenen Einrichtungen des Gesundheitswesens (z. B. stellt die eindeutige Identifikation des Patienten und die Zuordnung von medizinischen Daten eine große Herausforderung dar).

Trotzdem gibt es heute schon eine Vielzahl von Lösungen verschiedener Anbieter, die auch ein breites Spektrum des digitalen Bildmanagements als Cloud Computing abdecken:

- Bildarchivierung mittels Cloud-basierter Langzeitarchive
- Praxisnetze mit elektronischen Patientenakten
- Klinik- und Überweiserportale (z. B. Radiologen) zur besseren Vernetzung der stationären und ambulanten Versorgung
- Speichern, Austausch und Benchmark von einrichtungsspezifischen Nutzungsdaten (z. B. für ein verbessertes Dose- und Protokollmanagement der bildgebenden Modalitäten)

3.8 Regionale IT-Virtualisierung

Schweden und Dänemark gehören bei der regionalen, aber auch landesweiten medizinischen Vernetzung in Europa zu den Vorreitern. In Dänemark werden z. B. Patientendaten aus Krankenhausaufenthalten über das landesweite Informationssystem „E-Akte" („e-Journalen") zur Verfügung gestellt.

Aber auch im deutschsprachigen Raum gibt es starke Bestrebungen, die standortübergreifende und herstellerunabhängige Kommunikation sowie den patientenzentrierten Austausch von Daten zu etablieren: In Österreich trat zum 1. Januar 2013 das „Elektronische Gesundheitsakte-Gesetz" (ELGA-G) in Kraft; in Deutschland gibt es seit 2010 eine eHealth-Initiative des Bundesgesundheitsministeriums, auch gibt es zahlreiche regionale Vernetzungsprojekte.

Im Zusammenhang mit der patientenzentrierten Virtualisierung von unterschiedlichen Bildmanagementlösungen (RIS, PACS, VNA) stehen folgende anwenderbezogene Kernfunktionalitäten im Vordergrund:

Globale Arbeitsliste Radiologen müssen in einem regionalen Setup in der Lage sein, auf eine konsolidierte globale Arbeitsliste zugreifen zu können. Die globale Liste ist somit als Summe aller individuellen Arbeitslisten der im regionalen Umfeld teilnehmenden Krankenhäuser zu verstehen.

Globaler Zugriff auf Bilddaten Während der Befundung der radiologischen Bilder übernimmt jeder Radiologe alle Fälle, die in sein Spezialgebiet fallen. Dies geschieht meist mit der Filterung der globalen Arbeitsliste nach seiner Spezialisierung (z. B. PET/CT Onkologie). Obwohl die Bilder und befundrelevanten Daten physikalisch verteilt sind, muss der jeweilige Befunder Zugriff auf alle Daten haben. Interoperabilitätsmodelle wie IHE XDS (Cross Document Sharing) definieren diesen Datenaustausch.

Master Patient Index (MPI) Ein MPI stellt Funktionalität zur Verfügung, um Informationen aus unterschiedlichen Quellen (z. B. verschiedenen Abteilungen oder Krankenhäusern) unter einer gemeinsamen Entität zusammenzuführen.

Zugriffskontrolle und Sicherheit Zugriffsberechtigungen und Mandatenfähigkeit (Unterstützung mehrerer Krankenhäuser bzw. unabhängiger organisatorischer Einheiten innerhalb eines IT-Systems) sind Voraussetzung für eine regionale IT-Virtualisierung.

Radiologen und Patienten profitieren gleichermaßen von einem schnellen und hochverfügbaren Zugriff auf das medizinische Bildmaterial auf regionaler Ebene, während IT-Administratoren mit der regionalen Virtualisierung im Vergleich zu Insellösungen eine hochintegrierte und skalierbare bzw. Ressourcen-optimierte IT-Umgebung erhalten.

4 Zusammenfassung

PACS und RIS sind weiterhin etablierte Bausteine zur Optimierung von Arbeitsabläufen innerhalb einer radiologischen Abteilung. Die Integration von Bildnachverarbeitung bzw. Advanced Visualization (AV) in den Befundarbeitsablauf ist im Begriff, sowohl die radiologische Diagnostik als auch die gezielte Therapieplanung grundlegend zu verändern und ermöglicht beispielsweise, dass zunehmende Datenmengen effizient und mit hoher Qualität befundet werden können. Flexibler Zugriff auf Daten und deren Archivierung spielen eine immer größere Rolle und werden zunehmend von wirtschaftlichen Erwägungen beeinflusst. Dies führt zur wachsenden Popularität von Vendor Neutral Archives (VNA), die häufig in die gesamte klinische IT-Infrastruktur integriert sind. Dies gilt sowohl innerhalb eines Krankenhauses als auch darüber hinaus (z. B. regionale Verbunde). Aktuelle IT-Trends wie z. B. Cloud Computing oder Big Data eröffnen neue weitreichende Möglichkeiten, Kosten zu senken und Komplexität zu reduzieren.

Telemedizin am Beispiel aktiver Implantate

5

Klaus Peter Koch und Oliver Scholz

Inhalt

K.P. Koch (✉)
Hochschule Trier, Trier, Deutschland
E-Mail: author@noreply.com

O. Scholz
Fakultät für Ingenieurwissenschaften, Hochschule für Technik und
Wirtschaft des Saarlandes, Saarbrücken, Deutschland
E-Mail: author@noreply.com

1   Einleitung

Die Telemedizin ist ein Bereich der Telematik, welche es ermöglicht, diagnostische oder therapeutische Daten zwischen zwei Orten (räumliche Distanz) oder zeitlich versetzt (zeitliche Distanz) zu übertragen. Dies beinhaltet sowohl die bidirektionale Übertragungsstrecke zwischen Patient und Arzt als auch die Übertragungsstrecke zwischen zwei Ärzten. Hierzu werden die Informationen ohne materiellen Transport übertragen. In der technischen Umsetzung werden sowohl drahtgebundene als auch drahtlose Kommunikationskanäle genutzt. Die Möglichkeiten, medizinisch relevante Daten zu versenden, eröffnen weitere Anwendungsfelder. Beispiele hierfür sind das Hinzuziehen von externen Experten während chirurgischer Eingriffe, die Übertragung von physiologischen Daten/Signalen, die vom Patient im häuslichen Umfeld gewonnen werden, und die Verteilung der Daten innerhalb eines Krankenhauses. In entgegengesetzter Richtung sollen auch Daten zu Therapiegeräten versendet werden können, um etwa die Behandlung anzupassen oder die Funktion der Geräte zu überwachen. Die Anwendungsfelder reichen hierbei von der Übertragung von Röntgenaufnahmen bis zur Weiterleitung von Temperaturwerten. Moderne aktive Implantate verfügen i. d. R. ebenfalls über eine drahtlose informationstechnische Anbindung an die Außenwelt. Insbesondere in dem zuletzt genannten Bereich spielt auch die Energieversorgung der einzelnen Komponenten eine wichtige Rolle. Diese kann teilweise mit der gewünschten Datenübertragung kombiniert werden. In den folgenden Abschnitten werden nach einem kurzen Überblick über den Einsatz der Telemedizin bei Operationen und Homecare-Anwendungen die Möglichkeiten der Telemedizin zur Ansteuerung aktiver Implantate betrachtet.

2   Telemedizin im Operationssaal

Das Hinzuziehen weiterer Experten während einer Operation ist oft nur in großen Kliniken möglich. Bei hoher Spezialisierung gestaltet sich dies immer schwieriger, da die Experten

© Springer-Verlag GmbH Deutschland 2017
R. Kramme (Hrsg.), *Informationsmanagement und Kommunikation in der Medizin*,
DOI 10.1007/978-3-662-48778-5_43

meist an unterschiedlichen Zentren tätig sind. Der Einsatz der Datenfernübertragung bietet daher eine gute, multimodale Möglichkeit, kurzfristig weitere Experten zu konsultieren (Abb. 1). Auch für die Lehre und den wissenschaftlichen Austausch sind solche Systeme sinnvoll, beispielsweise als Liveschaltungen zum Hör- oder Konferenzsaal. In modernen OP-Systemen werden unterschiedliche bildgebende Instrumente wie etwa Endoskope und Ultraschall eingesetzt (Skupin 2005). Zusätzlich zu diesen direkten diagnostischen Geräten sind Kameras zur Erfassung des Operationsfeldes und des Operationsraums für eine Darstellung des Operationsablaufs sinnvoll. Zur Steuerung der bildgebenden Systeme, aber auch der Kommunikations- und Videokonferenzeinrichtungen sind Bedienelemente für den behandelnden Arzt im Sterilbereich erforderlich. Dies betrifft insbesondere die Kamerasteuerung, um den Blickwinkel der Kamera an die aktuelle Operationssituation anpassen zu können. Ferner sind der interoperative Wechsel zwischen Kameras und der Verbindungsaufbau vom Operationssaal aus zu bedienen. Mit dieser Technologie lassen sich selbst bei komplexen Operationen weitere Experten konsultieren, ohne den Patienten verlegen zu müssen (Abb. 1).

3   Telemedizin in der häuslichen Pflege

Für die Gewinnung medizinisch relevanter Daten in der häuslichen Umgebung ist mittlerweile ein breites Spektrum an Geräten auf dem Markt. Dies reicht von Geräten zur

Körpertemperatur- und Gewichtsmessung bis hin zu Geräten zur Erfassung des EKGs oder des Blutdrucks. Viele dieser Geräte besitzen auch Schnittstellen zum Auslesen der Daten. Koppelt man diese an eine sogenannte Hausbasisstation an, können die Daten von dort bei Bedarf an einen medizinischen Dienst übermittelt werden. Die direkte Punkt-zu-Punkt-Verbindung zwischen Arzt und Patient ist eine Möglichkeit, die jedoch rückläufig ist. Durch die große Verbreitung von Smartphones ist ein neuer Markt für Gesundheits- und Fitnessanwendungen auf mobilen Endgeräten entstanden. Das Potenzial dieser Technologien für die häusliche Rehabilitation ist Gegenstand gegenwärtiger Forschung (Varnfield et al. 2014; Fahim et al. 2012). Hier steht nicht die bloße Übertragung medizinischer Daten an den Arzt im Mittelpunkt, sondern gerade die Möglichkeit, den Patienten zu motivieren, seine Therapie, Diät etc. konsequent weiterzuführen.

Servergestützte Systeme bieten den Vorteil einer höheren Verfügbarkeit (Bolz 2005). Auch kann die erste Entgegennahme der Daten von medizinisch geschultem nichtärztlichen Personal erfolgen. Hierdurch kann der Arzt entlastet und damit die Kosten reduziert werden. Als Schnittstellen zwischen den Messgeräten und der Hausbasisstation werden sowohl drahtgebundene Schnittstellen wie RS-232 oder USB als auch drahtlose Schnittstellen wie Bluetooth und WLAN eingesetzt. Die Hausbasisstation selbst kann im Prinzip ein Smartphone oder Tablet als Plattform nutzen. Für viele Patientengruppen empfiehlt sich jedoch eine einfachere Bedienung, was eher durch eine speziell zugeschnittene Geräteentwicklung erreicht wird (Kiefer et al. 2004). Diese

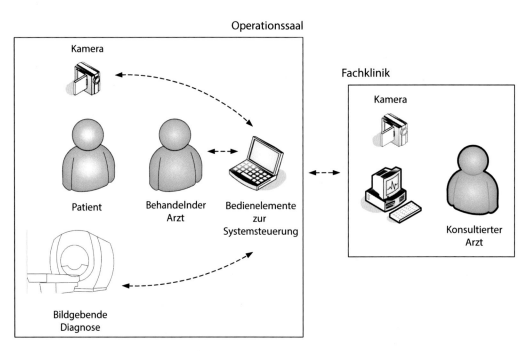

Abb. 1 Systemübersicht eines telemedizinisch genutzten Operationssaals

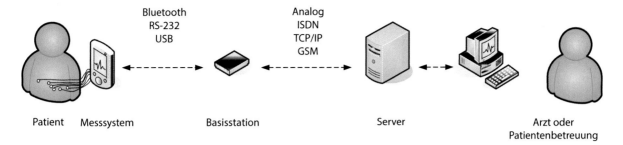

Abb. 2 Kommunikationsstruktur von Homecare-Systemen

kommen zum Teil nur mit einem Bedienelement, welches die Übertragung der Daten einleitet, aus. Darüber hinaus ist der Anschluss von kabelgebundenen Messgeräten bei Smartphones oder Tablets nur über einen Adapter möglich. Für die Schnittstelle zwischen der Hausbasisstation und dem Server bzw. dem medizinischen Empfänger unterscheiden sich die Möglichkeiten im Wesentlichen durch die im jeweiligen häuslichen Umfeld zur Verfügung stehenden Schnittstellen. Dies reicht von analogen Telefonanschlüssen, ISDN-Leistungen, Verbindungen über ADSL bis zu drahtlosen GSM-Verbindungen. Neben den technischen Problemen der Bereitstellung einer Vielzahl von Schnittstellen und der Nutzung von Übertragungsprotokollen mit ausreichender Datensicherheit sind auch rechtliche Randbedingungen bezüglich des Datenschutzes mit zu berücksichtigen. Neben dem Aspekt der Kostenreduzierung ist die Unterbringung des Patienten in häuslicher Umgebung in vielen Fällen angenehmer (Abb. 2).

Die Einbeziehung nur eines einzigen Medizingerätes für die Telemedizin im häuslichen Umfeld ist in vielen Fällen unzureichend. So müssen nicht selten eine Vielzahl von Parametern erfasst werden, wie beispielsweise Körpergewicht, Blutzuckerspiegel und Blutdruck. Hier kommt der wichtige Punkt der Interoperabilität der diversen Geräte ins Spiel. Letzten Endes sollen die Messwerte zusammengeführt werden, um medizinischem Fachpersonal einen aussagekräftigen Befund zu ermöglichen. Gerade diesen Aspekt hat ein Konsortium aus mehr als 200 Firmen und Institutionen unter dem Namen Continua aufgegriffen. Als Leitmotiv gibt Continua auf seiner Internetseite den „Aufbau eines interoperablen persönlichen Telemedizinsystems, das die Unabhängigkeit fördert und Personen wie Organisationen ermöglicht, Gesundheit und Wohlbefinden besser zu steuern", an (Continua 2015). Dies soll erreicht werden, indem

- Entwurfsrichtlinien für interoperable Sensoren, Heimnetzwerke, Telemedizinplattformen, Gesundheits- und Wellness-Dienste erstellt werden,
- ein Produktzertifizierungsprogramm ins Leben gerufen wird und
- mit Regulierungsbehörden zusammengearbeitet wird.

In diesem Zusammenhang werden als Kommunikationstechniken WLAN, Zigbee, Bluetooth und USB genannt. Als Formatschnittstelle wird die Normenfamilie ISO/IEEE 11073 aufgeführt. Bei der Durchsicht der vertretenen Firmen und Organisationen fallen große Firmen rund um Medizintechnik, Pharmazie und Kommunikationstechnologien auf (Philips, Qualcom, AT&T, Bayer, Roche, GE Healthcare, Sanofi und andere), namhafte Hersteller von aktiven medizinischen Implantaten sucht man jedoch vergebens.

4 Implantattelemetrie

In diesem Subkapitel wird am Beispiel implantierbarer Systeme der Einsatz unterschiedlicher telemetrischer Ansätze beschrieben. Dies reicht von der Problematik der Energieversorgung der einzelnen Komponenten bis hin zu den verschiedenen Möglichkeiten der Datenübertragung.

Unter Telemetrie versteht man, streng genommen, das Gewinnen von Messwerten weit entfernter oder unzugänglicher Messstellen, was die Übertragung der Werte über eine Distanz erforderlich macht. Im Sprachgebrauch der Medizintechnik wird Telemetrie oft für die Übertragung von Messdaten und auch von Steuerdaten verwendet. Dies kann drahtgebunden erfolgen, aber eben auch drahtlos. Eine einfachere Form der Kontaktierung besteht darin, implantierte Systeme drahtgebunden durch die Haut (perkutan) anzuschließen. Für den chronischen Einsatz ergibt sich jedoch ein höheres Komplikationsrisiko, weil das damit verbundene Infektions- und Verletzungsrisiko groß ist. Auch aus kosmetischer Sicht spricht Einiges gegen Kabel, die aus der Haut treten. Aus diesem Grund sind die allermeisten aktiven Implantate drahtlos, d. h. die Haut überwindend (transkutan), mit der Außenwelt verbunden. Bei speziellen Anwendungen ist dennoch der perkutane Ansatz von Vorteil, da es praktisch keine Beschränkungen der Signal- und Energieübertragung gibt. Hierdurch können Weiterentwicklungen eingesetzt werden, ohne den Patienten einem erneuten chirurgischen Eingriff auszusetzen. Dies ist insbesondere in der Entwicklungsphase neuer Implantate von Vorteil (Zrenner et al. 2008; Normann

1990). Zur Stimulation des visuellen Kortex wurden beispielsweise 68 Elektroden implantiert, die mit einer Kamera und einer Elektronik zur Stimulation einer einfachen visuellen

Abb. 3 Perkutane Kabelverbindung zur Stimulation des virtuellen Kortex (Dobelle 2000)

Wahrnehmung eingesetzt werden (Dobelle 2000) (Abb. 3). Auch temporär implantierte Systeme können effizient mit solchen Verbindungen betrieben werden. Meist befindet sich der Patient während der Anwendungszeit in klinischer Betreuung, wodurch die fachgerechte Versorgung der perkutanen Kabeldurchführung gewährleistet ist.

Unzählige Anwendungsfelder für Implantattelemetrie existieren heute, oder werden in der Fachliteratur diskutiert, von denen in Abb. 4 einige Beispiele aufgeführt sind. Hinzu kommen externe Geräte und Sensoren, die am Körper getragen werden und unter Umständen auch mit Implantaten kommunizieren. Hier hat sich der Begriff des körpernahen Kommunikationsnetzes (Body Area Network) etabliert. Weniger für chronisch Kranke, aber für Forschungszwecke werden implantierbare Telemetrie-Systeme eingesetzt, um etwa die Belastung von passiven Implantaten zu messen, wie z. B. von künstlichen Hüftgelenken (Bergmann et al. 2004), Marknägel oder Fixateuren für die Osteosynthese.

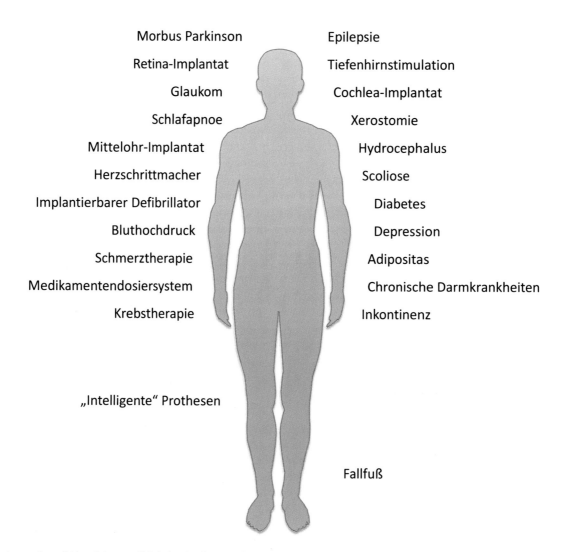

Morbus Parkinson
Retina-Implantat
Glaukom
Schlafapnoe
Mittelohr-Implantat
Herzschrittmacher
Implantierbarer Defibrillator
Bluthochdruck
Schmerztherapie
Medikamentendosiersystem
Krebstherapie

Epilepsie
Tiefenhirnstimulation
Cochlea-Implantat
Xerostomie
Hydrocephalus
Scoliose
Diabetes
Depression
Adipositas
Chronische Darmkrankheiten
Inkontinenz

„Intelligente" Prothesen

Fallfuß

Abb. 4 Anwendungsfelder aktiver medizinischer Implantate mit Telemetrie

4.1   Implantattelemetrie mittels induktiver Kopplung

Um sowohl die Energieversorgung des Implantats zu gewährleisten als auch eine bidirektionale Schnittstelle zum Datentransfer zur Verfügung zu stellen, werden induktive Schnittstellen eingesetzt. Hierbei wird das Feld einer externen Senderspule in die Empfangsspule des Implantates eingekoppelt, wodurch nach dem Transformatorprinzip Energie zum Implantat übertragen wird. Um zusätzlich Daten zum Implantat zu senden, wird die Trägerwelle des Senders moduliert. Zur Kommunikation vom Implantat nach außen moduliert man meistens die resistive Last der Implantatspule, wodurch sich die Impedanz der externen Spule und somit der Sendestrom ändert. Das gleiche Prinzip lässt sich beim klassischen Transformator beobachten, bei dem der Strom im Primärkreis auch von der Belastung im Sekundärkreis abhängt. Bei Cochleaimplantaten wird diese Technik eingesetzt, da, neben der hohen Datenrate von einigen 100 kBit/s, das Implantat mit rund 30 mW Leistung zu versorgen ist (Zierhofer und Hochmair 1994; Zierhofer et al. 1995). Hierbei wird – wie beim Freehand-System zur Stimulation der Armmuskulatur – eine Trägerfrequenz von 10 MHz eingesetzt, wobei im Freehand-System sogar 90 mW übertragen werden (Smith et al. 1987). Durch den Einsatz optimierter Systeme bei Cochleaimplantaten (Medical Electronics) erreicht man einen Gesamtwirkungsgrad von bis zu 67 % bei Übertragungsleistungen von 250 mW (Kendir et al. 2005). Für Implantate mit noch höherer Leistung, wie beispielsweise Herzunterstützungssysteme, wurden von Dualis spezielle induktive Schnittstellen entwickelt, die Leistungen von bis zu 50 W übertragen können (Vodermayer et al. 2005). Besonders in solchen Fällen, in denen eine hohe Miniaturisierung erwünscht ist und nur sehr kurze Distanzen überbrückt werden müssen, weicht man auf Dünnfilmspulen aus, die auf einem eigenen Substrat aufgebracht sind (Kim et al. 2009). Oder man versucht gar, wie bei einem System zur Hirndruckmessung, die Spule des Implantats direkt auf dem Kommunikationschip zu integrieren. Wegen der geringen Abmessungen der Empfangsspule werden hier jedoch nur Abstände von wenigen Millimetern erreicht (Flick und Orglmeister 2000).

Beispielhaft für die kombinierte Daten- und Energieübertragung mit der Hilfe einer induktiven Schnittstelle wird im Folgenden ein System beschrieben, welches bei einer Trägerfrequenz von 4 MHz arbeitet (Scholz et al. 1998). Die Kommunikation von der externen Einheit zum Implantat wird mithilfe der Modulation der Amplitude dieses Trägers durchgeführt. Zur Datenübermittlung vom Implantat zur extrakorporalen Steuereinheit wird die Last des Implantats moduliert. Hierbei sind der Sendeschwingkreis als Serienschaltung (C_1, L_1) und der Empfangsschwingkreis als Parallelschaltung (L_2, C_2) realisiert. Der vereinfachten Beschreibung der induktiven Übertragungsstrecke liegt ein einfaches Modell eines Übertragers zugrunde, bei dem die Kopplung der Spulen durch einen reellen Kopplungsfaktor k bestimmt ist (Abb. 5).

Als Modell des Senders dient eine lineare Spannungsquelle mit Leerlaufspannung U_0 und Innenwiderstand R_1. Die Belastung des Empfangskreises durch die Implantatelektronik wird durch einen Ohm'schen Widerstand R_2 simuliert. Je nach Lastmodulation werden diesem Widerstand unterschiedliche Werte zugeordnet. Als wichtiger Index für die Übertragung in Richtung Implantat gilt die Spannungsverstärkung A_f von der externen Spannungsquelle zum Lastwiderstand im Implantat (Hochmair 1984; Scholz 2000). Diese beschreibt sowohl die zu erwartende Versorgungsspannung des Implantats U_2 als auch die Übertragung der Amplitudenmodulation des Trägersignals zum Implantat. Im verwendeten linearen Modell ergibt sich diese in Abhängigkeit der Kreisfrequenz ω des Trägers (Gl. 1).

$$A_f = \frac{U_2}{U_0}$$

$$= \frac{j\omega k\sqrt{L_1 L_2}\dfrac{R_2}{1+j\omega C_2 R_2}}{\left(R_1 + j\omega L_1 + \dfrac{1}{j\omega C_1}\right)\left(j\omega L_2 + \dfrac{R_2}{1+j\omega C_2 R_2}\right) - (\omega k)^2 L_1 L_2}$$

$$(1)$$

Da die externe Einheit transportabel sein soll, wird sie mit Batterien betrieben und hat dementsprechend nur eine begrenzte Energiereserve. Aus diesem Grund ist auch der Wirkungsgrad η bei einer Konstruktion des Systems zu berücksichtigen, der durch den Quotienten aus der sekundärseitig aufgenommenen Wirkleistung P_2 zu der von der Spannungsquelle abgegebenen Wirkleistung P_{ges} definiert ist. Der Kapazitätswert ergibt sich aus dem Wert der Induktivität L_1 und der Resonanzfrequenz.

Abb. 5 Modell der induktiven Übertragungsstrecke

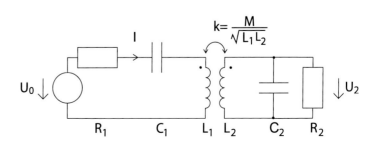

$$\eta = \frac{P_2}{P_{ges}}$$

$$= \frac{k^2 \dfrac{L_1}{L_2} R_2}{k^2 \dfrac{L_1}{L_2} R_2 + R_1 \left(1 + R_2^2 \left(\dfrac{1}{\omega L_2} - \omega C_2\right)^2\right)} \quad (2)$$

Als letzte Größe wird die Änderung des Primärstromes ΔI durch die Modulation der Last untersucht. Dieser Primärstrom ergibt sich wiederum aus dem Quotienten aus Leerlaufspannung U_0 und dem Betrag der Gesamtimpedanz Z_{ges} (Gl. 3).

$$\Delta I = \frac{U_0}{|Z_{ges}(mit\ Last)|} - \frac{U_0}{|Z_{ges}(ohne\ Last)|} \quad \text{mit}$$

$$Z_{ges} = R_1 + j\omega L_1 + \frac{1}{j\omega C_1} + \frac{(k\omega)^2 L_1 L_2}{j\omega L_2 + \dfrac{R_2}{j\omega C_2 R_2 + 1}} \quad (3)$$

Zur Gewährleistung eines sicheren Betriebs der Übertragungsstrecke sowohl zur Energieübertragung als auch zur bidirektionalen Datenübertragung ist eine Optimierung der Übertragungsstrecke erforderlich. Diese Aufgabe sollte im Hinblick auf die vielfältigen Systemeigenschaften und der damit verbundenen Definition der zulässigen Extrema der Eigenschaften und Wertigkeiten untereinander nicht unterschätzt werden. Eine weitere Schwierigkeit der Optimierung liegt in der Schwankungsbreite der Parameter der Übertragungsstrecke. So schwankt die Kopplung der Spulen in Abhängigkeit von der Positionierung. Durch intelligente Positionierungssysteme, die dem Patienten die Güte der Übertragung anzeigen, lässt sich diese Problematik entschärfen. Eine weitere Vereinfachung der Positionierung kann durch Permanentmagnete erzielt werden, die in die primäre und sekundäre Spule integriert sind. Hierdurch ergeben sich Vorteile durch die automatische Positionierung aufgrund der magnetischen Kräfte und der eigenständigen Fixierung der externen Spule. Bei allen Systemen bleiben immer Toleranzen, welche durch Bewegungsartefakte und sich verändernde Gewebeschichten (Fettanlagerung) verstärkt werden können. Zusätzlich unterliegen die Bauteile selbst Herstellungstoleranzen und Alterungen. Insbesondere die Alterung und die Veränderung parasitärer Komponenten sind bei implantierten Komponenten durch den Kontakt des Systems mit Körperflüssigkeiten besonders kritisch zu betrachten.

Obwohl sich die induktive Übertragung hervorragend zur kombinierten Übertragung von Daten und Energie eignet, wird sie manchmal ausschließlich zur Datenübertragung verwendet, insbesondere bei Implantaten mit vollständiger Titankapselung, welche nämlich nur niederfrequente Felder passieren lässt. Dies bietet sich vor allem an, wenn, wie bei manchen einfachen Herzschrittmachern, nur eine geringe Datenrate erforderlich ist.

4.2 Implantattelemetrie mittels Funk

Es ist bemerkenswert, wie sich die Implantattelemetrie vor allem bei Herzschrittmachern verändert hat. Standen anfangs nur wenige Parameter zur Abfrage oder Programmierung zur Verfügung, so reichte eine langsame induktive Übertragung, bei welcher jedoch eine Lesespule unmittelbar über dem Implantationsort gehalten werden musste. Um auch bei fettleibigen Patienten die „Suche" nach dem Schrittmacher zu vereinfachen, statteten die Hersteller ihre Geräte mit entsprechenden Funktionen aus. Heute bieten die Implantate deutlich mehr Funktionalität. So können beispielsweise nicht nur Daten wie die Pulsfrequenz oder Restenergiemenge abgefragt werden. Moderne Schrittmacher oder Defibrillatoren zeichnen gar Abschnitte des IEGM (intrakardiales Elektrogramm) auf und speichern sie intern ab, umfangreiche Selbsttests prüfen auf Elektrodenbruch, erhöhte Reizschwellen und vieles mehr. Um diese Daten komfortabel abrufen zu können, sind die Geräte mit einer Funkschnittstelle ausgerüstet, die es ermöglicht, auch über größere Distanzen (2–3 m) die große Datenmenge in akzeptabler Zeit abzurufen. Weil das Titangehäuse die elektromagnetischen Wellen viel zu stark dämpfen würde, sind die Funkantennen der Implantate außerhalb des Gehäuses angebracht. Bei Herzschrittmachern sind sie meist im Anschlussblock der Elektrodenkabel eingegossen, der aus einem Polymer besteht (Abb. 6).

Problematisch an der Übertragung per Funk ist die Tatsache, dass der Körper durch seine Ionenleitfähigkeit die Ausbreitung von Funkwellen dämpft. Wie stark diese Dämpfung ist, ist zum einen von der Art des zu überwindenden Körpergewebes und zum anderen von der Frequenz abhängig. In erster Näherung steigt die Dämpfung mit wachsender Frequenz. Bestimmte Frequenzen sind im Besonderen betroffen, nämlich solche, bei denen eine Resonanz der Wassermoleku-

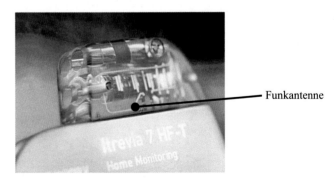

Abb. 6 Anschlussblock eines implantierbaren Cardioverter-Defibrillators mit eingebetteter Funkantenne. (Mit freundlicher Genehmigung durch Fa. Biotronik)

le vorliegt, wie etwa bei 2,4 GHz. Dieses Frequenzband ist daher nicht gut für medizinische Implantate geeignet.

Bei der technischen Umsetzung einer Implantatfunkanwendung muss beachtet werden, dass durch die begrenzte Kapazität von Implantatbatterien die Sendeleistung nicht beliebig groß gewählt werden kann, man vielmehr äußerst sparsam mit den Ressourcen umgehen muss. Dabei ist der Funkkanal zwischen Implantat und externem Programmiergerät einer großen Variabilität unterworfen, weil der Körper inhomogen ist, darüber Textilien getragen werden, es mindestens einen Übergang zwischen Körpergewebe und Luft gibt und sich der Patient bewegt. Die Abstrahlung von Funkwellen aus dem Körper heraus ist stark anisotrop, sodass sich zum Teil deutlich unterschiedliche Reichweiten ergeben, je nachdem wie Patient und Programmier-/Empfangsgerät zueinander orientiert sind.

Weil sich Funkwellen im Gegensatz zu Licht ansonsten fast ungehindert ausbreiten, ist eine strikte Regulierung des Funkverkehrs und der belegten Kanäle erforderlich, um einer gegenseitigen Störung oder gar Blockierung vorzubeugen. Da sich aber in den einzelnen Ländern die Regeln unterscheiden, kann es passieren, dass das Implantat eines Patienten im Ausland nicht ausgelesen werden kann. Beispielsweise ist das in Europa gängige ISM[1]-Band um 868 MHz in den USA nicht zugelassen. Dort wird stattdessen das 915-MHz-Band verwendet. Da aber auch andere Geräte dieses Funkband benutzen dürfen, war man bestrebt, für Implantate einen eigenen Kanalraum zu schaffen, der zudem weltweit verfügbar war. Dies ist mit der Einführung des MICS-Bandes (Medical Implant Communication Service) zur drahtlosen Steuerung und für die Telemetrie von medizinischen Implantaten durch die ITU (International Telecommunication Union) zum größten Teil gelungen (ITU-R 2012). Das Frequenzband, das hierfür vorgesehen ist, muss sich der Dienst zwar mit Funkanwendungen der Meteorologie teilen. Dennoch wird nicht erwartet, dass es hierdurch zu Problemen kommen wird (ECC 2006). Probleme, wie sie im 2,4-GHz- oder 433-MHz-Band durch ihre hohe Popularität und damit hohen Belegung (WLAN, drahtlose Kopfhörer etc.) zu erwarten wären, sind damit so gut wie auszuschließen.

Für weite Bereiche Europas gilt, dass die zur Verfügung gestellten Frequenzbänder zwischen 401 und 406 MHz liegen. Die maximal erlaubte Bandbreite einer MICS-Verbindung beträgt 300 kHz (nur 402–405 MHz). Beispielsweise ist hierbei mit einem Chipsatz von Microsemi (ehemals Zarlink) nach Herstellerangaben eine Datenrate von bis zu 400 kBit/

s möglich. Ein Implantat darf nur im Notfall eine Übertragung initiieren, muss dazu aber nicht darauf achten, ob der verwendete Kanal frei ist („listen before talk"). Im Normalfall muss eine Übertragung von der externen Basis gestartet werden, die nur dann eine Verbindung aufbauen darf, wenn der gewünschte Kanal nicht belegt ist – etwa durch einen zweiten Implantatfunk.

Es sind bereits einige Geräte auf dem Markt, welche dieses Band nutzen. Das MICS-Band wird beispielsweise im CareLink-Programmiergerät und Implantaten von Medtronic eingesetzt, genauso wie in Implantaten der Fa. Biotronik, Boston Scientific oder St. Jude. Neben Herzschrittmachern oder implantierbaren Defibrillatoren gibt es natürlich eine Reihe weiterer implantierbarer Geräte, die auf die Funktelemetrie zurückgreifen, wie beispielsweise Tiefenhirnstimulatoren oder implantierte Blutzuckermonitore. Ebenfalls das MICS-Band nutzend, überträgt die Kamerapille von Given Imaging Bilder des Verdauungstraktes, auch wenn dies im eigentlichen Sinne kein Implantat darstellt (Iddan et al. 2000).

Als nicht ganz unproblematisch wird gesehen, dass durch die zunehmende Verbreitung der Implantattelemetrie der Bedarf besteht, Patienten mit mehreren, unterschiedlichen telemetriefähigen Implantaten oder implantatähnlichen Geräten auszustatten, die sich jedoch potenziell gegenseitig stören können. Beispielsweise wird derzeit davon abgeraten, einen Träger eines Herzschrittmachers oder implantierbaren Defibrillators mit drahtlosen Kapselendoskopen zu untersuchen. Tatsächlich wird in der Literatur davon berichtet, dass zumindest die Datenübertragung der Videokapseln durch die Implantattelemetrie eines Herzschrittmachers gestört wird (Bandorski et al. 2011).

Die Federal Communications Commission (FCC) hat für die USA einen Funkdienst ins Leben gerufen, den sie *Medical Device Radiocommunications Service* (MedRadio) genannt hat. Dieser schließt sowohl medizinische Implantate als auch extern am Körper getragene Medizingeräte und Sensoren ein. Es sind hier fünf Frequenzbänder zwischen 401 MHz und 457 MHz vorgesehen. Das MICS-Band für die Implantatkommunikation ist ausdrücklich hierin enthalten. Außerdem wurde hierdurch einer Petition durch die Alfred-Mann-Stiftung gefolgt, MedRadio um weitere 24 MHz spektraler Bandbreite zu erweitern, um ausgefallene Körperfunktionen mit technischen Hilfsmitteln wiederherzustellen (Medical Micro-Power Networks, MMN) (FCC 2015). Interessant sind die Kanäle von MMN vor allem deshalb, weil sie jeweils eine Bandbreite von 6 MHz bereit halten.

Zusammenfassend kann man sagen, dass die Regulierungsvorschriften von Funkanwendungen einem steten Wechsel unterworfen sind, man durch die Einführung von MICS, zumindest was das Kernband 402–405 MHz angeht, aber tatsächlich auf einem guten Weg einer weltweiten Harmonisierung ist.

---

[1] Streng genommen, dienen ISM-Frequenzen keinen Kommunikationszwecken, sondern Anwendungen wie beispielsweise der Hochfrequenzablation. In vielen Fällen wird der lizenzfreie Betrieb auf diesen Frequenzen von in der Sendeleistung stark eingeschränkten Funksystemen für kurze Reichweiten (*Short Range Devices*) gestattet.

4.3   Optische transkutane Übertragung

In den Fällen, in denen die Übertragungsbandbreite bei induktiver Übertragung zu gering wäre oder man Interferenzen mit anderen Funkübertragungssystemen fürchtet, bietet sich die optische transkutane Übertragung an – dies aber nur, sofern die Gewebsstrecke nicht zu groß ist. Beispiele, in denen diese Technik von Interesse sein könnte, sind z. B. Hirn-Computer-Schnittstellen, in denen überproportional viele Daten (vielkanalige, unmittelbare EEG-Ableitungen) übermittelt werden müssen (Ackermann et al. 2008; Guillory et al. 2004). In voll implantierbaren Herzunterstützungssystemen wurden ebenfalls optische Übertragungsstrecken verwandt, weil man durch die hohe elektrische Leistung, die das Implantat erforderte, auf niederfrequente Magnetfelder zur drahtlosen Energieübertragung zurückgegriffen hat. Außerdem fürchtete man sich vor zu großen Störungen auf dem Übertragungskanal durch den Betrieb der Pumpen (Mitamura et al. 1990; Ahn et al. 1998; Okamoto et al. 2005).

In den 1980er-Jahren wurden bereits Studien durchgeführt, um zu untersuchen, wie sich die optische Übertragung für die Implantattelemetrie eignet (Kudo et al. 1988). Anfangs waren die Übertragungsraten allerdings eher gering. Eine hohe Absorption und vor allem die große Streuung des Körpergewebes schränken die Möglichkeiten ein. Dennoch ist die transkutane optische Übermittlung von Daten durch die Haut mit bis zu 40 Mbit/s gelungen, wenn auch unter hohem Leistungsbedarf (120 mW) bei vergleichsweise dünner Hautschicht (5 mm) (Guillory et al. 2004).

Ein noch nicht aufgeführter Vorteil der optischen Übertragung besteht darin, dass man die dafür notwendigen Komponenten sehr klein realisieren kann. Zwar werben die Hersteller von Funk-Chips häufig damit, dass ihre ICs sehr kompakt sind und sich mit ihnen „Ein-Chip"-Lösungen realisieren ließen. In der Praxis erweist sich dies oft als Trugbild, da zusätzliche Komponenten wie Quarze, Filter und Antennen benötigt werden. Für eine optische Übertragung ist das nicht notwendig. Statt einer Antenne kommen hier deutlich kleinere Sendedioden oder Photodetektoren zum Einsatz.

Dies war der Hauptgrund dafür, weshalb in einem elektrischen Stimulator zur Anregung der Speichelproduktion bei Patienten mit Hyposalivation, der in einem Kunstzahn untergebracht war, eine optische Übertragung zur Steuerung verwendet wurde (Strietzel et al. 2007). Noch musste der Patient für eine erfolgreiche Datenkommunikation den Mund öffnen. In einem Medikamentendosiersystem, das ebenfalls in einer Art zahntechnischen Vorrichtung integriert wurde, war dies nicht mehr notwendig: Hier wurden die Telemetriewerte durch die Wange übertragen (Scholz et al. 2008). Dazu musste der Patient das Lesegerät, ähnlich wie bei einem Mobiltelefon, lediglich an die Wange halten.

4.4   Energieversorgung für Implantate

Die wesentlichen Kriterien zur Auswahl der Energieversorgung von Implantaten sind deren Energieverbrauch, das zur Verfügung stehende Implantationsvolumen und die Möglichkeit, die Komponente des Implantats, welche die Energiequelle enthält, zu ersetzen. Bei Herzschrittmachern ist die klassische Form der Energieversorgung der Einsatz von Batterien. Insbesondere seit dem Gebrauch von Lithium-Jodid-Batterien ist es gelungen, bei einem relativ kleinen Volumen des Implantats eine Laufzeit von 5–10 Jahren zur gewährleisten. Da bei dieser Art von Geräten der aktive Teil, in dem die Batterie integriert ist, in einer subkutanen Tasche im Brustbereich implantiert ist und eine Schraubverbindung zur Elektrode einen Austausch der aktiven Komponente bei Verbleib der distal eingewachsenen Elektrode ermöglicht, stellt ein Austausch nur eine verhältnismäßig geringe Belastung für den Patienten dar. Wesentliche Voraussetzung ist der geringe Energieverbrauch von Herzschrittmachern, der durch die niedrige Stimulationsrate, die geringe Anzahl an Elektroden und die gute Ankopplung zum Gewebe bedingt ist. Eine weitere wesentliche Eigenschaft von Herzschrittmachern oder Tiefenhirnstimulatoren, deren Energieversorgung ebenfalls mit Batterien sichergestellt wird, ist ihr autonomer Betrieb. Beide Systeme arbeiten im Normalfall ohne externe Ansteuerung. Nur zur Aktivierung oder Deaktivierung und zur Therapieanpassung sind temporäre Datenübertragungen erforderlich. Die Versorgung mit Batterien ist jedoch bei Systemen mit hoher Elektrodenanzahl und hoher Stimulationsrate nicht möglich. Beispiele sind Implantate zur Stimulation der oberen Extremitäten zur Steuerung von Greifbewegungen bei Querschnittgelähmten.

Für Implantate, die keine lebenswichtigen Funktionen beeinflussen, werden bereits wiederaufladbare Akkumulatoren eingesetzt. Beispielsweise bietet die Firma Medtronic einen Neurostimulator an, der im Vergleich zur Batterievariante etwa eine doppelte Lebensdauer aufweist. Die Laderhythmen liegen bei ungefähr 4–6 Wochen. Eine alternative Speicherung von Energie wird bei implantierbaren Medikamentenpumpen eingesetzt. Hierbei ist die Energie zur Abgabe der Medikamente über elastische Komponenten mechanisch gespeichert (Medizintechnik Promedt GmbH).

Um die Energieversorgung ohne künstliche Energiezuführung von außen zu ermöglichen, gibt es Forschungsansätze, Energie aus der natürlichen Umgebung zu nutzen und damit ein energieautarkes System zu realisieren. Diese Ansätze lassen sich nach der Art der primären Energiequelle und dem Wandlerprinzip unterscheiden. Zu den Wandlern, die mechanische Energie des Körpers in elektrische Energie umwandeln, gehören piezoelektrische, kapazitive und elektromagnetische Generatoren. Aufgrund der vielseitigen Einsatzorte im Körper ergeben sich unterschiedliche Ankopplungsmöglichkeiten. An Sehnen oder Muskeln treten longitudinale Kräfte auf. Über Gelenke kann man Biegeverformungen des Generators nutzen, und an Druckstellen, die unterhalb des Fußes oder im Muskel liegen, treten Druckschwankungen auf, die genutzt werden können. Die wesentliche Herausforderung bei mechanischen Wandlern besteht in der flexiblen Kapselung der elektrischen Komponenten wie beispielsweise einer Piezokeramik. Weiterhin sind die durch die mechanische Belastung hervorgerufenen Gewebereaktionen sorgfältig zu analysieren.

Bei den thermoelektrischen Wandlern erwartet man durch die kontinuierliche Produktion thermischer Energie des Körpers gute Potenziale. Betrachtet man jedoch die Temperaturgradienten an den möglichen Implantationsorten und die Beeinflussung der Gradienten durch Umgebungstemperatur und Kleidung, sind nur geringe Werte erreichbar. Forschungsansätze der Firma Biophan versuchten thermoelektrische Wandler auf Temperaturdifferenzen von $1-5\,°C$ zu optimieren, um hierdurch Leistungen von bis zu $100\,\mu W$ bei $4\,V$ Generatorspannung zu erzielen. Hierzu ist eine Wandlerfläche von $2,5\,cm^2$ geplant. Diese Systeme konnten sich jedoch bis heute nicht durchsetzen. Photovoltaische Wandler haben ihre Einschränkung im Wesentlichen durch die wenigen Körperstellen, die nicht, auch wenn nur gelegentlich, durch Bekleidung beschattet werden. Die Implantation von photovoltaischen Wandlern dicht unterhalb der Haut gestaltet sich bei Menschen allerdings schon aus kosmetischer Sicht als schwierig.

Der Einsatz von Brennstoffzellen zur Umwandlung von Stoffwechselprodukten in elektrische Energie ist eine weitere Möglichkeit, körpereigene Energien zur Energieversorgung von Implantaten zu nutzen. Die wesentlichen Herausforderungen bei diesen Entwicklungen sind der Schutz der Brennstoffzelle vor Katalysatorgiften und die Gewährleistung der kontinuierlichen Versorgung mit Brennstoffen sowie der Abtransport der Reaktionsprodukte. Zum Teil kann diese Aufgabe durch die Entwicklung geeigneter Membranen gelöst werden. Hierdurch konnten Systeme entwickelt werden, die erfolgreich die Energie umwandeln können. Jedoch lagert sich nach und nach Bindegewebe an den Membranen an, wodurch der Transport der erforderlichen Substanzen gebremst wird. Hierdurch reduziert sich auch die Leistung des Wandlers.

Aufgrund der geringen Leistung der Wandler ist in jedem Fall ein Energiespeicher erforderlich, der Verbrauchsspitzen des Implantats, z. B. zur Übertragung von Daten oder Lücken in der Energieversorgung, etwa durch fehlende Bewegung, ausgleichen kann. Auch ist eine spezielle Schaltung zum Energiemanagement erforderlich, die Spannungspegel des Wandlers und die Elektronik aufeinander anpasst.

In den 1980er-Jahren wurden als Energiequelle für Herzschrittmacher sogar Isotopenbatterien mit radioaktivem Plutonium-238 eingesetzt. Diese wurden jedoch aufgrund der Materialproblematik vom Markt genommen. Nach Angaben des Bundesamts für Strahlenschutz wurden in Deutschland 284 Patienten mit solchen Implantaten versorgt, von denen 2013 noch zwei lebten (Bundesamt für Strahlenschutz 2014).

5 Einbeziehung von aktiven medizinischen Implantaten in Telemedizinsystemen

Seit dem Jahr 2001 ist eine telemedizinsche Versorgung von Patienten mit Schrittmacherimplantat[2] breit verfügbar. Deshalb wird an dieser Stelle dieser Anwendungsfall exemplarisch behandelt, wenngleich es auch andere Beispiele, wie etwa bei Cochlea-Implantaten (Goehring et al. 2012), Tiefenhirnstimulatoren (Qiang und Marras 2015) und weiteren gibt.

In der konventionellen Nachsorge von Schrittmacherpatienten, die in der Regel alle sechs bis zwölf Monate stattfindet – bei CRT- und ICD-Trägern häufiger – findet nicht nur eine diagnostische Nachuntersuchug statt, vielmehr wird eine Überprüfung der Gerätefunktion durchgeführt, und je nach Bedarf werden Parameter durch Umprogrammieren des Implantats vor Ort angepasst.

Welchen Nutzen eine telemedizinische Versorgung bei Kardioimplantaten bringt, hängt sehr stark von den Funktionen und Merkmalen des Gerätes ab. Allgemein unterscheidet man zwischen Telemonitoring, das der präventiven engmaschigen Überwachung der Gerätefunktion sowie klinisch relevanter Ereignisse dient (Verbesserung der Versorgung), und Telenachsorge, welche die Zahl der notwendigen Arzt-Patienten-Kontakte reduzieren soll (Senkung der Kosten) (Schuchert 2009). Die Kostensenkung soll, so ist die Hoffnung, nicht nur durch eine mögliche Verringerung der Nachuntersuchungen erzielt werden, bei denen der Patient die Arztpraxis oder das Krankenhaus aufsuchen muss. Es sollen auch Ärzte dadurch entlastet werden, dass eine Vorfilterung durch geschulte Schwestern/Techniker erfolgt. Durch die engmaschige Versorgung erhofft man sich, dass Komplikationen frühzeitig erkannt und Gegenmaßnahmen ergriffen werden können. Selbstverständlich sind die Vor- und Nachteile eng mit dem Krankheitsbild und entsprechendem Implantat verbunden. Für implantierbare Defibrillatoren kam eine Multizentrenuntersuchung, welche man in zahlreichen Europäischen Kliniken durchgeführt hat, hierbei zu dem Schluss, dass eine deutliche Verringerung der direkten Kosten durch das Home-Monitoring nicht festgestellt werden konnte – und das, obwohl die Kosten der Hardware hier nicht mitgerechnet worden waren (Heidbuchel et al. 2015). Einzig

---

[2] Der Begriff „Schrittmacher" bzw. „Herzschrittmacher" schließt hier und im Folgenden ausdrücklich Implantate zur kardialen Resynchronisationstherapie (CRT) sowie implantierbare Defibrillatoren (ICD) mit ein.

die Gesamtdauer der stationären Aufenthalte im Krankenhaus des Kollektivs mit Home-Monitoring war um fast 23 % reduziert. Die Zusatzkosten, mit denen ein Krankenhausbetreiber bei der Fernüberwachung zu rechnen hat, entstehen durch zusätzliche Schulungsmaßnahmen des Personals, Investitionen in die Infrastruktur und zusätzliche Kommunikationskosten, sofern diese nicht anderweitig getragen werden. Bemerkenswert ist, dass die Patientengruppe, die durch Home-Monitoring begleitet wurde, zwar weniger oft die Klinik aufgesucht hat, sich aber die Zahl der Telefonkontakte mit der Klinik im Vergleich zur Kontrollgruppe deutlich erhöht hat und es ihretwegen auch deutlich mehr Fallbesprechungen innerhalb des Klinikpersonals gab. Die Möglichkeit einer Abrechnung mit den Krankenkassen ist in Europa uneinheitlich geregelt. In Deutschland ist die Telenachsorge von Patienten mit implantierten Schrittmachern in die GOÄ aufgenommen. Inadäquate Schocks mit ICD ließen sich reduzieren.

Alle namhaften Hersteller aktiver Implantate zur Therapie von Herzerkrankungen bieten inzwischen telemedizinische Dienste für ihre Produkte an: Merlin.net von St. Jude, Biotronik Home Monitoring, Carelink von Medtronic etc. Das Latitude-System von Boston Scientific überwacht dabei nicht nur die Funktionen des Schrittmachers. Vielmehr werden ausdrücklich andere Geräte, wie eine Körperwaage oder ein Blutdruckmessgerät – hier unter Verwendung der Bluetooth-Technologie – mit eingebunden. Der Hersteller verspricht sich davon, dass den behandelnden Ärzten so ein umfassenderes Gesundheitsbild des Patienten zur Verfügung steht, ohne dass dieser in der Praxis oder Klinik erscheinen muss. Untermauert wird die These, dass eine regelmäßige Übermittlung von umfangreichen Herzschrittmacherdaten an Kliniken zu einer Verringerung des Komplikationsrisikos führt, durch eine Studie, die durch die Industrie gesponsert wurde (Chen et al. 2008)

Literatur

Ackermann DM, Smith B, Wang X, Kilgore KL, Peckham PH (2008) Designing the optical interface of a transcutaneous optical telemetry link. IEEE Trans Biomed Eng 55(4):1365–1373. doi:10.1109/TBME.2007.913411

Ahn JM, Lee JH, Choi SW, Kim WE, Omn KS, Park SK, Kim WG, Roh JR, Min BG (1998) Implantable control, telemetry, and solar energy system in the moving actuator type total artificial heart. Artif Organs 22(3):250–259. doi:10.1046/j.1525-1594.1998.06014.x

Bandorski D, Keuchel M, Brück M, Hoeltgen R, Wieczorek M, Jakobs R (2011) Capsule endoscopy in patients with cardiac pacemakers, implantable cardioverter defibrillators, and left heart devices: a review of the current literature. Diagn Ther Endosc 2011:376053. doi:10.1155/2011/376053

Bergmann G, Graichen F, Rohlmann A (2004) Hip joint contact forces during stumbling. Langenbecks Arch Surg 389(1):53–59

Bolz A (2005) Schlüsselkomponenten für die Integration existierender TeleHomeCare-Komponenten. In: Fachtagung TeleHealthCare 2005

auf dem 6. Würzburger Medizintechnik Kongress. TeleHealthCare 2005. Würzburg, S 262–269, 10–11 May 2005

Bundesamt für Strahlenschutz (2014) Herzschrittmacher mit radioaktiven Isotopenbatterien. http://www.bfs.de/de/ion/medizin/weitere_informationen/plutoniumhaltige_herzschrittmacher.html. Zugegriffen am 27.03.2015

Chen J, Wilkoff BL, Choucair W, Cohen TJ, Crossley GH, Johnson WB, Mongeon LR, Serwer GA, Sherfesee L (2008) Design of the Pacemaker REmote Follow-up Evaluation and Review (PREFER) trial to assess the clinical value of the remote pacemaker interrogation in the management of pacemaker patients. Trials 9:18. doi:10.1186/1745-6215-9-18

Continua (2015) About Continua. http://www.continuaalliance.org/about-continua. Zugegriffen am 21.12.2015

Dobelle WH (2000) Artificial vision for the blind by connecting a television camera to the visual cortex. ASAIO J 46(1):3–9. http://journals.lww.com/asaiojournal/Fulltext/2000/01000/Artificial_Vision_for_the_Blind_by_Connecting_a.2.aspx

ECC (2006) Coexistance between Ultra-Low Power Active Medical Implants (ULP-AMI) and existing radiocommunication systems and services in the frequency bands 401–402 MHz and 405–406 MHz. ECC Report 92. Electronic Communications Committee (ECC) within CEPT, Lübeck

Fahim M, Fatima I, Sungyoung Lee, Young-Koo Lee (2012) Daily life activity tracking application for smart homes using android smartphone. In: The 14th international conference on advanced communication technology. ICACT 2012. IEEE, Pyeong Chang, S 241–245, 19–22 Feb 2012

FCC (2015) Medical Device Radiocommunications Service (MedRadio). http://www.fcc.gov/encyclopedia/medical-device-radiocommu nications-service-medradio. Zugegriffen am 28.03.2015

Flick B, Orglmeister R (2000) A portable microsystem-based telemetric pressure and temperature measurement unit. IEEE Trans Biomed Eng 47(1):12–16

Goehring JL, Hughes ML, Baudhuin JL (2012) Evaluating the feasibility of using remote technology for cochlear implants. The Volta Rev 112 (3):255–265. http://www.ncbi.nlm.nih.gov/pmc/articles/PMC4160841/

Guillory KS, Misener AK, Pungor A (2004) Hybrid RF/IR transcutaneous telemetry for power and high-bandwidth data. In: IEEE EMBS (Hrsg) Proceedings of the 26th annual international conference of the IEEE EMBS. 26th annual international conference of the IEEE EMBS. San Francisco, S 4338–4340, 1–5 Sept 2004

Heidbuchel H, Hindricks G, Broadhurst P, van Erven L, Fernandez-Lozano I, Rivero-Ayerza M, Malinowski K, Marek A, Garrido R, Rafael F, Löscher S, Beeton I, Garcia E, Cross S, Vijgen J, Koivisto U, Peinado R, Smala A, Annemans L (2015) EuroEco (European Health Economic Trial on Home Monitoring in ICD Patients): a provider perspective in five European countries on costs and net financial impact of follow-up with or without remote monitoring. Eur Heart J 36(3):158–169. doi:10.1093/eurheartj/ehu339

Hochmair ES (1984) System optimization for improved accuracy in transcutaneous signal and power transmission. IEEE Trans Biomed Eng 31(2):177–186

Iddan G, Meron G, Glukhovsky A, Swain P (2000) Wireless capsule endoscopy. Nature 405(6785):417. doi:10.1038/35013140

ITU-R (2012) Radio regulations – volume 1. Articles, vom 2012(1)

Kendir GA, Liu W, Sivaprakasam M, Bashirullah R, Humayun MS, Weiland JD (2005) An optimal design methodology for inductive power link with class-E amplifier. IEEE Trans Circuits Syst I Regul Pap 52(5):857–866

Kiefer S, Schäfer M, Schera F, Kruse J (2004) TOPCARE – A telematic homecare platform for cooperative healthcare provider networks. Biomedizinische Technik, Ergänzungsband 2(49):246–247

Kim S, Bhandari R, Klein M, Negi S, Rieth L, Tathireddy P, Toepper M, Oppermann H, Solzbacher F (2009) Integrated wireless neural interface based on the Utah electrode array. Biomed Microdevices 11 (2):453–466. doi:10.1007/s10544-008-9251-y

Kudo N, Shimizo K, Matsumoto G (1988) Fundamental study on transcutaneous biotelemetry using diffused light. Fron Med Biol Eng 1 (1):19–28

Mitamura Y, Okamoto E, Mikami T (1990) A transcutaneous optical information transmission system for implantable motor-driven artificial hearts. Am Soc Artif Inter Organ Trans 36(3):M278–M280

Normann RA (1990) Towards an artificial eye. Med Device Technol 8:14–20

Okamoto E, Yamamoto Y, Inoue Y, Makino T, Mitamura Y (2005) Development of a bidirectional transcutaneous optical data transmission system for artificial hearts allowing long-distance data communication with low electric power consumption. J Artif Organs 8 (3):149–153. doi:10.1007/s10047-005-0299-7

Qiang JK, Marras C (2015) Telemedicine in Parkinson's disease: a patient perspective at a tertiary care centre. Parkinsonism Relat Disord (0). doi:10.1016/j.parkreldis.2015.02.018

Scholz O (2000) Konzeption und Entwicklung eines Datenübertragungssystems für den Einsatz in der Neuroprothetik. Saarbrücken: Dissertation an der Universität des Saarlandes

Scholz O, Parramon J, Meyer J, Valderrama E (1998) The Design of an Implantable Telemetric Device for the Use in Neural Prostheses. In: Penzel T, Salmons S und Neuman M (Hrsg) Proceedings of the 14th international symposium on biotelemetry. Biotelemetry XIV. Tectum Verlag, Marburg, S 265–270, 6–11 Apr 1997

Scholz O, Wolff A, Schumacher A, Giannola LI, Campisi G, Ciach T, Velten T (2008) Drug delivery from the oral cavity: focus on a novel mechatronic delivery device. Drug Discov Today 13(5–6):247–253

Schuchert A (2009) Telemedizin in der Schrittmachertherapie und Nachsorge. Herzschrittmacherther Elektrophysiol 20(4):164–172. doi:10.1007/s00399-009-0058-1

Skupin H (2005) Telemedizin in der täglichen Routine. In: Fachtagung TeleHealthCare 2005 auf dem 6. Würzburger Medizintechnik Kongress. TeleHealthCare 2005. Würzburg, S 262–269, 10–11 May 2005

Smith B, Peckham PH, Keith MW, Roscoe DD (1987) An externally powered, multichannel, implantable stimulator for versatile control of paralyzed muscle. IEEE Trans Biomed Eng 34(7):499–508

Strietzel FP, Martín-Granizo R, Fedele S, Lo Russo L, Mignogna M, Reichart PA, Wolff A (2007) Electrostimulating device in the management of xerostomia. Oral Dis 13(2):206–213. doi:10.1111/j.1601-0825.2006.01268.x

Varnfield M, Karunanithi M, Lee C, Honeyman E, Arnold D, Ding H, Smith C, Walters DL (2014) Smartphone-based home care model improved use of cardiac rehabilitation in postmyocardial infarction patients: results from a randomised controlled trial. Heart 100 (22):1770–1779. doi:10.1136/heartjnl-2014-305783

Vodermayer B, Gruber R, Schmid T, Schiller W, Hirzinger G, Liepsch D, Welz A (2005) Adaptive transcoutanous energy transfer system (TET) for implantable devices. Int J Artif Organ 28(9):885

Zierhofer CM, Hochmair ES (1994) Implementation of a telemetric monitoring system in a cochlear implant. In: IEEE EMBS (Hrsg) Proceedings of the 16th annual international conference of the IEEE engineering in medicine and biology society, Bd 2. 16th annual international conference of the IEEE engineering in medicine and biology society, S 910–911

Zierhofer CM, Hochmair-Desoyer IJ, Hochmair ES (1995) Electronic design of a cochlear implant for multichannel high rate pulsatile stimulation strategies. IEEE Trans Rehabil Eng 3(1):112–116

Zrenner E, Wilke R, Sachs H, Bartz-Schmidt K, Gekeler F, Besch D, Greppmaier U, Harscher A, Peters T, Wrobel G, Wilhelm B, Bruckmann A, Stett A, SUBRET Study Group (2008) Visual sensations mediated by subretinal microelectrode arrays implanted into blind retinitis pigmentosa patients. In: Proceedings of the 13th annual international conference of the international functional electrical stimulation society. IFESS 2008. Freiburg, S 218–222, 21–25 Sept 2008

Medizinische Bildverarbeitung

Thomas Deserno (geb. Lehmann)

Inhalt

1 Einleitung

Bildgebende Systeme für die medizinische Diagnostik sind ohne digitale Bildverarbeitung nicht mehr denkbar. In modernen Krankenhäusern werden neben den ohnehin digitalen Verfahren wie der Computertomographie (CT) oder Magnetresonanztomographie (MR) bislang analoge Verfahren wie die Endoskopie oder das Filmröntgen durch digitale Sensoraufnahmen ersetzt. Ultraschalldaten werden digital als Film gespeichert und diese großen Dateien ersetzen die früher zu Dokumentationszwecken erstellten Ausdrucke.

Digitale Bilder bestehen aus einzelnen Bildpunkten (engl. picture element, pixel), denen diskrete Helligkeits- oder Farbwerte zugeordnet sind. Sie können effizient aufbereitet, objektiv ausgewertet und über Kommunikationsnetze (Picture Archieving and Communication Systems, PACS) an vielen Orten gleichzeitig verfügbar gemacht werden. Damit eröffnet sich das gesamte Methodenspektrum der digitalen Bildverarbeitung für die Medizin. Der Begriff „Medizinische Bildverarbeitung" bedeutet also nichts anderes als die Verfügbarmachung der digitalen Bildverarbeitung für die Medizin. (Medizinische) Bildverarbeitung umfasst vier große Bereiche (Abb. 1). Die *Bilderzeugung* enthält alle Schritte von der Aufnahme bis hin zur digitalen Bildmatrix. Mit *Bilddarstellung* werden alle Manipulationen an dieser Matrix bezeichnet, die der optimierten Ausgabe des Bildes dienen. Unter *Bildspeicherung* können alle Techniken summiert werden, die der effizienten Übertragung (Kommunikation), Archivierung und dem Zugriff (Retrieval) der Daten dienen. Bereits eine einzelne Röntgenaufnahme kann in ihrem Ursprungszustand mehrere Megabyte Speicherkapazität erforderlich machen (Abschn. 10). In den Bereich der Bildspeicherung gehören auch die Methoden der Telemedizin, in denen große Datenmengen effizient über schmalbandige Kanäle (z. B. Funknetz) übertragen werden müssen. Die *Bildauswertung* (Mustererkennung, Bildanalyse) umfasst schließlich alle Schritte, die sowohl zur quantitativen Vermessung als auch zur abstrakten Interpretation medizinischer

T. Deserno (geb. Lehmann) (✉)
Institut für Medizinische Informatik, Uniklinik RWTH Aachen, Aachen, Deutschland
E-Mail: author@noreply.com

© Springer-Verlag GmbH Deutschland 2017
R. Kramme (Hrsg.), *Informationsmanagement und Kommunikation in der Medizin*,
DOI 10.1007/978-3-662-48778-5_44

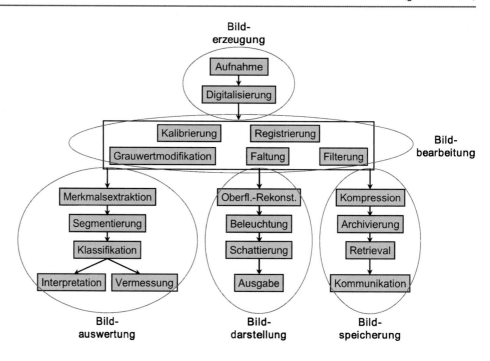

Abb. 1 Stufen der Medizinischen Bildverarbeitung. Die Medizinische Bildverarbeitung umfasst vier Hauptbereiche: die Bilderzeugung, -auswertung, -darstellung und -speicherung; die Module der Bildbearbeitung können als Vor- bzw. Nachbearbeitung allen Bereichen zugeordnet werden (Lehmann et al. 2005)

Bilder eingesetzt werden. Hierzu muss umfangreiches A-priori-Wissen über Art und Inhalt des Bildes auf einem abstrakten Niveau in den Algorithmus integriert werden (Abschn. 2). Damit werden die Verfahren der Bildauswertung sehr spezifisch und können nur selten direkt auf andere Fragestellungen übertragen werden.

Im Gegensatz zur Bildauswertung, die oft auch selbst als Bildverarbeitung bezeichnet wird, umfasst die *Bildbearbeitung* solche manuellen oder (halb-)automatischen Techniken, die ohne A-priori-Wissen über den konkreten Inhalt der einzelnen Bilder realisiert werden. Hierunter fallen also alle Algorithmen, die auf jedem Bild einen ähnlichen Effekt bewirken. Bspw. führt eine Spreizung des Histogramms in einer Röntgenaufnahme wie in jedem beliebigen Urlaubsfoto gleichermaßen zu einer Kontrastverbesserung (Abschn. 3). Daher stehen Methoden zur Bildbearbeitung schon in einfachen Programmen zur Bilddarstellung zur Verfügung (z. B. Paint Shop, Irfan View, Picasa).

Vor diesem Hintergrund gibt das vorliegende Kapitel eine Einführung in die Methoden der Medizinischen Bildverarbeitung. Nach grundlegenden Vorbemerkungen zur Terminologie behandelt Abschn. 3 die Bildbearbeitung, insoweit dies zum Verständnis dieses Kapitels nötig ist. Anschließend werden die Kernschritte der Bildauswertung: Merkmalsextraktion, Segmentierung, Klassifikation, Vermessung und Interpretation (Abb. 1) in eigenen Abschnitten vorgestellt. Der Schwerpunkt liegt dabei auf der Segmentierung medizinischer Bilder, denn diese ist von hoher Relevanz und hat daher spezielle Methoden und Techniken hervorgebracht. In Abschn. 9 skizzieren wir ergänzend die wichtigsten Aspekte medizinischer Datenvisualisierung. Auch hier haben sich spezifische Methoden entwickelt, die hauptsächlich in der

Medizin Anwendung finden. Abschn. 10 gibt einen kurzen Abriss der Bildspeicherung, denn die elektronische Kommunikation medizinischer Bilder wird künftig innerhalb einer multimedialen, elektronischen Patientenakte eine immer stärkere Bedeutung bekommen. Abschn. 11 rundet das Kapitel mit einer Übersicht vergangener, gegenwärtiger und künftiger Herausforderungen an die Medizinische Bildverarbeitung ab.

2   Vorbemerkungen zur Terminologie

Für die Unterscheidung zwischen Bild*be*- und *-ver*arbeitung spielt die Komplexität oder implementatorische Schwierigkeit des Verfahrens sowie dessen Rechenzeit nur eine untergeordnete Rolle. Vielmehr ist der *Abstraktionsgrad* des A-priori-Wissens von entscheidender Bedeutung (Abb. 2). Die im Folgenden gegebenen Definitionen sind in der Literatur leider nicht einheitlich. Sie werden jedoch in diesem Kapitel konsistent verwendet:

- Die Rohdatenebene erfasst ein Bild als Ganzes, also in der datenbasierten Gesamtheit aller Pixel.
- Die Pixelebene hingegen betrachtet das Bild als Ansammlung einzelner, diskreter Pixel.
- Die Kantenebene repräsentiert eindimensionale Strukturen.
- Die Texturebene repräsentiert zweidimensionale Strukturen, ohne dass eine Umrandung der Struktur bekannt oder vorhanden sein muss.
- Die Regionenebene beschreibt zweidimensionale Strukturen mit definierter Umrandung.

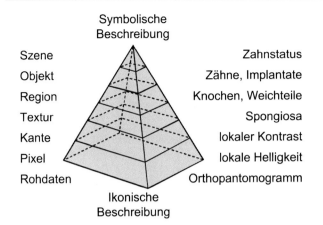

Abb. 2 Abstraktionsgrade der Bildverarbeitung. Die linke Seite der Pyramide benennt die einzelnen Abstraktionsgrade. Rechts werden diese exemplarisch auf eine Panoramaschichtaufnahme des Kiefers (Orthopantomogramm, OPG) übertragen. Der Zahnstatus, der nur noch standardisierte Information zu den Zahnpositionen (Vorhandensein und Zustand) enthält, entspricht damit einer abstrakten Szenenanalyse (Lehmann et al. 2000b)

- Die Objektebene benennt die Regionen im Bild explizit mit einem Namen, d. h. hier wird jeweils eine Bedeutung (Semantik) für eine Bildregion ermittelt.
- Die Szenenebene betrachtet das Ensemble von definierten Bildobjekten im räumlichen und/oder zeitlichen Bezug.

Auf dem Weg von der ikonischen (konkreten) zur symbolischen (abstrakten) Bildbeschreibung wird schrittweise Information verdichtet. Methoden der Bild*be*arbeitung operieren auf den Rohdaten sowie der Pixel- oder Kantenebene und damit auf niedrigem Abstraktionsniveau. Methoden der Bild*ver*arbeitung schließen auch die Regionen-, Objekt- und Szenenebene mit ein. Die hierfür notwendige Abstraktion kann durch zunehmende Modellierung von A-priori-Wissen erreicht werden.

Aus diesen Definitionen wird die besondere Problematik bei der Verarbeitung medizinischer Bilder direkt ersichtlich. Sie liegt in der Schwierigkeit, das medizinische A-priori-Wissen so zu formulieren, dass es in einen automatischen Bildverarbeitungsalgorithmus integriert werden kann. In der Literatur spricht man von der *Semantic Gap* (Smeulders et al. 2000), also der Diskrepanz zwischen der kognitiven Interpretation eines Bildes durch den menschlichen Betrachter (high level) und den pixelbasierten Merkmalen, mit denen Computerprogramme ein Bild repräsentieren (low level). Beim Schließen dieser Gap ergeben sich in der Medizin drei Hauptprobleme:

1. Heterogenität des Bildmaterials
   Medizinische Bilder stellen Organe oder Körperteile dar, die nicht nur von Patient zu Patient, sondern auch bei verschiedenen Ansichten eines Patienten und bei gleich-

artigen Ansichten desselben Patienten zu verschiedenen Zeitpunkten stark variieren können. Dies gilt nicht nur für die funktionelle Bildgebung. Beinahe alle dargestellten morphologischen Strukturen unterliegen sowohl einer inter- als auch intraindividuellen Variabilität des Erscheinungsbildes. Damit wird die allgemeingültige Formulierung des A-priori-Wissens erschwert.

2. Unscharfe Gewebegrenzen
   Oft kann in medizinischen Bildern keine Trennung zwischen Objekt und Hintergrund vorgenommen werden, denn der diagnostisch oder therapeutisch relevante Bereich wird durch das gesamte Bild repräsentiert. Doch auch wenn in den betrachteten Bildern definierbare Objekte enthalten sind, ist deren pixelgenaue Segmentierung problematisch, da sich die Gewebegrenzen biologischer Objekte oft nur undeutlich oder stellenweise darstellen. Medizinisch relevante Objekte müssen also aus der Texturebene abstrahiert werden.

3. Robustheit der Algorithmen
   Neben diesen die Bildverarbeitung erschwerenden Eigenschaften des Bildmaterials gelten im medizinischen Umfeld besondere Anforderungen an die Zuverlässigkeit und Robustheit der eingesetzten Verfahren und Algorithmen. Automatische Bildanalyse in der Medizin darf i. d. R. keine falschen Messwerte liefern. Das heißt, dass nicht auswertbare Bilder als solche klassifiziert und zurückgewiesen werden müssen. Alle akzeptierten Bilder müssen jedoch richtig ausgewertet werden.

3 Bildbearbeitung

Methoden der Bildbearbeitung, d. h. Verfahren und Algorithmen, die ohne spezielles Vorwissen über den Inhalt eines Bildes eingesetzt werden können, werden in der Medizinischen Bildverarbeitung meist zur Vor- bzw. Nachbearbeitung komplexerer Schritte eingesetzt (Abb. 1). Sie zielen auf eine Verbesserung der Bildqualität, wobei diese Qualität oft subjektiv ist oder von der jeweiligen Anwendung abhängt. Auf die grundlegenden Algorithmen zur *Grauwertmodifikation*, *Faltung* und *(morphologischen) Filterung* wird nur insoweit eingegangen, wie dies zum Verständnis des weiteren Textes notwendig ist. Hier gibt es gute Lehrbücher (Jähne 2012). Als spezielle Vorverarbeitungsschritte der Medizinischen Bildverarbeitung werden wir darüber hinaus Techniken zur *Kalibrierung* und *Registrierung* vorstellen.

Grauwertmodifikationen Einfache Pixeltransformationen basieren auf dem Histogramm des Bildes, also der Häufigkeitsverteilung der Pixelwerte. Im Histogramm bleibt die örtliche Pixelposition unberücksichtigt. Durch die Spreizung der Grauwerte wird eine Verbesserung des Kontrastes

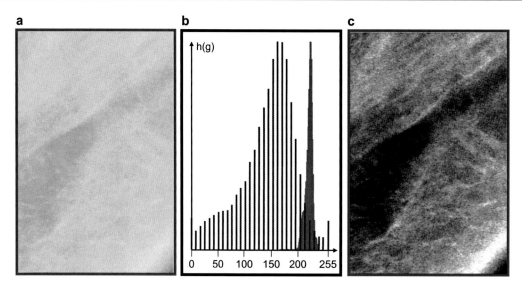

Abb. 3 Grauwertspreizung. **a** Der Ausschnitt einer Röntgenaufnahme zeigt die spongiöse Knochenstruktur aus dem Bereich des Kiefergelenkes nur mangelhaft, da die Röntgenaufnahme stark unterbelichtet wurde, **b** das zugehörige rot dargestellte Histogramm ist nur schmal besetzt. Durch Histogrammspreizung werden die Säulen im blauen Histogramm linear auseinandergezogen und das zugehörige Röntgenbild in **c** erscheint kontrastverstärkt

erreicht, wenn das Histogramm des initialen Bildes nicht alle Grauwerte enthält, d. h. nur schmal besetzt ist (Abb. 3). Zur Spreizung wird die obere und untere Schranke der Grauwerte aus dem Histogramm abgelesen und auf 0 bzw. den maximal verfügbaren Wert abgebildet. Alle Zwischenwerte werden linear verschoben.

Technisch werden solche Grauwertmodifikationen durch Look-Up-Tabellen (LUT) realisiert. Für alle Pixelwerte enthält die LUT einen neuen Wert, der auch aus einem anderen Wertebereich stammen kann, z. B. Pseudocolorierung (Lehmann et al. 1997b). Bei Modifikationen des Grauwertes werden alle Pixel unabhängig von ihrer Position im Bild und unabhängig von den Pixelwerten in ihrer direkten Umgebung transformiert. Grauwertmodifikationen werden deshalb auch als Punktoperationen bezeichnet.

Lineare Filter Im Gegensatz zu den Punktoperationen wird bei der diskreten Faltung das betrachtete Pixel zusammen mit den Werten seiner direkten Umgebung zu einem neuen Wert verknüpft. Die zugrunde liegende mathematische Operation, die Faltung, kann mithilfe sog. Templates charakterisiert werden. Ein Template ist eine meist kleine, quadratische Maske mit ungerader Seitenlänge, die auch als Filter bezeichnet wird (Abb. 4). Dieses Template wird entlang beider Achsen gespiegelt (daher der Name „Faltung") und in einer Ecke des Eingabebildes positioniert. Die Bildpixel unter der Maske werden Kernel genannt. Alle übereinander liegenden Pixel von Kernel und Template werden jeweils multipliziert und anschließend addiert. Das Ergebnis wird an der Position des mittleren Maskenpixels in das Ausgabebild eingetragen. Das Template wird anschließend zeilen- oder spaltenweise auf

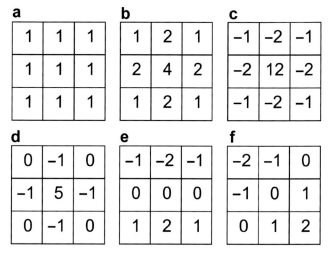

Abb. 4 Einfache Templates zur diskreten Faltung. **a** Die gleitende Mittelwertbildung sowie **b** das Binomial-Tiefpassfilter bewirken eine Glättung des Bildes, **c** das Binomial-Hochpassfilter hingegen verstärkt Kontraste und Kanten, aber auch das Rauschen im Bild. Die Templates (**a** und **b**) müssen geeignet normiert werden, damit der Wertebereich nicht verlassen wird. **d** Der Kontrastfilter basiert auf ganzzahligen Pixelwerten und ist einfach zu berechnen. Die anisotropen Templates (**e** und **f**) gehören zur Familie der Sobel-Operatoren. Durch Drehung und Spiegelung können insgesamt acht Sobel-Masken zur richtungsselektiven Kantenfilterung erzeugt werden (Abb. 9)

dem Eingabebild verschoben, bis alle Positionen einmal erreicht wurden und das Ausgabebild somit vollständig berechnet ist.

Die Pixelwerte des Templates bestimmen die Wirkung des Filters. Werden nur positive Werte im Template verwendet, so wird im Wesentlichen eine (gewichtete) Mittelung in der

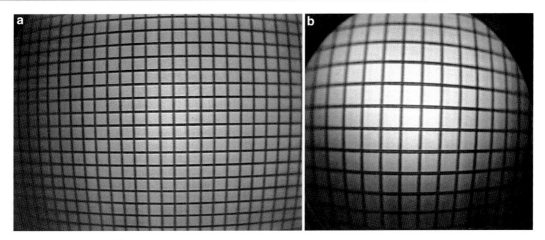

Abb. 5 Endoskopische Abbildungsfehler. Bei optischen Untersuchungen entstehen geometrische Verzeichnungen und die Randbereiche werden dunkler oder unschärfer. **a** Starres Lupenlaryngoskop und **b** flexibles Nasallaryngoskop zur Untersuchung des Kehlkopfes und der Stimmlippen. Mikroskopie und andere optische Modalitäten erzeugen ähnliche Artefakte (Lehmann et al. 2005)

lokalen Umgebung jedes Pixels berechnet (Abb. 4a, b). Das Ergebnisbild ist geglättet und erscheint mit reduziertem Rauschen. Allerdings wird auch die Kantenschärfe reduziert. Man spricht dann von Glättungsfiltern. Werden positive und negative Koeffizienten gleichzeitig verwendet, so können auch Kontraste im Bild verstärkt und Kanten hervorgehoben werden (Abb. 4c–f). Anisotrope (nicht rotationssymmetrische) Templates haben darüber hinaus eine Vorzugsrichtung (Abb. 4e, f). Hiermit können Kontraste richtungsselektiv verstärkt werden.

Morphologische Filter Ein weiteres Konzept zur Filterung wurde aus der mathematischen Morphologie adaptiert. Obwohl morphologische Operatoren auch auf Grauwertbilder definiert werden können, steht bei der morphologischen Filterung die Anwendung auf binäre (zweiwertige) Eingangsbilder im Vordergrund, die mit binären Templates (Strukturelementen) über logische Operationen verknüpft werden.

Für die morphologischen Operationen können mathematisch eindeutige Formulierungen und Gesetze notiert werden (Soille 1998). Die wichtigsten Operationen sind:

- Die *Erosion* basiert auf logischem AND von Template und Binärbild und führt zu einer Verkleinerung des Objektes.
- Die *Dilatation* basiert auf logischem OR von Template und Binärbild und bewirkt eine Objektvergrößerung.
- Das *Opening* ist eine Erosion gefolgt von einer Dilatation mit demselben Strukturelement. Es entfernt kleine Details am Objektrand oder aus dem Hintergrund, ohne das Objekt insgesamt nennenswert zu verkleinern. Ein zweites Opening ändert das Objekt nicht mehr.
- Das *Closing* ist eine Dilatation gefolgt von einer Erosion und vermag Löcher in Inneren eines Objektes zu schließen und dessen Kontur zu glätten, wobei auch hier die Größe des Objektes in etwa erhalten bleibt.

- Die *Skelettierung* erzeugt einen in der Mitte des Objektes liegenden Pfad der Dicke Eins („Skelett") und kann z. B. durch Erosion mit verschiedenen Strukturelementen erreicht werden. Allerdings ist das Skelett eines Objektes nicht eindeutig definiert, sondern hängt von der Implementierung des Verfahrens ab.

Kalibrierung Sollen Messungen in digitalen Bildern vorgenommen werden, so muss das Aufnahmesystem kalibriert werden. Die Kalibrierung von Geometrie (Pixelposition) und Wertebereich (Helligkeits- oder Farbintensitäten) hängt in erster Linie von der Aufnahmemodalität ab. Sie ist gerätespezifisch, aber unabhängig vom Inhalt der Aufnahme und somit Bestandteil der Bildbearbeitung. Während bei der manuellen Befundung einer Untersuchungsaufnahme die Kalibrierung vom Arzt oder Radiologen unbewusst vorgenommen wird, muss sie bei der rechnergestützten Bildauswertung explizit implementiert werden.

Geometrische Abbildungsfehler (*Verzeichnung*) haben zur Folge, dass die medizinisch relevanten Strukturen unterschiedlich groß dargestellt werden, je nachdem an welcher Bildposition sie abgebildet werden bzw. wie das Aufnahmegerät positioniert wurde. Beispielsweise entstehen bei lupenendoskopischen Aufnahmen tonnenförmige Verzeichnungen (Abb. 5). Aber auch bei der einfachen planaren Röntgenaufnahme werden Objekte, die weit von der Bildebene entfernt sind, durch die Zentralstrahlprojektion stärker vergrößert als solche, die nahe an der Bildebene liegen. Dies muss bei geometrischen Messungen im digitalen Röntgenbild unbedingt beachtet werden, damit Punktabstände im Bild in Längenmaße umgerechnet werden können.

In gleicher Weise ist die absolute Zuordnung der Werte einzelner Pixel zu physikalischen Messgrößen problematisch. Zum Beispiel ist bei der Röntgenuntersuchung die Zuordnung

Abb. 6 Kalibrierung. Die Referenzkarte (*oben*) ermöglicht die Korrektur von Geometrie und Helligkeit/Farbwiedergabe (*unten*) zwischen Erstaufnahme (*links*) und Kontrollbild (*rechts*). Auch das Lineal hat nach der Kalibrierung die gleiche Länge (Jose et al. 2015)

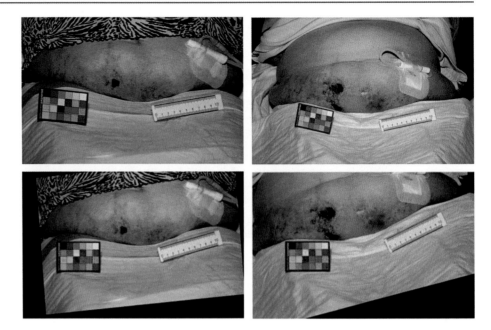

der Helligkeitswerte zu den summierten Schwächungskoeffizienten der Materie (*Helligkeitsnormierung*) nur dann möglich, wenn Aluminiumkeile oder -treppen mit bekannten Schwächungseigenschaften in das Bild eingebracht werden. Bei digitalen Videoaufnahmen muss vorab ein Weißabgleich durchgeführt werden, damit die aufgenommenen Farbwerte möglichst präzise der Realität entsprechen. Dennoch kann es bei der Bildaufnahme zu einer unterschiedlichen Ausleuchtung der Szene kommen, die dann die Grau- bzw. Farbwerte wiederum verfälscht. Abb. 6 zeigt eine nekrotische Hautläsion, die zu verschiedenen Zeiten fotographisch dokumentiert wurde. Aus der Referenzkarte können Größen-, Helligkeits- und Farbwerte automatisch kalibriert werden (Jose et al. 2015).

Registrierung Ist die absolute Kalibrierung von Untersuchungsaufnahmen nicht möglich, kann durch Registrierung ein Angleich zweier oder mehrerer Aufnahmen untereinander bewerkstelligt werden, um relative Maßangaben zu bestimmen (Maintz und Viergever 1998). Zum Beispiel ist bei einer akuten Entzündung die absolute Rötung des Gewebes weniger interessant als deren relative Änderung zum Vortagsbefund.

Bei der unimodalen Registrierung werden Bilder derselben Modalität einander angeglichen, die i. d. R. vom gleichen Patienten, aber zu unterschiedlichen Zeiten aufgenommen wurden, um so Aussagen über einen Krankheitsverlauf zu ermöglichen (Lehmann et al. 2000b). Wie bereits bei der Kalibrierung wird zwischen geometrischer Registrierung im Definitionsbereich des Bildes und dem Farb- oder Kontrastangleich (Registrierung des Wertebereiches) unterschieden. Abb. 7 veranschaulicht das diagnostische Potenzial der Registrierung am Beispiel der dentalen Implantologie. Die

Befundung der Recall-Aufnahme hinsichtlich des periimplantären Knochenstatus wird durch das Subtraktionsbild nach der Registrierung erheblich vereinfacht.

Bei der multimodalen Registrierung werden Datensätze zueinander in Bezug gesetzt, die mit verschiedenen Modalitäten vom selben Patienten erzeugt wurden. Zum Beispiel kann die starre Registrierung zweier 3D-Datensätze als Verschiebung eines Hutes auf dem Kopf veranschaulicht werden (Hat-and-Head-Verfahren, Pelizzari et al. 1989). Insbesondere in der Neurologie sind diese Methoden von entscheidender Bedeutung. Tumorresektionen im Gehirn müssen mit besonderer Vorsicht durchgeführt werden, um den Verlust funktionswichtiger Hirnareale zu vermeiden. Während die morphologische Information in CT- oder MR-Daten ausreichend dargestellt werden kann, können Funktionsbereiche im Gehirn oft nur mit der nuklearmedizinischen Positronenemissionstomographie (PET) oder der Single-Photon-Emission-Computed-Tomographie (SPECT) lokalisiert werden. Die multimodale Registrierung funktioneller und morphologischer Datensätze bietet somit wertvolle Zusatzinformation für die Diagnostik und Therapie (Abb. 8).

4   Merkmalsextraktion

In Abb. 1 wurde die Merkmalsextraktion als erste Stufe intelligenter Bildauswertung definiert. Ihr folgen die Segmentierung und Klassifikation, die oftmals nicht auf dem Bild selbst, also auf Daten- oder Pixelebene, sondern auf höheren abstrakten Ebenen operieren (Abb. 2). Durch eine Merkmalsextraktion wird die Bildinformation der semantischen Ebene betont, auf der die nachfolgenden Algorithmen arbeiten. Informationen anderer Ebenen werden hingegen

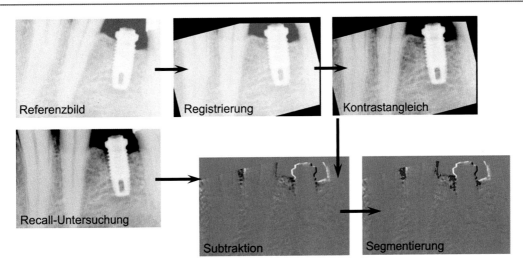

Abb. 7 Unimodale Registrierung. Referenzbild und Recall wurden zu verschiedenen Zeiten aufgenommen. Geometrische Registrierung und Kontrastangleich ermöglichen die digitale Subtraktion der Bilder. Die Knochenresorption ist im segmentierten Bild dunkelgrau dargestellt (Lehmann et al. 2005)

unterdrückt. Insgesamt wird also eine Datenreduktion durchgeführt, die die charakteristischen Eigenschaften erhält. Das Schema in Abb. 1 ist stark vereinfacht, denn viele Querverbindungen sind zwischen den Modulen möglich. So können z. B. Kaskaden von Merkmalsextraktion und Segmentierung auf verschiedenen Abstraktionsebenen sukzessive realisiert werden, bevor die Klassifikation schließlich auf hohem Abstraktionsniveau erfolgt. Ebenso wird vor der Klassifikation oft ein regionenbasierter Merkmalsextraktionsschritt durchgeführt.

Datenbasierte Merkmale Datenbasierte Merkmale beruhen auf der gemeinsamen Information aller Pixel. Damit können alle Bildtransformationen, die die gesamte Bildmatrix auf einmal manipulieren, als datenbasierte Merkmalsextraktion verstanden werden. Das prominenteste Beispiel eines datenbasierten Merkmales ist die Fourier-Transformierte des Bildes, die als Merkmal Bildfrequenzen nach Amplitude und Phasenlage erzeugt. Auch die Hough-, Wavelet- oder Karhunen-Loève-Transformation bieten Möglichkeiten der datenbasierten Merkmalsextraktion (Lehmann et al. 1997a). Die Erforschung solcher Methoden ist jedoch keine Hauptaufgabe der Medizinischen Bildverarbeitung. Vielmehr werden solche Verfahren aus vielen Bereichen der Technik in die medizinische Anwendung adaptiert.

Pixelbasierte Merkmale Pixelbasierte Merkmale beruhen auf den Werten der einzelnen Pixel, in der Medizinischen Bildverarbeitung also meist auf Grauwerten. Alle in Abschn. 4 beschriebenen Punktoperationen sind Beispiele pixelbasierter Merkmalsextraktion. Auch die arithmetische Verknüpfung zweier Bilder extrahiert ein pixelbasiertes Merkmal. Nach geometrischer Registrierung extrahiert Subtraktion von Referenz- und Recall-Aufnahme zeitliche Änderungen Abb. 7.

Kantenbasierte Merkmale Kantenbasierte Merkmale werden durch lokalen Kontrast definiert, also einen starken Unterschied der Grauwerte direkt benachbarter Pixel. Die in Abschn. 3 bereits eingeführte diskrete Faltung kann mit geeigneten Templates zur Kantenextraktion eingesetzt werden. Alle Masken zur Hochpassfilterung verstärken Kanten im Bild. Besonders geeignet sind die Templates des Sobel-Operators (Abb. 4e, f). Abb. 9 zeigt das Ergebnis der richtungsselektiven Sobel-Filterung einer Röntgenaufnahme. Die Ränder der metallischen Implantate werden deutlich hervorgehoben. Ein isotropes Sobel-Kantenbild kann durch Kombination aus den acht Teilbildern erzeugt werden.

Texturbasierte Merkmale Texturbasierte Merkmale sind in der Medizin seit langem bekannt. In Pathologiebüchern liest man von „kopfsteinartigem" Schleimhautrelief, von „zwiebelschalenartiger" Schichtung der Subintima, von einer „Bauernwurst-Milz", von einem „Sägeblattaspekt" des Darmepithels oder von einer „Honigwaben-Lunge" (Riede und Schaefer 1993). So intuitiv diese Analogien für den Menschen sind, desto schwieriger gestaltet sich die Texturerfassung und -verarbeitung mit dem Computer (*Semantic Gap*). Die Texturanalyse versucht, die Homogenität einer zwar inhomogenen, aber zumindest subjektiv regelmäßigen Struktur (siehe z. B. die Spongiosa in Abb. 3) objektiv zu quantifizieren. Man unterscheidet strukturelle Ansätze, bei denen vom Vorhandensein von Texturprimitiven (Textone, Texel) und deren Anordnungsregeln ausgegangen wird, und statistische Ansätze.

Regionenbasierte Merkmale Regionenbasierte Merkmale (z. B. Größe, Lage, Form) dienen hauptsächlich der Klassifikation. Sie werden nach der Segmentierung für jedes Segment berechnet. Da auf dem Abstraktionsgrad der Region

Abb. 8 Multimodale
Registrierung und Fusion. *1.
Reihe*: T1-gewichtete
MR-Schnittbilder einer
66-jährigen Patientin mit rechts
parietalem Glioblastom. *2. Reihe*:
korrespondierende PET-Schichten
nach multimodaler Registrierung.
3. Reihe: Fusion der registrierten
Schichten zur Planung des
Operationsweges. *4. Reihe*:
Fusion der MR-Daten mit einer
PET-Darstellung des
sensomotorisch aktivierten
Kortexareales. Das aktivierte
Areal tangiert nur das perifokale
Ödem und ist daher bei der
geplanten Resektion nicht
gefährdet (Klinik für
Nuklearmedizin, RWTH Aachen,
aus: Wagenknecht et al. 1999)

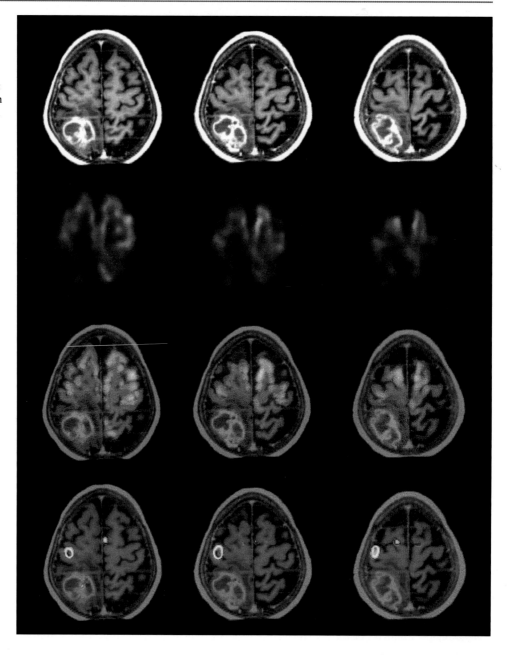

bereits in hohem Maße A-priori-Wissen in den Algorithmus integriert wurde, können keine allgemeingültigen Beispiele angegeben werden. Vielmehr hängt die Ausgestaltung regionenbasierter Merkmalsextraktion stark von der jeweiligen Applikation und der Gestalt des zu beschreibenden Objektes ab (Abschn. 6).

5   Segmentierung

Segmentierung bedeutet allgemein die Einteilung eines Bildes in örtlich *zusammenhängende* Bereiche (Lehmann et al. 1997a). Bei dieser Definition wird die Erzeugung von Regionen als Vorstufe der Klassifikation betont. In Handels (2009) wird als Segmentierung die Abgrenzung verschiedener, diagnostisch oder therapeutisch relevanter Bildbereiche bezeichnet und damit die häufigste Anwendung der Medizinischen Bildverarbeitung in den Vordergrund gestellt, nämlich die Diskriminierung gesunder anatomischer Strukturen von pathologischem Gewebe. Das Ergebnis einer Bildsegmentierung ist zumindest auf der Abstraktionsebene der Region (Abb. 2). Je nach der abstrakten Ebene, auf der ein Segmentierungsverfahren ansetzt, unterscheidet man methodisch die pixel-, kanten- und textur- bzw. regionenorientierte Verfahren. Darüber hinaus existieren hybride Segmentierungsverfahren, die sich aus Kombination einzelner Ansätze ergeben.

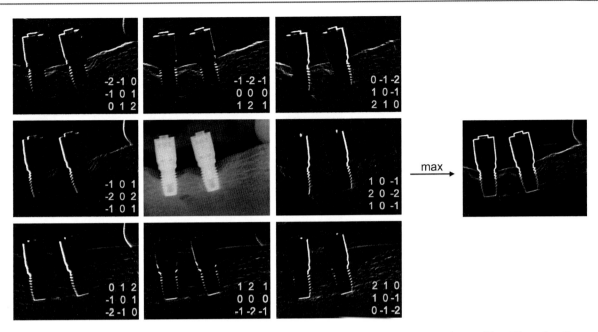

Abb. 9 Kantenextraktion. Die Röntgenaufnahme (*Mitte*) wurde mit acht richtungsselektiven Sobel-Templates gefaltet. Die starken Kontraste an den Rändern metallischer Implantate werden hervorgehoben. Ein isotropes Kantenbild wird durch Maximumbildung erzeugt

5.1   Pixelorientierte Segmentierung

Pixelorientierte Verfahren zur Segmentierung berücksichtigen nur den Grauwert des momentanen Pixels, ohne dessen Umgebung zu analysieren. Die meisten pixelorientierten Verfahren basieren auf *Schwellwerten* im Histogramm des Bildes, die mit mehr oder weniger komplexen Methoden bestimmt werden, oder auf statistischen Verfahren zur *Pixelclusterung*. Pixelorientierte Verfahren sind keine Segmentierungsverfahren im strengen Sinne unserer Definition. Da jedes Pixel nur isoliert von seiner Umgebung betrachtet wird, kann a-priori nicht gewährleistet werden, dass tatsächlich immer nur *zusammenhängende* Segmente entstehen. Aus diesem Grunde ist eine Nachbearbeitung erforderlich, z. B. durch morphologische Filterung (Abschn. 3).

Statische Schwellwerte Statische Schwellwerte können dann verwendet werden, wenn die Zuordnung der Pixelhelligkeiten zum Gewebetyp konstant und bekannt ist. Ein statischer Schwellwert ist unabhängig von der jeweiligen Aufnahme. Zum Beispiel werden Knochen- oder Weichteilfenster im CT mit statischen Schwellwerten auf den Hounsfield-Einheiten realisiert (Abb. 10).

Dynamische Schwellwerte Dynamische Schwellwerte werden aus einer Analyse des jeweiligen Bildes und nur für dieses individuell bestimmt. Das bekannte Verfahren von Otsu basiert auf einer einfachen Objekt/Hintergrund-Annahme. Der Schwellwert im Histogramm wird so bestimmt, dass die resultierenden zwei Klassen eine mög-lichst geringe Intraklassenvarianz der Grauwerte aufweisen, während die Interklassenvarianz maximiert wird (Otsu 1979).

Adaptive Schwellwerte Bei (lokal) adaptiven Schwellwerten wird die Grauwertschwelle nicht nur für jedes Bild neu bestimmt, sondern innerhalb eines Bildes werden an verschiedenen Positionen unterschiedliche Schwellwerte ermittelt. Im Extremfall wird für alle Pixelpositionen ein eigener Schwellwert ermittelt. Dies ist z. B. notwendig, wenn aufgrund kontinuierlicher Helligkeitsverläufe eine einfache Objekt/Hintergrund-Annahme nicht zutrifft. In der Mikroskopie von Zellkulturen (Abb. 11a) verläuft der Hintergrund von hellen (oben rechts) bis zu dunklen Grautönen (unten links), die im Bereich der Grauwerte der Zellen selbst liegen. Die globale Schwellwertsegmentierung (Abb. 11b) erzeugt nicht die gewünschte Trennung der Zellen vom Hintergrund, obwohl der Schwellwert individuell mit dem Otsu-Verfahren berechnet wurde. Die lokal adaptive Segmentierung (Abb. 11c) führt zu einer deutlichen Verbesserung. Es treten jedoch vereinzelt Blockartefakte auf, die sich letztlich nur durch pixeladaptive Schwellwerte (Abb. 11d) vollständig vermeiden lassen.

Pixelclusterung Eine weitere Methode zur pixelorientierten Segmentierung ist die Pixelclusterung. Dieses statistische Verfahren ist besonders geeignet, wenn mehr als ein Merkmal zur Segmentierung ausgewertet werden soll. In Farbbildern werden jedem Pixel drei Farbwerte zugeordnet. Abb. 12 veranschaulicht den Isodata-Algorithmus zur Pixelclusterung (K-Means-Clusterung) am einfachen Beispiel. Pixelwerte mit

Abb. 10 Statische
Schwellwertsegmentierung. Das
CT-Schnittbild der Wirbelsäule
(**a**) kann statisch segmentiert
werden, da durch die Normierung
der Hounsfield-Einheiten
(HU) auf einen Bereich [−1000,
3000] sog. Knochen- [200, 3000]
oder Weichteilfenster für Wasser
[−200, 200], Fett und Gewebe
[−500, −200] sowie Luft
[−1000, −500] fest definiert
werden können

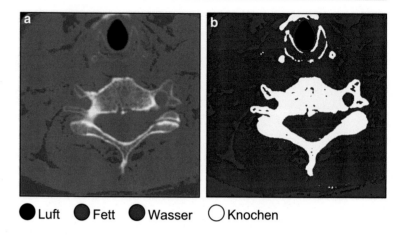

● Luft ● Fett ● Wasser ○ Knochen

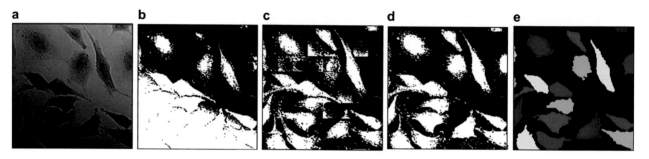

Abb. 11 Dynamische Schwellwertsegmentierung. **a** Die Mikroskopie einer Zellkultur wurde **b** global, **c** lokal adaptiv und **d** pixeladaptiv segmentiert. Nach morphologischer Nachbearbeitung zur Rauschunterdrückung sowie einer Connected-Component-Analyse ergibt sich **e** die endgültige Segmentierung (Metzler et al. 1999)

je zwei Werten wurden als Datenpunkt in ein 2D-Diagramm eingetragen. Die Anzahl der Segmente wird mit A-priori-Wissen vorgegeben und entsprechend viele Clusterzentren werden in das Diagramm eingezeichnet. Man kann zeigen, dass das Ergebnis des Algorithmus von der initialen Position der Clusterzentren unabhängig ist. Zwei Schritte werden iterativ wiederholt, bis das Verfahren konvergiert:

1. Für jeden Datenpunkt wird das nächstgelegene Clusterzentrum bestimmt, wozu feste Distanzmetriken (z. B. Euklidische [geometrische] Distanz) oder datenangepasste Metriken (z. B. Mahalanobis-Distanz) berechnet werden.
2. Aufgrund der aktuellen Zuordnung werden die Zentren der Datencluster neu berechnet.

Nachbearbeitung Pixelorientiert entstandene Segmente sind oftmals nicht zusammenhängend und stark verrauscht (Abb. 10). Rauschen im Binärbild (Objekt vs. Hintergrund) kann wirkungsvoll mit Methoden der mathematischen Morphologie gemindert werden. Während ein morphologisches Opening kleinste Segmente aus nur wenigen zusammenhängenden Pixeln entfernt, können kleine Löcher in den Segmenten mit morphologischem Closing geschlossen werden (Abschn. 3). Der Connected-Components-Algorithmus versieht schließlich alle räumlich getrennten Segmente mit einer eindeutigen Bezugszahl. In der Segmentierung des Zellbildes (Abb. 11) wurde zunächst nur das Segment „Zellen" vom Segment „Hintergrund" getrennt, obwohl viele einzelne Zellen in der Aufnahme lokal getrennt dargestellt sind (Abb. 11d). Nach morphologischer Aufbereitung und Connected-Components-Analyse können Zellen, die sich nicht berühren, gemäß ihrer Segmentnummer unterschiedlich eingefärbt (gelabelt) und als eigenständige Segmente weiter verarbeitet werden (Abb. 11e).

5.2 Kantenorientierte Segmentierung

Eine kantenorientierte Segmentierung basiert auf dem im Vergleich zum „Pixel" abstrakteren Merkmal „Kante" und versucht, die Objekte im Bild aufgrund ihrer Umrandung zu erfassen. Kantenorientierte Segmentierungsverfahren sind daher nur für solche Fragestellungen einsetzbar, in denen Objekte mit klar definierten Umrandungen dargestellt werden. Wie in Abschn. 2 gezeigt, ist dies in der Medizinischen Bildverarbeitung nur in Ausnahmen der Fall.

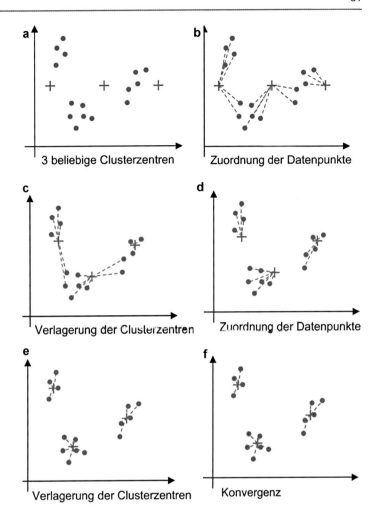

Einen solchen Sonderfall stellen metallische Implantate dar, die in einer Röntgenaufnahme deutlich vom Hintergrund abgegrenzt werden. Die allgemeine Vorgehensweise zur Segmentierung basiert dann auf einer kantenorientierten Merkmalsextraktion, wie z. B. ein mit Sobel-Filtern erzeugtes Kantenbild (Abb. 9). Nach entsprechender Aufbereitung durch Binarisierung, morphologische Rauschfilterung und Skelettierung ist die Konturverfolgung und Konturschließung letztlich die Hauptaufgabe einer kantenorientierten Segmentierung. Hierzu werden fast ausschließlich heuristische Verfahren eingesetzt. Zum Beispiel wird entlang von Strahlen nach Anschlussstücken einer Objektkontur gesucht, um lokale Unterbrechungen der Kante zu überspringen.

In der Praxis sind kantenbasierte Segmentierungsverfahren nur halbautomatisch realisierbar. Bei der interaktiven Live-Wire-Segmentierung klickt der Benutzer an den Rand des zu segmentierenden Objektes. Basierend auf diesem Stützpunkt berechnet der Computer für jeden Pfad zur aktuellen Cursorposition eine Kostenfunktion aufgrund der Grauwerte bzw. deren Gradienten und zeigt den Pfad mit den geringsten Kosten als dünne Linie (Draht, engl. wire) über dem Bild an. Bei jeder Cursorbewegung ändert sich also die

Linie als wäre sie lebendig (engl. live). Kontursegmente entlang von Bildkanten erzeugen nur geringe Kosten. Wird der Cursor also in die Nähe der Kontur gebracht, so sorgt die Kostenfunktion dafür, dass die Linie wieder auf die Kontur des Objektes springt (engl. snapping). Der Benutzer muss letztlich also nur wenige Stützstellen von Hand vorgeben und kann während der Segmentierung die Korrektheit direkt prüfen (Abb. 13). Solcher Verfahren werden zur schichtweisen Segmentierung von CT-Volumendatensätzen in der chirurgischen Operationsplanung eingesetzt (Handels 2009).

5.3 Regionenorientierte Segmentierung

Regionenorientierte Segmentierungsverfahren resultieren a-priori in zusammenhängenden Segmenten. Man unterscheidet agglomerative (bottom-up) und divisive (top-down) Ansätze, die jeweils auch hierarchisch, d. h. auf verschiedenen Auflösungsstufen durchgeführt werden können. Alle Ansätze basieren auf einem Distanz- oder Ähnlichkeitsmaß, nachdem ein Nachbarpixel oder eine Nachbarregion einer bestehenden Region zugeordnet oder von ihr abgetrennt

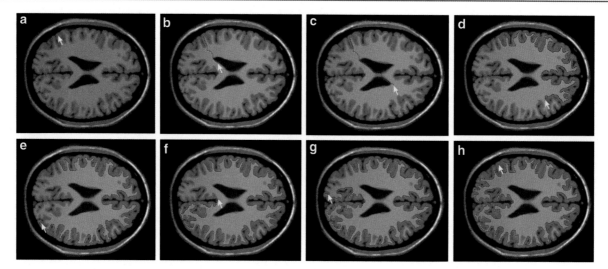

Abb. 13 Live-Wire-Segmentierung. Zunächst setzt der Benutzer mit dem Cursor (gelb) einen Startpunkt an der Grenze zwischen weißer und grauer Hirnsubstanz (**a**). Die Verbindung zur aktuellen Cursorposition wird in Echtzeit angezeigt (rot) (**b-e**). Je nach Cursorposition verläuft die Kontur unterschiedlich und kann auch hin und her springen (**d, e**). Der Benutzer wählt eine zweite Stützstelle und fixiert das Kurvensegment (blau). (**e-g**) Mit drei weiteren Stutzstellen ist die Segmentierung abgeschlossen, und die Kurve wird durch Positionierung des Cursors in der Nähe des Startpunktes geschlossen (Institute for Computational Medicine, University Mannheim, nach König und Hesser 2004)

wird. Hier werden einfache Maße wie der mittlere Grauwert einer Region, aber auch komplexe Texturmaße verwendet (Abschn. 4).

Agglomerative Verfahren Bekanntestes Beispiel eines agglomerativen Verfahrens ist das Bereichswachstum-Verfahren (engl. region growing, volume growing). Beginnend an automatisch oder interaktiv platzierten Keimstellen (Saatpixel bzw. Saatvoxel, engl. volume element, voxel) werden die Nachbarn betrachtet und den Saatpunkten zugeordnet, wenn die Distanz unterhalb einer Schwelle liegt. Das Verfahren wird solange iteriert, bis keine Verschmelzung mehr durchgeführt werden kann. Viele Parameter beeinflussen das Ergebnis agglomerativer Segmentierung:

- die Anzahl und Position der Keimpunkte,
- die Reihenfolge, in der die Pixel bzw. Voxel iterativ abgearbeitet werden,
- das Distanzmaß, nach dem mögliche Zuordnungen bewertet werden, sowie
- die Schwelle, bis zu der Verschmelzungen durchgeführt werden.

Oft ist deshalb ein Algorithmus zur agglomerativen Segmentierung bereits von kleinen Verschiebungen oder Drehungen des Eingabebildes abhängig, was für die Medizinische Bildverarbeitung i. d. R. unerwünscht ist.

Divisive Verfahren Die divisiven Verfahren invertieren gewissermaßen den agglomerativen Ansatz. Beim Split werden Regionen so lange unterteilt, bis sie hinreichend homogen sind. Es werden keine Saatpunkte benötigt. Da immer mittig entlang horizontaler oder vertikaler Trennlinien gesplitted wird, entstehen willkürliche Trennungen einzelner Bildobjekte, die erst durch eine anschließende Verschmelzung (split and merge) kompensiert werden können. Ein weiterer Nachteil sind die stufigen Objektgrenzen.

Multiskalen-Verfahren Prinzipielles Problem regionenorientierter Segmentierungsverfahren ist der Dualismus zwischen Über- und Untersegmentierung. In Abb. 1 wurde die Segmentierung als Vorstufe zur Klassifikation definiert, in der den extrahierten Bildsegmenten semantische Bedeutung zugeordnet werden soll. Dies kann in Form konkreter Benennungen eines Objektes geschehen (z. B. das Organ „Herz" oder das Objekt „TPS-Schraubenimplantat" oder, abstrakter, „Läsion" oder „Artefakt"). Wenn eine automatische Klassifikation möglich sein soll, muss das Segment dem Objekt entsprechen. Von *Untersegmentierung* spricht man, wenn einzelne Segmente aus Teilen mehrerer Objekte zusammengesetzt sind. Mit *Übersegmentierung* bezeichnet man den Fall, dass einzelne Objekte in mehrere Segmente zerfallen. Dabei treten Über- und Untersegmentierung oftmals gemeinsam auf. Bei hierarchischen Multiskalen-Verfahren wird versucht, dem Dualismus zwischen Über- und Untersegmentierung auf verschiedenen Auflösungsstufen zu begegnen (Abb. 14).

5.4 Hybride Segmentierungsverfahren

In der Medizinischen Bildverarbeitung kommt den hybriden Segmentierungsverfahren die größte Bedeutung zu. Solche Mischverfahren kombinieren die Vorteile einzelner (meist

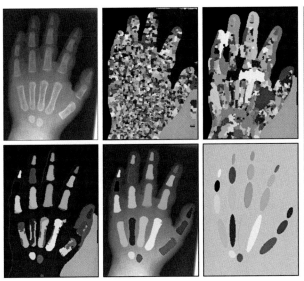
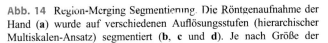
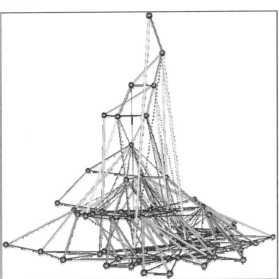

Abb. 14 Region-Merging Segmentierung. Die Röntgenaufnahme der Hand (**a**) wurde auf verschiedenen Auflösungsstufen (hierarchischer Multiskalen-Ansatz) segmentiert (**b**, **c** und **d**). Je nach Größe der Objekte können diese in der passenden Hierarchieebene lokalisiert (**e**), mit Ellipsen approximiert (**f**) oder als Knoten in einem Graphen visualisiert (**g**) werden

kanten- und regionenorientierter) Algorithmen ohne deren Nachteile zu übernehmen. Zwei weit verbreitete Ansätze werden exemplarisch dargestellt.

Wasserscheiden-Transformation Die Wasserscheiden-Transformation (engl. watershed transform, WST) erweitert einen agglomerativen, regionenorientierten Segmentierungsprozess mit Aspekten kantenorientierter Segmentierung. Der numerische Grauwert eines Pixels wird als Erhebung interpretiert, und das Grauwertbild wird somit als Relief aufgefasst. Auf dieses Höhenprofil fallen Wassertropfen, die sich im Modell in den lokalen Minima des Bildes zu kleinen Stauseen sammeln. Das Verschmelzen der Becken wird durch künstliche Dämme (Wasserscheiden) verhindert. Die WST hat viele Vorteile:

- Aus dem regionenorientierten Ansatz des Flutens folgt, dass immer *zusammenhängende* Segmente bestimmt werden.
- Aus dem kantenorientierten Ansatz der Wasserscheiden resultieren Konturen entlang der Objektkanten.
- Die problematische Untersegmentierung wird vermieden.

Als Nachteil liefert die WST eine starke Übersegmentierung, die durch nachfolgende agglomerative Verfahren (z. B. region merging) reduziert werden muss, bevor eine Objekterkennung im Bild erfolgreich sein kann.

Aktive Konturmodelle Aktive Konturmodelle basieren auf einer kantenorientierten Segmentierung unter Berücksichtigung von regionenorientierten Aspekten sowie objektorientiertem Modellwissen. In der Medizinischen Bildverarbei-

tung werden Snake- und Ballon-Ansätze auf 2D- und 3D-Daten sowie zur Konturverfolgung in Bildsequenzen, d. h. auf 3D- und 4D-Daten eingesetzt (McInerney und Terzopoulos 1996). Die geschlossene Objektkontur wird durch einzelne Stützstellen (Knoten) repräsentiert und zu einem geschlossenen Polygonzug verbunden. Für die Knoten wird ein skalares Gütemaß (z. B. Energie) berechnet und für die Umgebung des Knotens optimiert, oder es wird eine gerichtete Krafteinwirkung ermittelt, die die Knoten bewegt. Erst wenn iterativ ein Optimum bzw. Kräftegleichgewicht gefunden wurde, ist die Segmentierung abgeschlossen. Die Möglichkeiten dieses Ansatzes liegen also in der Wahl geeigneter Gütemaße bzw. Kräfte.

Der klassische *Snake-Ansatz* benutzt als Gütemaß eine interne und eine externe Energie. Die interne Energie ergibt sich aus Elastizität oder Steifigkeit der Kontur und ist an Stellen starker Biegung oder an Knicken entsprechend hoch. Die externe Energie wird aus dem kantengefilterten Bild berechnet und ist dann gering, wenn die Kontur entlang der Objektkanten verläuft. Es wird also eine kantenorientierte Segmentierung mit dem regionenorientierten A-priori-Wissen, dass biologische Objekte keine geknickte Kontur haben, verbunden. Bei passender Gewichtung der Energieterme wird der Konturverlauf dort durch Kanteninformation bestimmt, wo diese im Bild vorhanden ist. In lokalen Bereichen mit geringem Kantenkontrast sorgen die internen Konturkräfte für einen geeigneten Kantenverlauf. Die Umsetzung dieses einfachen Ansatzes ist schwierig. Während der Iteration muss die Anzahl der Knoten der aktuellen Größe der Kontur ständig angepasst werden. Weiterhin müssen Kreuzungen und Verschlaufungen der sich bewegenden Kontur verhindert werden. Der klassische Snake-Ansatz erfordert

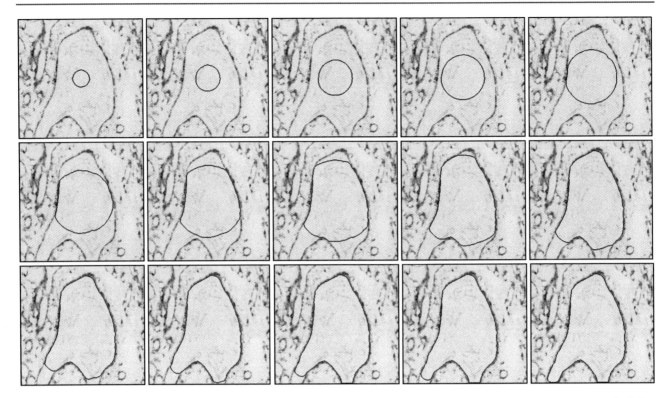

Abb. 15 Ballon-Segmentierung. Die Einzelbilder zeigen den Ballon während der Iteration innerhalb einer mikroskopisch aufgenommen Nervenzelle. Beim Berühren der Zellmembran verhindern die starken Bildkräfte die Weiterbewegung der Kontur. Die internen Kräfte halten sie dort in Form, wenn keine starken Bildkanten vorhanden sind (Metzler et al. 1998)

darüber hinaus eine bereits präzise positionierte Ausgangskontur, die oft manuell vorgegeben wird. Bei der Konturverfolgung bewegter Objekte in Bildsequenzen dient die Segmentierung aus Bild t als Initialkontur der Iteration in Bild t + 1. Dieses Verfahren läuft erst nach einmaliger Initialisierung im Bild t = 0 für alle weiteren Bilder der Sequenz automatisch.

Beim *Ballon-Ansatz* wird neben den internen und externen Kräften auch ein innerer Druck oder Sog modelliert, der die Kontur kontinuierlich expandieren oder schrumpfen lässt. Abb. 15 zeigt die expansive Bewegung eines Ballons zur Segmentierung der Zellmembran in einer Mikroskopie eines Motoneurons. Obwohl auf eine präzise Initialkontur verzichten wurde, schmiegt sich der Ballon immer besser an die Zellkontur an. Ballon-Modelle können direkt in höhere Dimensionen übertragen werden (Abb. 16).

In aktuellen Erweiterungen wird weiteres A-priori-Wissen integriert. Prototypen der erwarteten Objektformen werden benutzt, indem bei jeder Iteration der Abstand der aktuellen Objektform zu einem passend gewählten Prototyp als zusätzliche Kraft auf die Knoten modelliert wird (Bredno et al. 2001). Hierdurch kann ein „Ausbrechen" der aktiven Kontur verhindert werden, auch wenn in längeren Konturabschnitten eines komplex geformten Objektes der Kontrast zum Hintergrund gering ist. Die komplexe und zeitaufwendige Paramet-

rierung kann automatisiert werden, wenn Referenzbilder mit Segmentierung als sog. Ground Truth verfügbar sind. Dann werden für unterschiedliche Parameterkombinationen Segmentierungen durchgeführt und mit den Referenzen verglichen. Derjenige Parametersatz, mit dem im Durchschnitt die beste Approximation der Referenzkonturen erreicht werden konnte, wird ausgewählt (Bredno et al. 2000).

6   Klassifikation

Es ist Aufgabe der Klassifikation, die segmentierten Regionen eines Bildes in Klassen einzuteilen (Abb. 1) bzw. vorgegebenen Klassen (Objekttypen) zuzuordnen (Niemann 1983). Hierzu werden meist regionenbasierte Merkmale verwendet. Dann liegt zwischen Segmentierung und Klassifikation ein weiterer Merkmalsextraktionsschritt. Die Wahl der Merkmale beeinflusst maßgeblich die Güte der Klassifikation.

Üblicherweise wird in überwachte (trainierte) und unüberwachte (untrainierte) sowie lernende Klassifikatoren eingeteilt. Die Clusterung zur pixelorientierten Segmentierung (Abschn. 5.1) entspricht einer unüberwachten Klassifikation, die einzelne Objekte in ähnliche Gruppen einteilt (Abb. 12). Wird die Klassifikation zur Identifizierung von Objekten eingesetzt, so müssen allgemeine Gesetzmäßigkeiten oder

Abb. 16 Segmentierung mit Ballon-Modell. Der CT-Volumendatensatz der Wirbelsäule (*links*) wurde mit einem 3D-Ballon-Ansatz segmentiert. Der Bandscheibenvorfall (Prolaps) ist in der oberflächenbasierten 3D-Rekonstruktion nach automatischer Segmentierung deutlich erkennbar (*rechts*). Die Darstellung erfolgte mit Phong-Shading (vgl. Abschn. 9) (Bredno 2001)

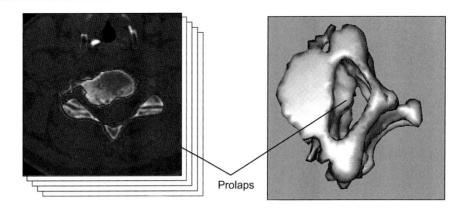

Prolaps

exemplarische Referenzobjekte als Ground Truth verfügbar sein, um den Klassifikator zu trainieren. Problematisch ist diese überwachte Objektklassifikation immer dann, wenn später Muster erkannt werden müssen, die sich von den trainierten Beispielen stark unterscheiden, d. h. in der Trainingsstichprobe nicht ausreichend repräsentiert wurden. Ein lernender Klassifikator hat hier Vorteile, denn dieser ändert seine Parametrierung mit jeder durchgeführten Klassifikation auch noch nach der Trainingsphase.

Die Klassifikation greift auf numerische (*statistische Klassifikation*) und nichtnumerische (*syntaktische Klassifikation*) Verfahren sowie auf Ansätze der *Computational Intelligence* zurück. Für den Klassifikator ist es unerheblich, welche Daten den Mustern zugrunde gelegen haben. Die Merkmale werden entweder zu numerischen Merkmalsvektoren oder zu abstrakten Symbolketten zusammengefasst. Zum Beispiel kann eine geschlossene Objektkontur durch seine Fourier-Deskriptoren als Merkmalsvektor oder durch Linienelemente wie „gerade", „konvex" und „konkav" als Symbolkette beschrieben werden.

Statistische Klassifikation Bei der statistischen Klassifikation wird die Objektidentifizierung als Problem der statistischen Entscheidungstheorie aufgefasst. Parametrische Verfahren basieren auf der Annahme von Verteilungsfunktionen für die Merkmalsausprägungen der Objekte, wobei die Parameter der Verteilungsfunktionen aus der Stichprobe bestimmt werden. Nichtparametrische Verfahren hingegen verzichten auf solche Modellannahmen, die in der Medizinischen Bildverarbeitung auch nicht immer möglich sind. Klassisches Beispiel eines nichtparametrischen statistischen Objektklassifikators ist der Nächste-Nachbar- oder Nearest-Neighbor(NN)-Klassifikator. Hierbei definieren die Trainingsstichproben die Klassen im Merkmalsraum. Der zu klassifizierende Merkmalsvektor wird derjenigen Klasse zugeordnet, zu der auch der nächste Nachbar im Merkmalsraum gehört bzw. die Mehrzahl der k nächsten Nachbarn (kNN) gehören (Abb. 17). Für nichtlineare Klassifikationsprobleme wird oft auch die sog. Support Vektor Machine (SVM) eingesetzt (Harmsen et al. 2013).

Syntaktische Klassifikation Mit Ausnahme des Levenshtein-Abstands, der die kleinste Anzahl von Vertauschungen, Einfügungen und Auslassungen von Symbolen angibt, die erforderlich ist, um zwei Symbolketten ineinander zu überführen, sind Abstände und Metriken zwischen Symbolen nicht definierbar. Die syntaktische Klassifikation basiert daher auf Grammatiken, die möglicherweise unendliche Mengen von Symbolketten mit endlichen Formalismen erzeugen können. Ein syntaktischer Klassifikator kann als wissensbasiertes Klassifikationssystem (Expertensystem) verstanden werden, denn die Klassifikation basiert auf einer formalen symbolischen Repräsentation des heuristischen Expertenwissens, das als Fakten- und Regelwissen auf das medizinische Bildverarbeitungssystem übertragen wird. Ist das Expertensystem in der Lage, neue Regeln zu kreieren, so ist auch ein lernender Objektklassifikator als wissensbasiertes System realisierbar. In der Literatur werden aber auch „primitive" Bildverarbeitungssysteme, die einfache Heuristiken als fest implementierte Fallunterscheidung zur Klassifikation oder Objektidentifikation nutzen, als „wissensbasiert" bezeichnet.

Computational Intelligence Als Teilgebiet der künstlichen Intelligenz umfassen die Methoden der Computational Intelligence die neuronalen Netze, die evolutionären Algorithmen und die Fuzzy-Logik. Diese Methoden haben ihre Vorbilder in der biologischen visuellen Informationsverarbeitung, die in der Objekterkennung wesentlich leistungsfähiger ist, als es heutige Computer sind. Deshalb werden sie in der Medizinischen Bildverarbeitung häufig zur Klassifikation und Objektidentifizierung herangezogen. Dabei haben alle Verfahren einen mathematisch fundierten, komplexen Hintergrund.

Künstliche *neuronale Netze* bilden die Informationsverarbeitung im menschlichen Gehirn nach. Sie bestehen aus vielen jeweils einfach aufgebauten Grundelementen (Neuronen), die in mehreren (typisch: 3) Schichten angeordnet und verknüpft werden. Jedes Neuron berechnet die gewichtete Summe seiner Eingangserregungen, welche über eine nichtlineare Funktion (Kennlinie) an den Ausgang abge-

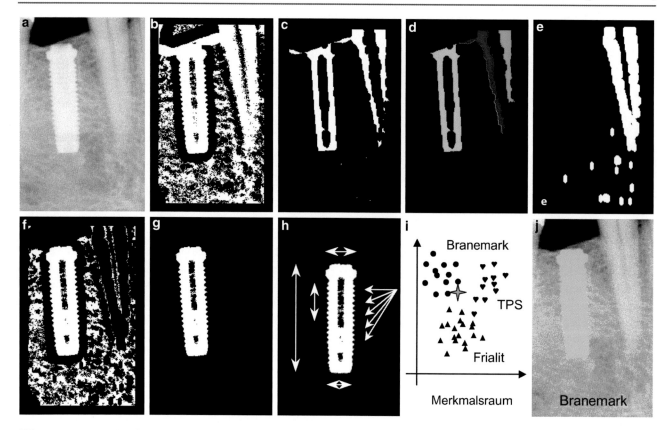

Abb. 17 IDEFIX – Identifizierung DEntaler FIXturen. **a** Die intraorale Röntgenaufnahme stellt ein Implantat im seitlichen Unterkiefer dar. **b** Binarisierung mit lokal adaptivem Schwellwert, **c** Trennung einzelner Bereiche und Störelimination durch morphologische Filterung (**d**) Die weitere Verarbeitung ist für das blaue Segment dargestellt: Nach dessen Ausblendung wird die morphologische Erosion (**c**) durch eine nachfolgende Dilatation kompensiert (**e**) und vom Zwischenbild **b** subtrahiert. Über eine beliebige Koordinate des blauen Segmentes aus **d** kann das korrespondierende Objekt extrahiert (**g**) und durch Karhunen-Loeve-Transformation in eine Normallage gebracht werden. **h** Geometrische Dimensionen werden als regionenbasierte Merkmale bestimmt und zu einem Vektor zusammengefasst. **i** Klassifikation im Merkmalsraum mit dem statistischen kNN-Klassifikator. Während des Trainings wurden die Merkmale verschiedener Implantattypen ermittelt und in den Merkmalsraum als Referenz eingetragen. **j** Das blaue Segment wird zuverlässig als Branemark-Schraubenimplantat identifiziert (Lehmann et al. 1996)

bildet wird. Die Anzahl der Schichten, Anzahl der Neuronen pro Schicht, die Verknüpfungstopologie und die Kennlinie der Neuronen werden im Rahmen einer Netzdimensionierung vorab aufgrund von Heuristiken festgelegt, wofür umfangreiche Erfahrung aus der Praxis erforderlich ist. Die einzelnen Gewichte der Eingangserregungen werden während des Trainings ermittelt. Erst danach wird das Netz als Klassifikator eingesetzt. Heute werden in der Bildverarbeitung sog. Faltungsnetze (engl. Convolutional Neural Networks, CNN) erfolgreich verwendet, bei denen die einzelnen Neuronen so angeordnet sind, dass sie auf sich überlappende 2D- oder auch 3D-Bildbereiche reagieren (Krizhevsky et al. 2012). CNN haben viele redundante verdeckte Schichten und entsprechend viele Neuronen (z. B. Krizhevsky et al. 2012: 650.000) und Parameter (Krizhevsky et al. 2012: 60.000.000), die nur mit großen Referenzdatenmengen überhaupt trainiert werden können. Das aufwendige Training kann nur parallel auf Graphikprozessoren effizient ausgeführt werden (engl. deep learning).

Evolutionäre Algorithmen basieren auf der ständigen Wiederholung eines Zyklus von Mutation (zufällige Veränderung) und Selektion (Auswahl) nach dem Darwin'schen Prinzip (Survival of the Fittest). Genetische Algorithmen arbeiten auf einer Menge von Individuen (der Population). Durch Kreuzung von zwei zufällig ausgewählten Individuen und anschließender Mutation verändert sich die Population. Eine Fitnessfunktion bewertet die Population im Hinblick auf ihre Güte zur Problemlösung. Die wiederum mit einer Zufallskomponente behaftete Selektion erfolgt so, dass fitte Individuen häufiger zur Reproduktion ausgewählt werden. Evolutionäre Algorithmen können komplexe Optimierungsprobleme erstaunlich gut lösen, werden aber zur Objektklassifikation nur selten erfolgreicher als andere Verfahren eingesetzt.

Bei der *Fuzzy-Logik* wird die in der realen Welt vorhandene Unsicherheit (Unschärfe) auch im Computer nachgebildet. Viele unserer Sinneseindrücke sind qualitativ und unpräzise und daher für exakte Messungen ungeeignet. Vom Menschen wird ein Pixel als „hell" oder „sehr hell" wahrgenommen,

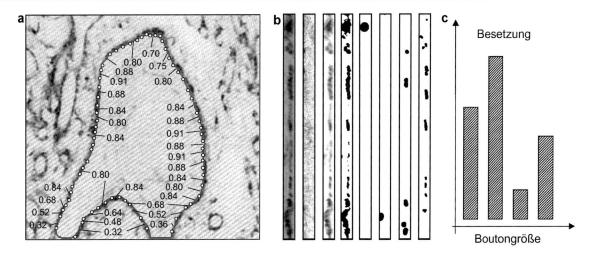

Abb. 18 Quantifizierung synaptischer Boutons. **a** Die Zellmembran (Abb. 15) wurde durch das Verhältnis interner und externer Kräfte der Ballonsegmentierung mit lokalen Konfidenzwerten annotiert. **b** Der Konturverlauf wird extrahiert, linearisiert, normalisiert und binarisiert, bevor (**c**) die Besetzung der Zellmembran mit synaptischen Boutons durch morphologische Filterung analysiert wird (Lehmann et al. 2001)

nicht aber als Grauwert „231". Mathematische Grundlage ist die Fuzzy-Set-Theorie unscharfer Mengen, in der die Zugehörigkeit eines Elementes zu einer Menge nicht nur die zwei Zustände „wahr" (1) und „nicht wahr" (0) haben kann, sondern kontinuierlich im Intervall (0,1) liegt. Anwendungen in der Bildverarbeitung finden sich neben der Klassifikation (vgl. Bsp. in Abschn. 7) auch zur Vorverarbeitung (Kontrastverbesserung), Merkmalsextraktion (Kantenextraktion und Skelettierung) und Segmentierung (Tizhoosh 1998).

7   Vermessung

Während die visuelle Befundung qualitativ ist und z. T. starken inter- wie intraindividuellen Schwankungen unterliegt, kann eine geeignete computerunterstützte Auswertung medizinischer Bilder (Vermessung) prinzipiell objektive und reproduzierbare Messergebnisse liefern. Voraussetzung hierfür ist zum einen die genaue Kalibrierung des Aufnahmesystems (Abschn. 3). Darüber hinaus müssen weitere Effekte berücksichtigt werden.

Partial(volumen)-Effekt Die Diskretisierung des Ortsbereiches in Pixel oder Voxel führt immer zu einer Mittelung der Messwerte im entsprechenden Bereich. Einem Voxel, das verschiedene Gewebearten anteilig enthält, wird ein Mittelwert aus den Gewebeanteilen zugeordnet. So kann ein Voxel im CT, das nur Knochen und Luft enthält, den Hounsfield-Wert von Weichteilgewebe erhalten und so quantitative Messungen verfälschen. Diese Partial-Effekte treten prinzipiell bei allen Modalitäten auf und müssen bei der automatischen Vermessung entsprechend berücksichtigt werden.

Topologie-Effekt Für die diskrete Pixelebene gelten i. Allg. nicht die üblichen Sätze der Euklidischen Geometrie. So haben sich kreuzende diskrete Strecken nicht immer einen gemeinsamen Schnittpunkt, der wiederum exakt in das diskrete Pixelraster fällt. Es existiert also kein Schnittpunkt. Weiterhin beeinflussen verschiedene Nachbarschaftskonzepte das Ergebnis automatischer Bildvermessung. So werden die ermittelten Bereiche bei der Segmentierung u. U. erheblich größer, wenn die 8ter-Nachbarschaft verwendet wird, d. h. wenn es ausreichend ist, dass sich zwei Pixel an einer Stelle lediglich über Eck berühren, um als benachbart zu gelten.

Beispiele Die in Abb. 17 zur Identifizierung der Implantate extrahierten geometrischen Maße entsprechen bereits einer Vermessung. Dort wurden allgemeine Maße auf der Abstraktionsstufe „Region" (Abb. 2) ermittelt und zur Identifizierung der Objekte genutzt. Oft werden nach der Identifizierung auch spezielle Maße auf der Abstraktionsstufe „Objekt" ermittelt, die dann von dem A-priori-Wissen Gebrauch machen, um welches Objekt es sich bei der Vermessung handelt. Das in Abb. 17i verfügbare Wissen, dass das blaue Segment ein Branemark-Implantat darstellt, kann genutzt werden, um die Anzahl der Gewindegänge mit einem an die Geometrie der Branemark-Implantate angepassten morphologischen Filter zu ermitteln. Ein weiteres Beispiel für die objektbasierte Vermessung ist in Abb. 18 dargestellt. Das Ergebnis der Ballon-Segmentierung einer Zellmembran (Abb. 15) wurde zunächst anhand von Modellannahmen automatisch mit lokalen Konfidenzwerten belegt (Abb. 18a). Diese Werte geben die Zugehörigkeit eines Kontursegmentes zur Zellmembran an und entsprechen somit einer Klassifikation mittels Fuzzy-Logik. Die Konfidenzwerte werden bei der Mittelung quantitativer Maße entlang der Kontur berücksichtigt (Lehmann et al. 2001). Diese wird anhand der Segmentierung extrahiert, linearisiert, normalisiert und morphologisch analysiert (Abb. 18b), sodass sich schließlich die konfidierte Besetzung der Zellmembran mit synaptischen Boutons als Verteilung über die Boutongröße ergibt (Abb. 18c).

8 Interpretation

Wird die Bildinterpretation im Sinne einer abstrakten Szenenanalyse verstanden, so entspricht sie dem ehrgeizigen Ziel der Entwicklung eines „Gesichtssinns für Maschinen", der ähnlich universell und leistungsfähig wie der des Menschen ist. Während es bei den bisherigen Schritten um die automatische Detektion von Objekten und ihrer Eigenschaften ging, wird nun die Anordnung einzelner Objekte zueinander in Raum und/oder Zeit zum Gegenstand der Untersuchung. Grundlegender Schritt der Bildinterpretation ist somit die Generierung einer geometrisch-temporalen Szenenbeschreibung auf abstraktem Niveau (symbolische Bildbeschreibung, Abb. 2). Eine geeignete Repräsentationsform hierfür ist der relationale attributierte Graph (semantisches Netz), der in verschiedenen Hierarchiestufen analysiert werden kann. Die bislang betrachtete Rastermatrix von Bildpunkten (ikonische Bildbeschreibung, Abb. 2) ist für die Bildinterpretation also ungeeignet.

Die Primitive des Graphen (Knoten) und deren Relationen (Äste) müssen aus den segmentierten und identifizierten Objekten oder Objektteilen im Bild abstrahiert werden. Bislang vermögen nur wenige Algorithmen diese Abstraktion zu leisten. Beispiele für die Abstraktion von Primitiven geben die zahlreichen Ansätze der Formrekonstruktion: shape-from-shading, -texture, -contour, -stereo, etc. Beispiele für die Abstraktion von Relationen findet man bei der Tiefenrekonstruktion durch trigonometrische Analyse der Aufnahmeperspektive (Liedtke und Ender 1989). In den Bereichen der industriellen Bildverarbeitung und Robotik sind in den letzten Jahren erhebliche Fortschritte bei der symbolischen Bildverarbeitung erzielt worden. Die Übertragung in die Medizin ist aufgrund der im Abschn. 2 dargestellten Besonderheiten des medizinischen Bildmaterials bislang jedoch nur spärlich geglückt.

Abb. 19 verdeutlicht am Beispiel der Erhebung eines Zahnstatus auf Basis der Panoramaschichtaufnahme (Orthopantomogramm, OPG) die immensen Schwierigkeiten, die bei der automatischen Interpretation medizinischer Bilder zu bewältigen sind. Zunächst muss die Segmentierung und Identifikation aller relevanten Bildobjekte und Objektteile gelingen, damit das semantische Netz aufgebaut werden kann. Dieses enthält die Instanzen (Zahn 1, Zahn 2, etc.) der zuvor identifizierten Objekte (Zahn, Krone, Füllung, etc.). In einem zweiten nicht minder schwierigen Schritt muss die Interpretation der Szene auf Basis des Netzes erfolgen. Hierzu müssen alle Zähne entsprechend ihrer Position und Form benannt werden. Erst dann können Kronen, Brücken, Füllungen sowie kariöse Prozesse in den Zahnstatus eingetragen werden. Die Automatisierung dieses Prozesses, der vom Zahnarzt in wenigen Minuten durchgeführt wird, ist bislang noch nicht mit ausreichender Robustheit möglich.

9 Bilddarstellung

Als Bilddarstellung werden alle Transformationen zusammengefasst, die der optimierten Ausgabe des Bildes dienen. In der Medizin umfasst dies insbesondere die realistische Visualisierung von Volumendaten. Derartige Verfahren haben breite Anwendungsbereiche in der medizinischen Forschung, Diagnostik und Therapieplanung und -kontrolle gefunden. Im Gegensatz zu Problemstellungen aus dem Bereich der allgemeinen Computergraphik sind die darzustellenden Objekte in medizinischen Anwendungen nicht durch formale, mathematische Beschreibungen gegeben, sondern als explizite Voxelmengen eines Volumendatensatzes. Deshalb haben sich für medizinische Visualisierungsaufgaben spezielle Methoden etabliert (Tab. 1).

Oberflächenrekonstruktion Der Marching-Cube-Algorithmus wurde speziell für die Oberflächenrekonstruktion aus medizinischen Voxelmengen entwickelt (Lorensen und Cline 1997). Ein Voxel wird hierbei nicht mehr als Quader endlicher Kantenlänge, sondern als Punkt interpretiert. Das zu visualisierende Volumen entspricht also einem Punktgitter. In diesem wird ein Quader (engl. cube) mit je vier Eckpunkten in zwei benachbarten Schichten betrachtet. Das komplexe Problem der Oberflächenerzeugung wird durch Ausnutzung von Symmetrieeigenschaften auf lediglich 15 verschiedene Topologien reduziert. Die effiziente Berechnung liest die entsprechenden Polygonbeschreibungen aus einer LUT. Der Quader wird sukzessive an allen Stellen im Volumendatensatz positioniert (engl. marching). Nach Berechnung des Marching-Cube-Algorithmus liegt das segmentierte Volumen als triangulierte Oberfläche vor, die aus einer zunächst noch sehr großen Zahl an Dreiecken besteht. Durch heuristische Verfahren kann diese Zahl jedoch erheblich reduziert werden, ohne dass wahrnehmbare Qualitätseinbußen entstehen. Erst hierdurch werden Echtzeitdarstellungen des Volumens möglich.

Beleuchtung und Schattierung Zur Erzeugung von photorealistischen Darstellungen der Volumenoberfläche wird die Beleuchtung analog zu natürlichen Szenen simuliert. Nach dem Phong'schen Beleuchtungsmodell entsteht ambientes Licht durch sich überlagernde Vielfachreflexion, diffuses Streulicht an matten Oberflächen und spiegelnde Reflexionen an glänzenden Oberflächen (Phong 1975). Während die

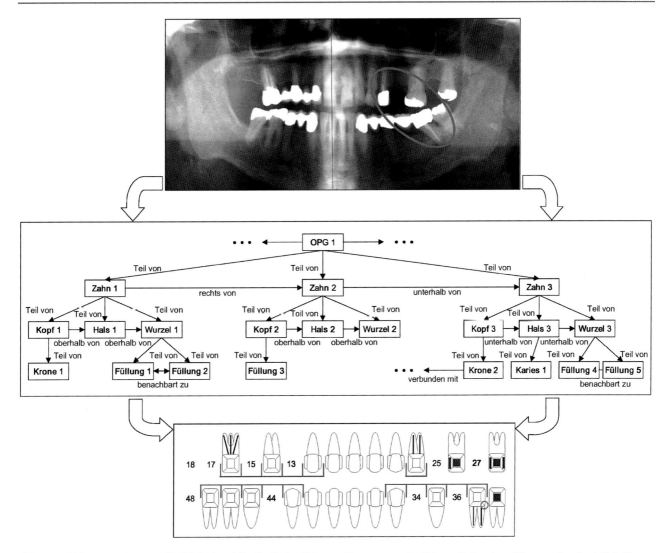

Abb. 19 Bildinterpretation. Das OPG (*oben*) enthält alle für den Zahnstatus (*unten*) relevanten Informationen. Die symbolische Beschreibung erfolgt durch ein semantisches Netz (*Mitte*). Im Zahnstatus werden die Zähne nach dem Schlüssel der Fédération Dentaire Internationale (FDI) benannt: Die führende Ziffer kennzeichnet den Quadranten im Uhrzeigersinn, die nachfolgende Ziffer die von innen nach außen fortlaufende Platznummer des Zahnes. Vorhandene Zähne werden durch Schablonen repräsentiert, in denen Füllungen im Zahnkörper oder in der -wurzel blau markiert werden. Kronen und Brücken werden neben den Zähnen rot gekennzeichnet. Der Kreis an 37 (sprich: Zahn drei sieben) weist auf einen kariösen Prozess hin

Tab. 1 Taxonomie der 3D-Visualisierungsverfahren mit Beispielen (Ehricke 1997)

Verfahren der dreidimensionalen Visualisierung			
Oberflächenrekonstruktion und -darstellung		Direkte Volumenvisualisierung	
Schnittbildorientierte Rekonstruktion	Volumenorientierte Rekonstruktion	Oberflächenorientierte Methoden	Volumenorientierte Methoden
Triangulierung	Cuberille Verfahren, Marching Cube	Tiefenschattierung, Tiefengradientenschattierung, Grauwertgradientenschattierung	Integralschattierung, transparente Schattierung, Maximumsprojektion

Intensität des ambienten Lichtes in der Szene für alle Oberflächensegmente konstant ist, hängen die Intensitäten diffuser und spiegelnder Reflexionen von der Orientierung und den Eigenschaften der Oberfläche sowie deren Abstand zur Lichtquelle ab. In Abhängigkeit der Raumposition des Beobachters wird dann ermittelt, welche Oberflächenelemente sichtbar sind.

Ohne Schattierung (engl. shading) sind in der Visualisierung der Szene noch die einzelnen Dreiecke erkennbar, was als störend empfunden wird. Durch verschiedene Shading-

Abb. 20 3D-Visualisierungen. Durch das dreidimensionale Modell der inneren Organe auf Basis des Visible Human (Spitzer et al. 1996) bietet der Voxel-Man 3D-Navigator eine bisher unerreichte Detaillierung und zahlreiche Interaktionsmöglichkeiten. In der direkten Volumenvisualisierung sind neben räumlichen Ansichten auch andere Darstellungen wie simulierte Röntgenbilder möglich. (Institut für Mathematik und Datenverarbeitung in der Medizin, Universität Hamburg; aus Pommert et al. 2001)

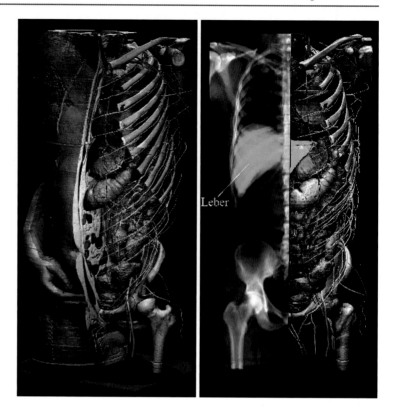

Strategien kann der visuelle Eindruck erheblich verbessert werden. Das Gouraud-Shading ergibt glatte stumpfe Oberflächen (Gouraud 1971), das Phong-Shading ermöglicht zusätzlich Spiegelungen (Phong 1975). In neueren Applikationen werden darüber hinaus auch Transparenzen modelliert, um auf gekapselte Objekte blicken zu können. Mit heutigen Grafikkarten können Texturen oder andere Bitmaps in Echtzeit auf die Oberflächen projiziert werden, um einen noch realistischeren Eindruck zu erreichen.

Direkte Volumenvisualisierung Bei der direkten Volumenvisualisierung wird auf die Vorabberechnung von Objektoberflächen verzichtet. Die Visualisierung basiert stattdessen direkt auf den Voxelwerten. Damit wird eine Visualisierung des Volumens auch dann möglich, wenn noch keine Segmentierung vorliegt, z. B. wenn die Visualisierung des Datensatzes vom Radiologen zur interaktiven Eingrenzung pathologischer Bereiche genutzt werden soll. Das Volumen wird entweder entlang der Datenschichten (Back-To-Front oder Front-To-Back) oder entlang eines gedachten Lichtstrahls durchlaufen. Ausgehend vom Beobachter werden beim Ray-Tracing-Verfahren Strahlen in das Volumen verfolgt. Hierdurch ist auch die rekursive Weiterverfolgung von Sekundärstrahlen möglich, die durch Reflexion oder Brechung erzeugt wurden, was eine sehr realistische Darstellung ergibt. Beim einfacheren Ray-Casting wird hingegen auf diese Weiterverfolgung der Sekundärstrahlen verzichtet, wodurch dieses Verfahren wesentlich effizienter wird. Die bei der Strahlenverfolgung auftretenden Probleme der diskreten Pixeltopologie (Abschn. 7) haben zu einer Vielzahl von algorithmischen Varianten geführt. Bei der Tiefenschattierung wird die Eindringtiefe des Strahls in das Volumen bis zum Erreichen einer Helligkeitsschwelle als Grauwert dargestellt. Die Integralschattierung hingegen integriert die abgetasteten Werte entlang des gesamten Projektionsstrahls.

Beleuchtung und Schattierung Aus dem Intensitätsprofil der durchlaufenen Voxel werden Parameter extrahiert und zur Darstellung als Grau- oder Farbwert an der korrespondierenden Stelle in der Betrachtungsebene eingesetzt. Diese Verfahren werden wiederum mit *Schattierung* bezeichnet. Bei den oberflächenorientierten Schattierungsmethoden sind Beleuchtung und Bildebene auf gleicher Seite zum Objekt, während in Anlehnung an die Radiographie volumenorientierte Verfahren das gesamte Objekt durchstrahlen, d. h. das Objekt zwischen Beleuchtung und Beobachtungsebene platzieren (Tab. 1). Kombiniert man die direkte Volumenvisualisierung mit 2D- oder 3D-Segmentierungen, so können erstaunlich realistische Darstellungen erzeugt werden (Abb. 20).

10 Bildspeicherung

Unter Bildspeicherung werden alle Manipulationstechniken zusammengefasst, die der effizienten Archivierung (Kurz- und Langzeit), Übertragung (Kommunikation) und dem

Tab. 2 Radiologisches Datenaufkommen 1999 und 2009 an der Uniklinik RWTH Aachen. Die dreifache Gesamtzahl aller Analysen des Zentrallabors ergibt ein Datenvolumen, das um den Faktor 10.000 geringer ist.

Jahr	1999 (ca. 1500 Betten)			2009 (ca. 1200 Betten)		
Modalität	MB/Bild	Anzahl Bilder	GB/Jahr	Anzahl Studien	Anzahl Bilder	GB/Jahr
Thoraxröntgenaufnahme (4000 × 4000 px á 10 bit)	10,73	74.056	775,91	47.072	69.337	702,17
Skelettradiographie (2000 × 2000 px á 10 bit)	4,77	82.911	386,09	36.711	58.049	276,89
CT (512 × 512 px á 12 bit)	0,38	816.706	299,09	11.744	666.551	247,35
MR (512 × 512 px á 12 bit)	0,38	540.066	197,78	3.339	617.318	229,08
Sonstige Röntgenaufnahmen (2000 × 2000 px á 10 bit)	1,19	69.011	80,34	7.599	256.063	298,23
Summe		1.582.750	1.739,21			1.753,72
Zum Vergleich: Laborwerte (z. B. 10 Werte á 64 bit)	0,00	4.898.387	0,36			

Zugriff (Retrieval) medizinischer Bilddaten dienen (Abb. 1). Die Besonderheiten des medizinischen Umfeldes haben in allen Bereichen zu spezifischen Lösungen geführt.

Archivierung (Kurz- und Langzeit) Die Einführung des CT in die klinische Routine hat bereits in den 1970er-Jahren zur Installation erster PACS-Systeme geführt, deren Hauptaufgabe die Archivierung der großen Datenmengen war. Eine einfache Röntgenaufnahme mit 40 × 40 cm (z. B. Thorax) hat bei einer Auflösung von fünf Linienpaaren pro Millimeter und 1024 Graustufen pro Pixel bereits ein Speichervolumen von mehr als 10 MB. Eine hochauflösende digitale Mammographieuntersuchung mit zwei Projektionen beider Brüste benötigt ca. 300 MB. Alleine durch Röntgendiagnostik, CT- und MR-Untersuchungen fallen in einer Universitätsklinik jährlich knapp 2 TB Bilddaten an (Tab. 2). Diese Abschätzung lässt sich leicht verzehnfachen, wenn die Auflösung der Daten erhöht wird. Hinzu kommen neue Modalitäten wie 2D- und 3D-Ultraschall, Endoskopie etc., die ebenfalls rein digital erzeugt und in das PACS integriert werden. Einerseits müssen diese Daten nach den gesetzlichen Vorgaben mindestens 30 Jahre lang aufbewahrt werden, andererseits kann durch verlustfreie Kompression nicht mehr als die Halbierung oder Drittelung des Datenvolumens erreicht werden. In den letzten Jahren sind jedoch hochkapazitive Festplattensysteme verfügbar geworden, sodass das früher als Kaskade gelöste Archivierungsproblem (1. Arbeitsspeicher mit direktem Zugriff, 2. Festplattensysteme mit Zugriff in wenigen Sekunden, 3. Optische Disks in robotergesteuerten Jukeboxen mit Zugriff in wenigen Minuten, 4. Manuelles Magnetbandsystem mit Zugriff im Stundenbereich) zunehmend in den Hintergrund tritt.

Kommunikation (Übertragung) Der Leitspruch für medizinische Informationssysteme, „die richtige Information zur richtigen Zeit am richtigen Ort" verfügbar zu machen, gilt auch für die bildgebenden Diagnostik und die Medizinische Bildverarbeitung. Damit wird die Kommunikation zur Kern-

aufgabe heutiger PACS-Systeme. Bilddaten werden nicht nur innerhalb eines Hauses, sondern auch zwischen weit auseinander liegenden Institutionen elektronisch transferiert. Für diese Aufgabe sind einfache Bitmap-Formate wie Tagged Image File Format (TIFF) oder Graphics Interchange Format (GIF) unzureichend, denn neben den Bildmatrizen müssen auch medizinische Informationen zum Patienten (Identifikationsnummer, Stammdaten etc.), zur Modalität (Gerätetyp, Aufnahmeparameter etc.) und zur Organisation (Untersuchung, Studie etc.) standardisiert übertragen werden. Seit 1995 basiert diese Kommunikation auf dem Digital Imaging and Communications in Medicine (DICOM)-Standard (NEMA 1999), der *Strukturinformation* über den Inhalt der Daten (object classes) mit *Aktionen*, was mit den Daten passieren soll (service classes), vereint.

DICOM liegt das Client/Server-Prinzip zugrunde. Unter Berücksichtigung bestehender Standards zur Kommunikation, z. B. das ISO/OSI-Modell (International Standard Organization/Open Systems Interconnection), das Internet-Protokoll TCP/IP und den HL7-Standard (Health Level 7) ermöglicht DICOM auch die Kopplung von PACS-Systemen an Radiologie- oder Krankenhausinformationssyteme. Vollständige DICOM-Konformität ist für Geräte und Applikationen auch dann möglich, wenn diese nur wenige ausgewählte Objekte oder Services unterstützen. Die Synchronisation zwischen Client und Server wird durch Konformitätsdeklarationen (Conformance Claims) geregelt, die ebenfalls im DICOM-Standard spezifiziert sind. Nicht festgeschrieben wurde jedoch die Art der Implementierung einzelner Services, sodass sich in der Praxis DICOM-Dialekte ausgeprägt haben, die zu Inkompatibilitäten führen können.

Retrieval (Zugriff) Auch in modernen DICOM-Archiven können Aufnahmen nur dann gezielt aufgefunden werden, wenn der Patientenname mit Geburtsdatum oder eine systeminterne Identifizierungsnummer bekannt ist. Das *Retrieval* erfolgt also ausschließlich über textuelle Attribute. Andererseits ergibt sich in der klinischen Routine eine beträchtliche

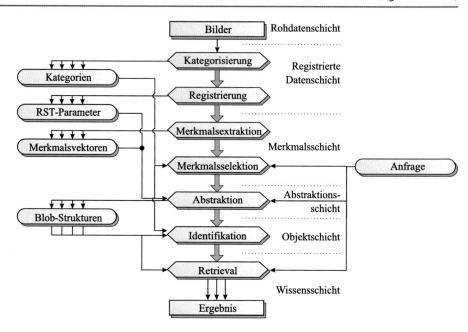

Abb. 21 Systemstruktur zum Bild-Retrival. Die schrittweise Verarbeitung (*Mitte*) folgt dem Paradigma der Bildauswertung (Abb. 1). *Links* sind die Zwischenrepräsentationen dargestellt, die zunehmend abstrakter das Bild beschreiben. Die Abstraktionsschichten sind auf der rechten Seite benannt (Abb. 2). Die Anfrage kann somit kontextspezifisch auf verschiedenen Abstraktionsniveaus für das Retrieval modelliert werden (Lehmann et al. 2000a)

Qualitätsverbesserung, wenn Krankenakten mit inhaltsähnlichen Bildern und gesicherter Diagnose verfügbar sind (engl. Case-based Reasoning, Evidence-based Medicine). Je nach Anwendung kann die Ähnlichkeit auf Basis der gesamten Aufnahme oder eines (vom Radiologen markierten) Bildausschnittes berechnet werden. Damit wird der inhaltsbasierte Bildzugriff auf große PACS-Archive (engl. Contend-based Image Retrieval, CBIR) eine Hauptaufgabe zukünftiger Systeme (Tagare et al. 1997). Für die Medizin müssen konzeptionell andere Wege beschritten werden, denn die Information in medizinischen Bildern ist vielschichtig und komplex strukturiert.

Abb. 21 zeigt die Systemarchitektur zum Image Retrieval in Medical Applications (IRMA). In dieser Architektur spiegeln sich die in Abschn. 4 bis Abschn. 8 diskutierten Verarbeitungsschritte der Merkmalsextraktion, Segmentierung und Klassifikation von Bildobjekten bis hin zur Interpretation und Szenenanalyse als einzelne Module wider (Abb. 1). Durch die Bildanalyse des IRMA-Systems wird die für das Retrieval relevante Information schrittweise verdichtet und abstrahiert. Jedes Bild wird symbolisch durch ein semantisches Netz (hierarchische Baumstruktur) repräsentiert, dessen Knoten charakteristische Informationen zum repräsentierten Bildbereich enthalten und dessen Topologie die räumliche und/oder zeitliche Lage der Bildobjekte zueinander beschreibt. Mit dieser Technologie können Radiologen und Ärzte in der Patientenversorgung, Forschung und Lehre gleichermaßen unterstützt werden (Lehmann et al. 2004a). Abb. 22 zeigt ein CBIR-Benutzerinterface (Welter et al. 2012). Zum vorgegebenen Anfragebild erhält der Radiologe ähnliche Bilder anderer Patienten aus dem Archiv, zu denen Diagnose, Therapie und Therapieerfolg im Kran-

kenhausinformationssystem gespeichert sind, die er zur Befundunterstützung des aktuellen Falls durch Klicken auf das Bild direkt aufrufen kann.

11   Resümee und Ausblick

Die vergangenen, aktuellen und künftigen Paradigmen in der Medizinischen Bildverarbeitung sind in Abb. 23 zusammengestellt. Anfänglich (bis ca. 1985) standen pragmatische Probleme der Bildgenerierung, Bearbeitung, Darstellung und Archivierung im Vordergrund, denn die damalig verfügbaren Computer hatten bei weitem nicht die erforderlichen Kapazitäten, um große Bildmatrizen im Speicher zu halten und zu modifizieren. Die Geschwindigkeit, mit der Medizinische Bildverarbeitung möglich war, erlaubte nur Offline-Berechnungen. Bis über die Jahrtausendwende hinaus stand die maschinelle Interpretation der Bilder im Vordergrund. Die Segmentierung, Klassifikation und Vermessung medizinischer Bilder wurden kontinuierlich verbessert, immer genauer und in Studien auch an großen Datenmengen validiert. Daher wurde auch der Schwerpunkt dieses Kapitels auf den Bereich der Bildauswertung gelegt. Heutige und zukünftige Entwicklungen werden die Integration der Verfahren in die ärztliche Routine und in die klinische Forschung in den Vordergrund stellen. Verfahren zur Unterstützung von Diagnostik, Therapieplanung und Behandlung müssen für Ärzte benutzbar gestaltet und stärker standardisiert werden, um auch die für einen Routineeinsatz erforderliche Interoperabilität gewährleisten zu können (Lehmann et al. 2004b; Lehmann 2005; Lehmann et al. 2006; Tolxdorff et al. 2009).

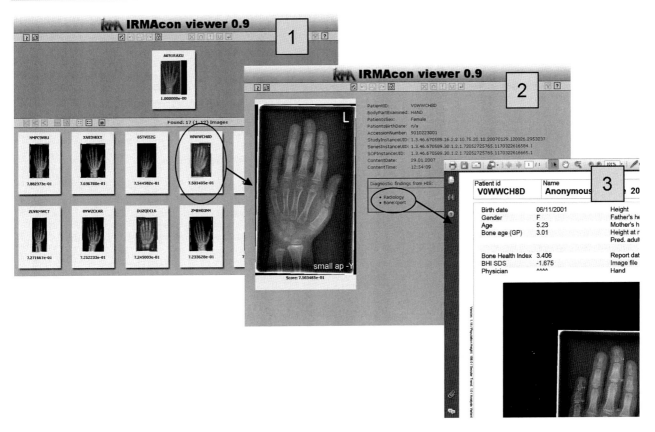

Abb. 22 Inhaltsbasierter Bildzugriff. Panel 1 zeigt einen Screenshot des IRMA-Webinterfaces. Im oberen Teil ist das Suchbild dargestellt, unten die ähnlichsten Bilder aus dem Archiv. Panel 2 zeigt Details des vom Radiologen gewählten Bildes und Panel 3 den diagnostischen Report, auf den das Bild verweist (Welter et al. 2012)

Abb. 23 Paradigmen der Medizinischen Bildverarbeitung. Während die Generierung, das Management sowie die Manipulation und Auswertung digitaler Bilder bislang im Fokus der Medizinischen Bildverarbeitung standen, ist die zentrale Herausforderung nunmehr die Integration, Standardisierung und Validierung der Verfahren für Routineanwendungen in Diagnostik, Therapieplanung und Therapie (Lehmann et al. 2004b)

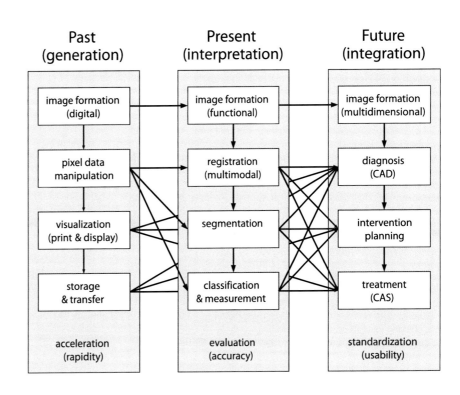

Literatur

Algorithmen zur digitalen Bildverarbeitung können den Standardwerken von Abmayr, Haberäcker, Jähne, Wahl oder Zamperoni entnommen werden (folg. Abschn.). Vertiefende Literatur speziell zur Medizinischen Bildverarbeitung ist im deutschsprachigen Raum recht spärlich.

Das Grundlagenwerk von Handels umfasst ebenfalls Kernbereiche wie die Transformation, Segmentierung, Analyse und Klassifikation. Der Fokus wird dabei auf die dreidimensionalen Modalitäten, deren Visualisierung und auf Anwendungen zur computerunterstützten Diagnostik und Operationsplanung gelegt.

Das vom Autor dieses Kapitels mit verfasste theoretisch orientierte Lehrbuch behandelt die Grundlagen der Medizinischen Bildverarbeitung (Medizinische Fragestellungen, Technik der Bilderzeugung, Bildwahrnehmung), Modelle (diskrete, signaltheoretische und statistische Ansätze), Methoden der Bildtransformation und -verarbeitung sowie medizinische Anwendungen. Das mittlerweile vergriffene Buch ist elektronisch im Internet frei verfügbar (http://irma-project.org/lehmann/ps-pdf/BVM97-onlinebook.pdf).

Nach einigen Buchbeiträgen verschiedener Autoren wurde von Ehricke erstmals ein in sich geschlossenes Werk zur Medizinischen Bildverarbeitung publiziert. Dieses praxisorientierte Lehrbuch umfasst die Bereiche Bildverarbeitung und Mustererkennung, dreidimensionale Visualisierung, Bildarchivierungs- und Bildkommunikationssysteme, Bildarbeitsplätze und den klinischen Einsatz der Medizinischen Bildverarbeitung.

Neben diesen Lehrbüchern geben die seit 1998 jährlich im Springer Verlag erscheinenden Workshop-Proceedings „Bildverarbeitung für die Medizin" einen umfassenden Überblick über Neuerungen und Trends der Medizinischen Bildverarbeitung in Deutschland (http://bvm-workshop.org).

Allgemeine Literatur zur digitalen Bildverarbeitung

Abmayr W (2001) Einführung in die digitale Bildverarbeitung. Teubner, Stuttgart

Burger W, Burge MJ (2005) Digitale Bildverarbeitung. Springer, Berlin

Erhardt A (2008) Einführung in die Digitale Bildverarbeitung – Grundlagen, Systeme und Anwendungen. Vieweg + Teubner, Wiesbaden

Haberäcker P (1995) Praxis der digitalen Bildverarbeitung und Mustererkennung. Hanser, München

Jähne B (2012) Digitale Bildverarbeitung und Bildgewinnung, 7. Aufl. Springer, Berlin

Liedtke CE, Ender M (1989) Wissensbasierte Bildverarbeitung, Bd 19 der Buchreihe Nachrichtentechnik. Springer, Berlin. ISBN 3-540-50641-1

Niemann H (1983) Klassifikation von Mustern. Springer, Berlin. ISBN 3-540-12642-2

Nischwitz A, Fischer MW, Haberäcker P (2007) Computergrafik und Bildverarbeitung – Alles für Studium und Praxis, 2. Aufl. Vieweg + Teubner, Wiesbaden

Soille P (1998) Morphologische Bildverarbeitung – Grundlagen, Methoden, Anwendungen. Springer, Berlin

Steinmüller J (2008) Bildanalyse: Von der Bildverarbeitung zur räumlichen Interpretation von Bildern. Springer, Berlin

Tizhoosh HR (1998, 2013) Fuzzy-Bildverarbeitung – Einführung in Theorie und Praxis. Springer, Berlin

Tönnies KD (2005) Grundlagen der Bildverarbeitung. Pearson Studium, München

Wahl FM (1984) Digitale Bildsignalverarbeitung: Grundlagen, Verfahren, Beispiele. Springer, Berlin

Zamperoni P (1989, 2013) Methoden der digitalen Bildsignalverarbeitung. Springer, Berlin

Grundlegende Literatur zur medizinischen Bildverarbeitung

Ehricke HH (1997) Medical Imaging: Digitale Bildanalyse und -kommunikation in der Medizin. Vieweg, Braunschweig

Handels H (2009) Medizinische Bildverarbeitung: Bildanalyse, Mustererkennung und Visualisierung für die computergestützte ärztliche Diagnostik und Therapie. Vieweg + Teubner, Leipzig

Lehmann TM (2005) Digitale Bildverarbeitung für Routineanwendungen – Evaluierung und Integration am Beispiel der Medizin. Deutscher Universitäts-Verlag, Wiesbaden

Lehmann TM, Oberschelp W, Pelikan E, Repges R (1997a) Bildverarbeitung für die Medizin – Grundlagen, Modelle, Methoden, Anwendungen. Springer, Berlin, ISBN 3-540-61458-3, im Internet unter http://irma-project.org/lehmann/ps-pdf/BVM97-onlinebook.pdf

Lehmann TM, Hiltner J, Handels H (2005) Medizinische Bildverarbeitung. In: Lehmann TM (Hrsg) Handbuch der Medizinischen Informatik, 2. Aufl. Hanser, München

Spezielle Literatur

Bredno J (2001) Höherdimensionale Modelle zur Quantifizierung biologischer Strukturen. Dissertation, RWTH Aachen, 2001

Bredno J, Lehmann TM, Spitzer K (2000) Automatic parameter setting for balloon models. Proc SPIE 3979(2):1185–1194

Bredno J, Schwippert R, Lehmann TM, Oberschelp W (2001) Finite-Elemente-Segmentierung mit Formwissen: Hybridisierung aus aktiver Kontur und Point-Distribution-Modell. In: Handels H, Horsch A, Lehmann TM, Meinzer HP (Hrsg) Bildverarbeitung für die Medizin 2001 – Algorithmen, Systeme, Anwendungen. Springer, Heidelberg, S 217–221

Gouraud H (1971) Illumination for computer-generated pictures. Commun ACM 18(60):311–317

Harmsen M, Fischer B, Schramm H, Seidl T, Deserno TM (2013) Support vector machine classification based on correlation prototypes applied to bone age assessment. IEEE J Biomed Health Inform 17(1):190–197

Jose A, Haak D, Jonas S, Brandenburg V, Deserno TM (2015) Human wound photogrammetry with low-cost hardware based on automatic calibration of geometry and color. Proc SPIE 9414 (Im Druck)

König S, Hesser J (2004) Live-wires using path-graphs. Methods Inf Med 43(4):371–375

Krizhevsky A, Sutskever I, Hinton GE (2012) ImageNet classification with deep convolutional neural networks. In: Proceedings of the Advances in Neural Information Processing Systems (NIPS), Bd 25

Lehmann TM, Schmitt W, Horn H, Hillen W (1996) IDEFIX – identification of dental fixtures in intraoral X-rays. Proc SPIE 2710:584–595

Lehmann TM, Kaser A, Repges R (1997b) A simple parametric equation for pseudocoloring grey scale images keeping their original brightness progression. Image Vis Comput 15(3):251–257

Lehmann TM, Wein B, Dahmen J et al (2000a) Content-based image retrieval in medical applications: a novel multi-step approach. Proc SPIE 3972(32):312–320

Lehmann TM, Gröndahl HG, Benn D (2000b) Computer-based registration for digital subtraction in dental radiology. Dentomaxillofac Radiol 29(6):323–346. Review

Lehmann TM, Bredno J, Metzler V et al (2001) Computer-assisted quantification of axo-somatic boutons at the cell membrane of moto-neurons. IEEE Trans Biomed Eng 48(6):706–717

Lehmann TM, Güld MO, Thies C et al (2004a) Content-based image retrieval in medical applications. Methods Inf Med 43 (4):354–361

Lehmann TM, Meinzer HP, Tolxdorff T (2004b) Advances in biomedical image analysis – past, present and future challenges. Methods Inf Med 43(4):308–314

Lehmann TM, Aach T, Witte H (2006) Sensor, signal and image informatics. State of the art and current topics. Methods Inf Med 47(Suppl 1):S57–S67

Lorensen WE, Cline HE (1997) Marching cubes: a high resolution 3D surface construction algorithm. Comput Graph 21(4):163–169

Maintz JBA, Viergever MA (1998) A survey of medical image registration. Med Image Anal 2:1–36

McInerney T, Terzopoulos D (1996) Deformable models in medical image analysis – a survey. Med Image Anal 1(2):91–109

Metzler V, Bredno J, Lehmann TM, Spitzer K (1998) A deformable membrane for the segmentation of cytological samples. Proc SPIE 3338:1246–1257

Metzler V, Bienert H, Lehmann TM et al (1999) A novel method for geometrical shape analysis applied to biocompatibility evaluation. ASAIO Int J Artif Organs 45(4):264–271

NEMA (1999) Digital imaging and communications in medicine (DICOM). Final Draft PS 3.1-1999. National Electrical Manufacturers Association (NEMA), Rosslyn

Otsu N (1979) A threshold selection method from gray-level histograms. IEEE Trans Syst Man Cybern 9(1):62–66

Pelizzari CA, Chen GTY, Spelbring DR et al (1989) Accurate three-dimensional registration of CT, PET, and/or MR images of the brain. J Comput Assist Tomogr 13:20–26

Phong BT (1975) Illumination for computer generated pictures. Commun ACM 18:311–317

Pommert A, Höhne KH, Pflesser B et al (2001) Ein realistisches dreidimensionales Modell der inneren Organe auf der Basis des Visible Human. In: Handels H, Horsch A, Lehmann TM, Meinzer HP (Hrsg) Bildverarbeitung für die Medizin 2001 – Algorithmen, Systeme, Anwendungen. Springer, Heidelberg, S 72–76

Riede UN, Schaefer HE (1993) Allgemeine und spezielle Pathologie. Thieme, Stuttgart

Smeulders AWM, Worring M, Santini S, Gupta A, Jain R (2000) Content-based image retrieval at the end of the early years. IEEE Trans Pattern Anal Mach Intell 22(12):1349–1380

Spitzer VM, Ackermann MJ, Scherzinger AL, Whitlock DG (1996) The visible human male: a technical report. J Am Med Inform Assoc 3:118–130

Tagare HD, Jaffe CC, Duncan J (1997) Medical image databases: a content-based retrieval approach. J Am Med Inform Assoc 4:184–198

Tolxdorff T, Deserno TM, Handels H, Meinzer HP (2009) Advances in medical image computing. Methods Inf Med 48(4):311–313

Wagenknecht G, Kaiser HJ, Büll U (1999) Multimodale Integration, Korrelation und Fusion von Morphologie und Funktion: Methodik und erste klinische Anwendungen. RöFo – Fortschritte auf dem Gebiet der Röntgenstrahlen und der bildgebenden Verfahren 170(1):417–426

Welter P, Fischer B, Günther RW, Deserno TM (2012) Generic integration of content-based image retrieval in computer-aided diagnosis. Comput Methods Programs Biomed 108(2):589–599

Virtuelle Realität in der Medizin

7

Wolfgang Müller-Wittig

Inhalt

1 Einführung

Die Virtuelle Realität (Virtual Reality, VR) – computergenerierte, dreidimensionale Welten – erlebt heutzutage eine noch nie dagewesene Popularität. Was in den 1980er- und 1990er-Jahren Forschungsinstitutionen und Universitäten vorbehalten war, ist mittlerweile im Massenmarkt angekommen. Dies ist mit Sicherheit auf die rapide Entwicklung und Verfügbarkeit kostengünstiger Virtual Reality Headsets zurück zu führen. Oculus Rift trat vor wenigen Jahren einen Siegeszug an, es folgten SAMSUNGs Gear VR oder HTCs Re Vive, um einige VR-Projekte zu nennen. Nun ist die Virtuelle Realität omnipräsent. Zugegebenermaßen wird in diesem Zusammenhang die Virtuelle Realität momentan hauptsächlich mit dem Game-Genre in Verbindung gebracht, jedoch ist es ein Frage der Zeit, bis auch andere Anwendungsfelder – so auch die Medizin – mit preiswerten VR-Lösungen und Headsets ernsthaft bearbeitet werden.

Virtuelle Realität hat jedoch schon vor vielen Jahren Einzug in der Medizin erhalten. Rasante Entwicklungen der letzten Jahre in der Gerätetechnologie sowie bei den (Graphik-) Prozessorarchitekturen (GPU) haben zu einer zunehmend technologiebasierten Medizin geführt. Speziell auf dem Gebiet der Chirurgie wurden neue Möglichkeiten und ein Mehrwert gesehen. Zwei wesentliche Entwicklungen trugen maßgeblich dazu bei.

Zum einen erlaubten damals Techniken der Virtuellen und Erweiterten Realität die Realisierung innovativer, menschzentrierter Umgebungen und bedeuteten eine neue Dimension in der Mensch-Maschine-Interaktion. Virtuelle Realität ermöglichte zum ersten Mal, eine intuitive Interaktion mit dem Computer und eine immersive, realistische Darstellung von dreidimensionalen computergenerierten Welten unter Verwendung neuartiger Ein- und Ausgabegeräte. Die Simulationsumgebung gibt dem Anwender das Gefühl, in der realen Welt zu interagieren. Darüber hinaus erlaubt die Erweiterte Realität (Augmented Reality, AR) die Überlagerung der Realität mit digitalen Informationen in Echtzeit.

W. Müller-Wittig (✉)
School of Computer Engineering (SCE), Fraunhofer IDM@NTU,
Nanyang Technological University, Singapore, Singapore
E-Mail: author@noreply.com

© Springer-Verlag GmbH Deutschland 2017
R. Kramme (Hrsg.), *Informationsmanagement und Kommunikation in der Medizin*,
DOI 10.1007/978-3-662-48778-5_45

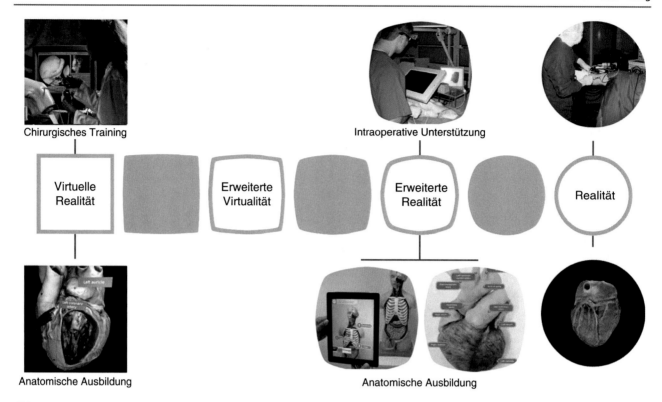

Abb. 1 Medizinischen Anwendungsgebiete entlang des Reality-Virtuality-Kontinuums

Zum anderen vollzog sich damals in der Chirurgie ein Wechsel des Interaktionsparadigmas durch den Übergang von der offenen zur minimalinvasiven Chirurgie (MIC). Die minimalinvasive Chirurgie hat die Medizin revolutioniert und ihr Einsatz erstreckt sich auf alle operativen Fächer. Hier werden durch auf Millimetergröße geschrumpfte Zugänge Endoskop, mit Optik und Lichtquelle ausgestattet, und andere miniaturisierte chirurgische Instrumente in das Operationsgebiet eingeführt. Während die traditionelle Chirurgie die Führung der Instrumente durch direkte visuelle Kontrolle erlaubt, schaut der Operateur, während er endoskopisch operiert, auf den Videomonitor und kontrolliert die Bewegungen seiner Instrumente. Ein weiteres Merkmal der minimalinvasiven Chirurgie ist, dass der direkte Kontakt zwischen der Hand des Operateurs und dem eigentlichen Operationsgebiet verloren geht. Er berührt nicht mehr direkt die anatomischen Strukturen, sondern manipuliert diese über unterschiedlichste Instrumente.

Im Folgenden soll ein kleiner Überblick gegeben werden, auf welche Weise Virtuelle Realität speziell in der medizinischen Ausbildung und Simulation zum Einsatz kommt.

2   Medizinische Anwendungsfelder

Satava, ein Pionier in der medizinischen Simulation, sah schon zu Beginn der 1990er-Jahre einen Paradigmenwechsel für die chirurgische Ausbildung aufgrund des Einzugs von VR-basierten medizinischen Simulatoren voraus (Satava 1993, 1995). Er forderte, dass das Training der Chirurgen an definierten Qualitätsgüten gemessen wird. Diesem Ruf nach Qualitätssicherung in der Medizin wurde umso mehr Aufmerksamkeit geschenkt, als das Institute of Health in einer Studie die Todesfälle pro Jahr in den USA aufgrund von Kunstfehlern auf rund 100.000 bezifferte (Kohn et al. 2000). Dieses Thema hat bis heute nichts an Aktualität verloren. Ernüchterung mag eher aufkommen, in welchem Maße sich die VR-basierten Trainingssimulatoren bis zum heutigen Zeitpunkt – angesichts der großen Zeitspanne und Erwartungen seit den ersten Anfängen – in der Realität durchgesetzt haben.

Das von Paul Milgram und Fumio Kishino eingeführte Reality-Virtuality-Kontinuum (Milgram und Kishino 1994) stellt eine gute Basis dar, die unterschiedlichen Technologien und deren Einsatz in der Medizin vorzustellen (Abb. 1).

2.1   Anatomische Ausbildung

Eine vollkommen neue Qualität digitaler anatomischer Modelle wurde Anfang der 1990er-Jahre mit dem Start des Visible Human Project der National Library of Medicine und der Bereitstellung multimodaler Bilddaten des menschlichen Körpers möglich (Spitzer et al. 1996). Hier wurde die Tür für VR-Technologien zum Einsatz in der anatomischen

Abb. 2 Digital überlagertes
Anatomiemodell mithilfe der
Erweiterten Realität

Abb. 2 Digital überlagertes Anatomiemodell mithilfe der Erweiterten Realität

Ausbildung weit aufgestoßen. Computergenerierte 3D-Körperwelten gaben jungen Medizinern neue Einsichten in die Vielfalt und Komplexität der menschlichen Anatomie. Heutzutage stehen eine Vielzahl von interaktiven 3D-Anatomieatlanten auf dem Markt sowie auch als mobile Anwendungen zur Verfügung und haben sich in der Ausbildung etabliert (Höhne et al. 2009; Attardi und Rodgers 2015).

Andere Forschungsarbeiten beschäftigen sich nun auch damit, klassische Anatomiemodelle zum Lernen und Lehren der anatomischen Strukturen mit Szenarien der Erweiterten Realität zu verbinden. Hierbei werden erklärende und detaillierte Informationen zu den jeweiligen Anatomieregionen auf einem mobilen Endgerät (z. B. iPad) dazu geblendet. Erste Arbeiten konzentrierten sich darauf, wissenschaftliche Poster mit digitalen Informationen und Videos zu überlagern (Kumar et al. 2012). Dann folgten konventionelle Kunststoffanatomiemodelle, und aktuell reichern die mobilen Anatomietrainer plastinierte Modelle mit den entsprechenden Annotationen an (Erdt et al. 2015, Abb. 2).

2.2 Präoperative Planung

Auch in der präoperativen Planung kann der Einsatz von VR-Techniken den Chirurgen unterstützen. Bevor der Eingriff an einem realen Patienten durchgeführt wird, ist der Chirurg in der Lage, die einzelnen operativen Schritte an einem patientenspezifischen Modell zu simulieren und zu trainieren. Aufgrund der steigenden Qualität der medizinischen Bilddaten können immer komplexere und detailreichere digitale Patientenanatomien zur Verfügung gestellt wer-

den. In dieser VR-Umgebung ist es möglich, den sichersten und effektivsten operativen Weg zu wählen. Dabei können immer wieder neue Varianten des geplanten Eingriffs simuliert werden, bis beispielsweise der optimale Zugang zu einem verletzten Gefäß gefunden ist und möglichst wenig gesunde Strukturen beschädigt werden. Neben der Verringerung der Komplikationsrate und der Verbesserung des Operationsergebnisses kann auch eine Kostenersparnis durch Vermeidung von Nachfolgebehandlungen und der damit verbundenen Kosten erreicht werden.

2.3 Intraoperative Unterstützung

Eigentlich hat die Augmented-Reality-Technologie schon vor vielen Jahren ihren Weg in den Operationssaal gefunden. Jedoch war dieser Begriff damals noch nicht so weit verbreitet. Denn Operationsmikroskope können schon seit Langem zusätzliche Informationen in das Sehfeld des Operateurs einspielen und die Operationsszene überlagern. Wichtige Daten, wie beispielsweise Navigationspfad oder Gewebekonturen, sind somit im Blickfeld und realen Kontext. Ungünstige Ablenkung durch den Blick des Chirurgen weg vom Operationsfeld zum Monitor können vermieden werden. Diese intraoperative Unterstützung sorgt für eine sicherere und bessere Resektion von Tumoren.

Wie schon beschrieben können durch den Einsatz von Techniken der Erweiterten Realität neue Lernumgebungen und Trainingswege geschaffen werden. Es ist klar, dass AR-Szenarien im OP und nahe am Patienten sehr hohe Anforderungen an die Genauigkeit stellen. Diese AR-ba-

sierten intraoperativen Navigationssysteme müssen eine korrekte Überlagerung der virtuellen Strukturen mit dem realen
Objekt garantieren.

Die ersten Forschungsarbeiten setzten die damals belieb-
ten Head Mounted Displays ein, die aber nicht die Erwartungen erfüllen konnten. Dann untersuchte man die Integration
von beweglichen Displays im Operationssaal (Wesarg et al.
2004; Stolka et al. 2010). Mittlerweile werden erfolgreich
Tablets für navigierte Punktionen unter klinischen Bedingungen im Operationssaal eingesetzt (Müller et al. 2013). Und
selbstverständlich macht auch die neueste Generation der
Augmented-Reality-Headsets nicht vor dem OP halt. Anders
als die schon vorgestellten Virtual-Reality-Brillen (z. B. Oculus Rift) verfügen sie über ein semitransparentes Display und
erlauben somit auch die visuelle Wahrnehmung der realen
Umgebung mit gleichzeitigem Einblenden digitaler Informationen. Sicherlich gelten die hohen Anforderungen erst recht
für diese AR-Headsets mit Displays nahe am Auge, um
eine qualitativ hochwertige Verschmelzung der realen und
virtuellen Welt zu realisieren. So ist es auch nicht verwun-
derlich, dass nach ersten Einsätzen dieser AR-Brillen im
Operationssaal auf deren Grenzen gestoßen wird und derzeit
eher Potenziale in der virtuellen Assistenz, medizinischen
Dokumentation und Ausbildung gesehen werden (Davis
und Rosenfield 2015). Aber die spannenden Weiterentwicklungen von Google Glass, Epsons Moverio sowie Microsofts
HoloLens, um einige Augmented-Reality-Headsets an dieser
Stelle zu nennen, gehen weiter und mit diesen sind neue
Anwendungsszenarien zu erwarten.

2.4 Chirurgisches Training

Die Entwicklung von VR-basierten Trainingssimulatoren in
der Medizin begann Anfang der 1990er-Jahre mit Schwerpunkt auf Kniearthroskopie und Laparoskopie (Müller et al.
1995; Kühnapfel et al. 1995; Cotin et al. 1996; Meglan
et al. 1996). Medizinische Simulatoren von heute sind inzwischen auf dem Markt etabliert (z. B. Mentice, Simbionix,
VirtaMed) und bieten Trainingsumgebungen für zahlreiche
operativ tätige Disziplinen an. Zunehmend nehmen sie auch
weltweit in Trainingszentren und Kliniken einen festen Platz
in den Aus- und Weiterbildungsprogrammen ein (Bürger
et al. 2006; Maschuw et al. 2008; Salkini et al. 2010).

Bei minimalinvasiven Eingriffen berührt der Chirurg nicht
mehr direkt die anatomischen Strukturen, sondern manipuliert diese mit dem Instrumentarium, wobei er mit Blick auf
den Videomonitor – weg vom Patienten – die Bewegungen
seiner Instrumente kontrolliert. Zur Echtzeitsimulation dieser
operativen Situation stellt ein VR-basiertes Trainingssystem
ein Modell (virtuelle Anatomie), die Realisierung chirurgischer Eingriffe (Interaktionen) sowie die chirurgischen Instrumente (Interaktionswerkzeuge) bereit (Abb. 3).

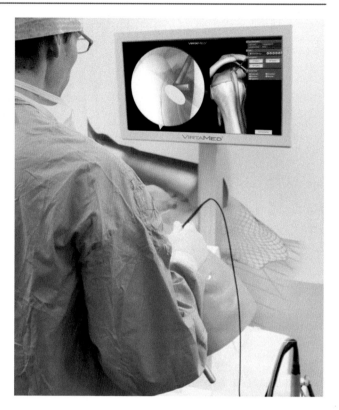

Abb. 3 VR Arthroskopie-Trainingssimulator (VirtaMed AG)

Anforderungen an das virtuelle Modell einer anatomischen Region sind neben realistischem Aussehen auch die
Berücksichtigung von Gewebecharakteristika, die für das
haptische Feedback benötigt werden. Es existieren verschiedene Ansätze, um diese digitale 3D-Repräsentation zu generieren.

Kommerziell verfügbare Modellierungssysteme können
beispielsweise zum Einsatz kommen, um Oberflächenmodel-
le, die aus einer Vielzahl von Dreiecken bestehen und mit
Texturen ein realistisches Aussehen erhalten. Einige Anbieter
von digitalen 3D-Bibliotheken haben sich speziell auf Anatomiemodelle spezialisiert.

Ein weiteres Verfahren ist die die 3D-Rekonstruktion anatomischer Strukturen basierend auf medizinischen Bilddaten.
Hier können patientenspezifische Modelle gewonnen werden, um personalisierte medizinische Fragestellungen in der
Simulationsumgebung zu behandeln. Ausgangspunkt des
3D-Rekonstruktionsprozesses bilden Sequenzen von medizinischen Schichtdaten (z. B. vom Computer- oder Magnetreso-
nanztomographen), aus denen Konturen einzelner anatomischer Strukturen in einem Segmentierungsschritt identifiziert
werden. Prinzipiell ist dies schwierig, da oft Objektkonturen
nur ungenügend oder unvollständig dargestellt werden. Jedoch
haben sich die Segmentierungsverfahren so weiterentwickelt,
dass eine korrekte Detektierung der anatomischen Strukturen
(semi-)automatisch bei minimaler manueller Intervention möglich ist (Abb. 4).

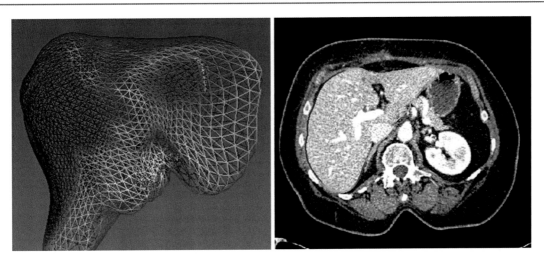

Abb. 4   Modellbasierte semiautomatische Segmentierung von Organen (Erdt et al. 2012)

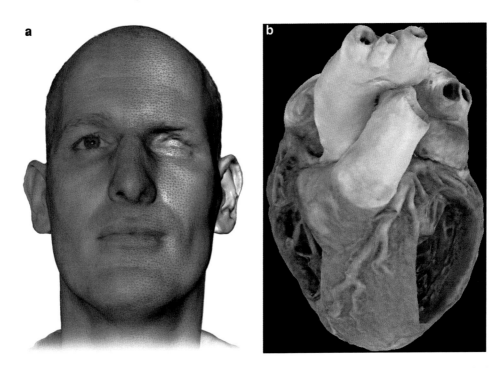

Abb. 5   3D-Rekonstruktion eines Kopfes mithilfe eines 3D-Scanners (**a**, Polymetric GmbH) sowie eines Herzen (**b**, Fraunhofer IDM@NTU)

Die Konturen benachbarter Schichten werden dann miteinander verbunden, um eine dreidimensionale Gitterstruktur zu generieren. Letztendlich wird dann, wie bei der Modellierung, durch Projektion von Texturen auf die Oberfläche der Realismus des Modells erhöht. Diese Texturen können beispielsweise aus realen Endoskopiebildern gewonnen werden.

Eine weitere Möglichkeit, virtuelle anatomische Strukturen zu generieren, ist die Verwendung eines Streifenlichtscanners. Dieser kann hochauflösende 3D-Scans im Submillimeterbereich realisieren, um beliebige Objekte präzise dreidimensional zu erfassen. Diese 3D-Punktwolken werden dann in 3D-Modelle über eine Gittergenerierung umgesetzt. Das System erlaubt zudem die Texturierung der Geometrie-

modelle mit Fotografien des Objekts, sodass ein fotorealistisches digitales Modell entsteht. Bei Bedarf können schließlich Varianten mit verschiedenen Detailgenauigkeiten generiert werden (Abb. 5).

Mithilfe von Modelliersystemen können schließlich auch virtuelle chirurgische Instrumente unter Beachtung von Design und Funktion zur Verfügung gestellt werden. Diese Interaktionswerkzeuge müssen in das medizinische Simulationssystem integriert werden, d. h. sie müssen – als virtuelle Pendants der realen Instrumente – sich auch wie diese verhalten. Somit müssen Bewegungen der Instrumente registriert und diese ohne Verzögerung auf die auf dem Monitor dargestellten virtuellen Modelle übertragen werden, um auf

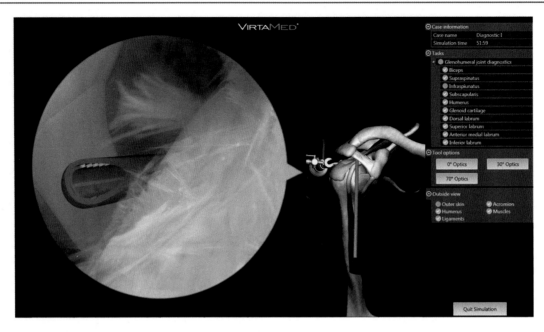

Abb. 6 Photorealistische Simulation von minimalinvasiven Eingriffen (VirtaMed AG)

diese Weise dem Operateur das visuelle Feedback zu geben. Zur Bestimmung von Position und Orientierung der Instrumente werden Trackingsysteme eingesetzt, die sich hinsichtlich der ausgenutzten physikalischen Eigenschaften in verschiedene Kategorien einteilen lassen (z. B. mechanische, optische bzw. elektromagnetische Trackingverfahren). Sensoren beispielsweise registrieren die Instrumentbewegungen in Echtzeit und entsprechend dieser Werte wird kontinuierlich die neue Ansicht berechnet und auf dem Monitor des Graphikrechners aktualisiert.

Auch Endoskope mit ihrer Geradeaus- oder Nullgradoptik und verschiedenen Winkelungen der Normaloptik können in der Simulation nachgebildet werden. Die Lichtquelle auf der Spitze eines Endoskops wird dabei mithilfe einer Punktlichtquelle simuliert, wobei nur der entsprechende Ausschnitt der virtuellen Anatomie ausgeleuchtet wird. In Abhängigkeit von der gewählten Optik kann dann das aktuelle Blickfeld neu berechnet und visualisiert werden. Dabei enthält eine graphische Benutzungsoberfläche (Graphical User Interface) einen Ausgabebereich für das Endoskopbild.

Darüber hinaus kann über eine graphische Benutzungsoberfläche die Simulationsumgebung konfiguriert werden, wobei zwischen verschiedenen anatomischen Regionen und zwischen unterschiedlichen chirurgischen Instrumenten gewählt werden kann. Zusätzlich werden während der Simulation Statistiken geführt, die zur Evaluierung des Trainingslevels herangezogen werden können. Das Anbieten von Standardtrainingssituationen und die Möglichkeit der objektiven Bewertung sind mit Sicherheit die großen Vorteile gegenüber konventionellen Trainingsmethoden in der Endoskopie.

Ein reichhaltiges „virtuelles" Instrumentenbesteck aus Endoskopen mit verschiedenen Optiken sowie aus Tastinst-rumenten und Greif-/Resektionszangen kann von einem medizinischen Trainingssimulator angeboten werden. In diesem Kontext ist neben der Registrierung der Instrumentenbewegungen eine schnelle Kollisionserkennung der verschiedenen Instrumente mit den virtuellen anatomischen Strukturen erforderlich, die als Basis für die Simulation der verschiedenen Manipulationen (z. B. Deformieren oder Schneiden) auf anatomischen Strukturen dient (Abb. 6). Zur Echtzeitsimulation von Deformationsvorgängen werden zunehmend Finite-Elemente-Modelle (FEM) eingesetzt. Gewebespezifischen Materialeigenschaften können in das FEM integriert werden. Dieser Ansatz erlaubt eine realistischere Simulation, benötigt jedoch komplexe und rechenintensive Berechnungen. Zunehmend werden die Verfahren auf den schon besprochenen, sich rasant entwickelnden Hardwarearchitekturen, wie GPU, implementiert (Courtecuisse et al. 2010).

Die Ansprache des visuellen und des haptischen Wahrnehmungskanals des Benutzers sind ausschlaggebend für die Qualität des medizinischen Simulationssystems. Dabei müssen die unterschiedlichen wahrnehmungsphysiologischen Reizcharakteristika des Menschen berücksichtigt werden. Für die haptische Ausgabe bedeutet dies, dass hohe Frequenzen von bis zu 1000 Hz erzeugt werden müssen, während für die graphische Ausgabe 20–40 Hz für die Echtzeitvisualisierung notwendig sind.

Zwei wesentliche Faktoren beeinflussen die haptische Simulation. Zum einen die Hardware – die Gerätetechnologie – und zum anderen die Software – der Ansteuerung dieser haptischen Displays zur Erzeugung der künstlichen Widerstände. Bei der minimalinvasiven Chirurgie reduzieren sich die Freiheitsgrade aufgrund der durch den minimalen Zugang

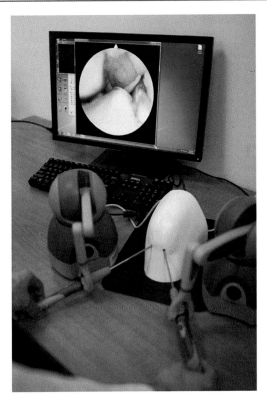

Abb. 7 Haptische Simulation bei einer VR-basierten Kniearthroskopie (Rasool et al. 2014)

bedingten Fixierung der Instrumente. Somit benötigt die haptische Schnittstelle weder große Kraftkapazitäten noch einen großen Arbeitsbereich. Jedoch muss auch der maximale Widerstand bei Berührung der chirurgischen Instrumente mit Knochengewebe berücksichtigt werden und die entsprechende Steifigkeit als haptisches Feedback geliefert werden. Leider sind die auf dem Markt verfügbaren haptischen Displays, die für den Einsatz in der medizinischen Simulation infrage kommen, immer noch kostspielig und decken nicht alle Freiheitsgrade für die Generierung künstlicher Widerstände ab.

Die Software realisiert nun das haptische Rendering, d. h. die Umwandlung einer beliebigen Repräsentation eines virtuellen Objekts in eine Darstellung zur Ausgabe über ein haptisches Display (analog zum graphischen Rendering, Abb. 7). Zur haptischen Simulation minimalinvasiver chirurgischer Eingriffe müssen auch die gewebespezifischen Eigenschaften anatomischer Strukturen berücksichtigt werden (z. B. hartes Knochengewebe, derb-elastischer Meniskus). Eine Klassifikation der wichtigsten Gewebetypen mit deren haptischen Eigenschaften ist notwendig. Die Erzeugung dieser objektspezifischen haptischen Stimuli wird durch eine Kombination verschiedener Berechnungsmodelle unter Berücksichtigung der Instrumenteneindringtiefe erreicht. Dieses komplexe und spannende Feld der haptischen Simulation ist weltweit Forschungsgegenstand.

3   Ausblick

Fortschritte in der medizinischen Simulation werden auch in Zukunft weiterhin von den dynamischen Entwicklungen speziell auf den Gebieten der Virtuellen und Erweiterten Realität sowie der Chirurgie geprägt sein. Die Verfügbarkeit immer leistungsfähigerer Rechnerarchitekturen werden neue Möglichkeiten in der Echtzeitsimulation unter Einbindung immer präziserer physikalisch basierter Verfahren eröffnen. Die sich rasant entwickelnden Graphikprozessoren werden auch immer mehr für die Lösung rechenintensiver, nicht graphischer Probleme genutzt werden. Die zunehmende Verbreitung kostengünstiger Virtual-Reality- und Augmented-Reality-Headsets wird, bedingt durch eine kollektive Kreativität, zur Entwicklung neuer Lösungen auch für eine Vielzahl von medizinischen Fragestellungen verschiedenster Anwendungsgebiete führen.

Die Integration des haptischen Feedbacks wird sich weiter entwickeln, wenn auch die Gerätetechnologie haptischer Displays nicht in naher Zukunft den Ansprüchen unseres komplexen haptischen Sinns genügen wird. Neben dem grundlegenden Verständnis der haptischen Wahrnehmung bleibt die Herausforderung bestehen, die auf den Patienten einwirkenden Kräfte realitätsnah zu *fühlen*. Haptische Systeme der heutigen Zeit tun sich immer noch schwer, dieses zu leisten.

Einen weiteren Fokus bildet die Erweiterung und Verfeinerung des anatomischen Modells. Zur Modellbildung werden hier nicht nur morphologische Strukturen, sondern auch physiologische und molekulare Zusammenhänge des Menschen betrachtet. Zunehmend steht die Funktion des menschlichen Körpers als Ganzes im Vordergrund, wobei auch Mikrostrukturen und Wechselwirkungen auf zellulärer Ebene berücksichtigt werden. Initiativen wie beispielsweise „The Virtual Physiological Human – Network of Excellence" auf europäischer Ebene oder das nationale „Netzwerk Virtuelle Leber", welches vom Bundesministerium für Bildung und Forschung (BMBF) unterstützt wird, zeigen den hohen Stellenwert dieser Thematik auf der Forschungsagenda (Coveney et al. 2011; Drasdo et al. 2014). Andere Forschungsarbeiten konzentrieren sich auf die Erstellung eines umfassenden Patientenmodells mittels bildbasierter Registrierung unter Berücksichtigung zusätzlichen Modellwissens. Auf Basis von hunderten von Patientendaten wird eine statistische Modellierung der Formvariation von anatomischen Strukturen gewonnen (Steger et al. 2012). Ziel ist es, die menschliche Physiologie und Pathologie besser zu verstehen, um somit neue Therapien zu entwickeln, die eine verbesserte Diagnostik, Therapie und Prävention im Gesundheitswesen ermöglichen.

Bei der Entwicklung eines derartigen komplexen Modells sieht man sich mit der nächsten Herausforderung konfrontiert: der „Big Data Challenge". Dieses rasche und kontinuierliche Anwachsen sowie die hohe Dynamik von Datenmengen sind auch im medizinischen Bereich vorzufinden. Dies ist vor allem auf die verbesserte Gerätetechnik der bildgebenden Modalitäten zurückzuführen. Während der Scan eines Computertomographen (CT) vergangener Tage 100 Schichten mit einem Datenvolumen von 50 MB aufwies, produziert ein CT-Scanner der heutigen Generation in wenigen Sekunden hochqualitative Datensätze im Terabytebereich. Hinzu kommt, dass die Daten der verschiedenen Modalitäten fusioniert werden, um ein umfassenderes Bild und eine solide Basis für die Modellbildung zu erhalten (Computertomographie, Magnetresonanztomographie, 3D-Ultraschall, Positronenemissionstomographie etc.). Um diese komplexen Datenmengen zu managen und zu evaluieren, bedarf es einer Bereitstellung maßgeschneiderter Instrumente aus dem Bereich des Visual Computing, die mit einer intelligenten Datenanalyse und geeigneten Visualisierungstechniken den medizinischen Experten bei der Entscheidungsfindung unterstützen.

Darüber hinaus finden bei der Modellbildung Parameter Berücksichtigung, die zur Beschreibung und Simulation der Elastodynamik von organischen Strukturen herangezogen werden. In-vivo-Messungen werden durchgeführt, um hierdurch relevante gewebespezifischer Messwerte zu gewinnen. Zahlreiche Arbeiten beschäftigen sich mit der Erhebung empirischer Daten zur Elastodynamik von Weichteilgewebe und Abdominalorganen, um diese dann in dem Simulationsmodell umzusetzen (Basdogan 2012). Insgesamt wird an der realistischen Echtzeitsimulation komplexer minimalinvasiver Eingriffe weiterhin weltweit geforscht. Die Integration komplexer Prozesse wie Blutfluss, Atmung sowie Herzschlag seien an dieser Stelle exemplarisch genannt.

Flugsimulatoren sind längst nicht mehr aus dem Ausbildungsprogramm für Piloten wegzudenken. Seit Langem existieren Erwartungen, dass medizinische Simulatoren, die VR-Technologie einsetzen, eine ähnliche Bedeutung für das chirurgische Training bekommen können. Dies wird durch die Problematiken bei den konventionellen Trainingsmethoden wie „learning by doing", das Üben an Phantomen und Präparaten unterstützt. So zeigen zahlreiche Arbeiten, dass durch VR-basierte Trainingssysteme eine Verbesserung der Lernkurve erreicht wird – und dies ohne Kontakt zum Patienten. Eine erfreuliche Entwicklung ist, dass mehr und mehr Studien der letzten Jahre diesen erfolgreichen Schritt vom VR-basierten Simulator zum Operationssaal belegen (Brinkman et al. 2013; Nguyen et al. 2014).

Resultat ist, dass heutzutage VR-basierte Trainingssimulatoren zunehmend im Curriculum eingesetzt werden. Im Ausbildungsprogramm von Trainingszentren wie im Queensland Health Skills Development Centre, Minimal Invasive Surgical Centre Singapore oder Wenckebach Institute in Groningen haben sie mittlerweile einen festen Platz eingenommen. Weltweit zeichnen sich Entwicklungen ab, dass die allgemeine Verfügbarkeit von medizinischen Simulatoren

starken Einfluss darauf haben wird, wie in Zukunft Medizin gelehrt und praktiziert wird. Das American Board of Surgery verlangt mittlerweile, dass im Bereich der Laparoskopie Trainingssitzungen an VR-basierten Simulatoren nachgewiesen werden (Satava 2009). Auch das „Imperial College Laparoscopic Cholecystectomy Training Curriculum" oder aber das „Laparoscopic Surgical Skills (LSS) Curriculum" initiiert von der European Association for Endoscopic Surgery (EAES) setzen Simulatoren ein. Auch in Dänemark ist für angehende Ärzte das Training am VR-basierten Simulator inzwischen Pflicht. Mehr als 1000 Zertifikate werden jährlich ausgestellt.

Mehrere Jahrzehnte waren notwendig, um realistische und qualitativ hochwertige Flugsimulatoren heutigen Standards zur Verfügung zu stellen. In der Entwicklung von computergestützten medizinischen Trainingssimulatoren konnten schon vielversprechende Fortschritte in den letzten Jahren beobachtet werden. Ständig besser werdende Algorithmik und Graphikleistung im Bereich des Visual Computing werden zu weiteren Verbesserungen in der medizinischen Simulation führen, so dass diese Systeme das Potenzial zeigen, mehr und mehr in der chirurgischen Aus- und Weiterbildung eingesetzt zu werden. Die „Erlaubnis zu versagen" in der Simulationsumgebung ist ein gravierender Vorteil gegenüber dem „Trainieren im Operationssaal" und bedeutet mehr Sicherheit für den Patienten. Momentan zeichnet sich ein Trend ab, der die Grenzen zwischen Training, präoperativer Planung und realem chirurgischen Eingriff zunehmend verschwinden lässt. In der präoperativen Planungsphase wird der bevorstehende Eingriff mit patientenspezifischen Daten am Simulator kurz vor der Durchführung der OP im Operationssaal trainiert (Patient-specific Simulated Rehearsal, PsR). Systeme wie der NeuroTouch-Simulator oder aber beispielsweise Simulatoren von Simbionix, Surgical Science oder VirtaMed unterstützen diese Integration von aktuellen Patientendaten (Delome et al. 2012; Willaert et al. 2012; Alotaibi et al. 2015). Interessant ist auch die Verbindung patientenspezifischen Trainings mit den Optionen, die die heutige 3D-Druck-Technologie bietet. Hier können im Rapid-Prototyping-Verfahren schnell und kostengünstig personalisierte medizinische Komponenten oder patientenspezifische Modelle produziert werden, die ein besseres Training sowie eine sorgfältigere Planung erlauben.

Es ist unumstritten, dass Transparenz, Qualitätssicherung und Zertifizierung wichtige Aspekte im Gesundheitswesen sind. Dieses wird sich schließlich auch grundlegend in der medizinischen Ausbildung widerspiegeln, sodass eines Tages auch computergestützte Trainingssimulatoren mit ihrem Instrumentarium zur objektiven Bewertung eine Daseinsberechtigung haben werden. Betrachtet man jedoch die Entwicklung der letzte Jahre bzw. mittlerweile Jahrzehnte, so scheint diese Umsetzung immer noch ein mühevoller und langsamer Prozess zu sein.

Und der nächste Paradigmenwechsel zeichnet sich ab. Der Operateur wird nicht nur auf das historische Bildmaterial zugreifen können, sondern kann über ein „smartes" Instrumentarium mit ausgeklügelter Sensorik gewebespezifische Eigenschaften intraoperativ abfragen, die dann Einfluss auf den weiteren Verlauf des operativen Eingriffs nehmen können. Der Operationsroboter sucht sich selbst den Fräskanal aufgrund des sensorischen Feedbacks. Das Harvard Biorobotcs Lab hat mittlerweile einen intelligenten Bohrroboter entwickelt, der Bewegungen registriert und kompensiert. Dieser stoppt beispielsweise den Bohrvorgang, sobald die Schädeldecke durchbohrt wurde und vermeidet auf diese Weise Beschädigungen des darunterliegenden Weichteilgewebes. Bisherige Ergebnisse zeigen, dass Gewebebewegungen mit sehr hoher Genauigkeit festgestellt werden können. Dieses eröffnet somit auch die Möglichkeit, diesen Roboter bei chirurgischen Eingriffen am schlagenden Herzen einzusetzen (Hammond et al. 2014).

Roboter im Operationssaal hatten zwar vor wenigen Jahren für ein negatives Aufsehen gesorgt. Bei der damals kontrovers diskutierten OP-Robotergeneration wurden jedoch herkömmliche Industrieroboter für den medizinischen Bereich eingesetzt. Mittlerweile existieren aber kleine, kostengünstigere OP-Roboter, wie sie beispielsweise in den System Spine Assist von Mazor Surgical Technologies oder NavioPFS (Precision Freehand Sculpting) von Blue Belt Technologies zu finden sind. Diese „intelligenten" chirurgischen Instrumente mit präzisen Robotersteuerungen kommen hauptsächlich bei orthopädischen Eingriffen zum Einsatz.

Die Vorteile der roboterassistierten Chirurgie (Kap. 9 ▸ Aktueller Stand und Entwicklung robotergestützter Chirurgie) werden zunehmend erkannt und auch durch Studien belegt (Wallace et al. 2014; Dreval et al. 2014). So stellt der Roboter im Operationssaal für den Chirurgen ein weiteres Hilfsmittel dar, welches selektiv bei bestimmten operativen Schritten eingesetzt werden kann, mit dem Ziel, mit höherer Präzision und Qualität zu arbeiten, um ein besseres postoperatives Ergebnis zu erhalten. Die roboterassistierte Chirurgie steht momentan noch in ihren Anfängen. Jedoch wird der globale Markt für medizinische Robotik momentan schon auf US\$ 3,2 Milliarden beziffert und soll bis zum Jahre 2018 auf US\$ 6,4 Milliarden wachsen (Report Buyer 2015). Diese Studie nennt Chirurgie, Rehabilitation sowie Services für Krankenhäuser und Labore als die drei Hauptanwendungsbereiche für medizinische Roboter. Andere aktuelle Forschungsarbeiten beschäftigen sich mit der Entwicklung und den Einsatzszenarien von medizinischen Mikrorobotern, die in intelligenten Schwärmen Biopsien realisieren oder als therapeutische Agenten Wirkstoffe gezielt an den Wirkungsort transportieren (Sitti et al. 2015). Die in dem Science-Fiction-Klassiker „Fantasic Voyage" aus dem Jahre 1966 beschreibende Reise in das Innere des menschlichen Körpers nimmt langsam Formen an.

Schließlich wird eine Entwicklung, die schon längst unser tägliches Leben prägt, Einfluss auf das medizinische Umfeld haben: die Mobilität. In den letzten Jahren setzten 80–85 % der Ärzte in den USA das Smartphone für professionelle Services ein (Levy 2012). In diesem Zusammenhang stieg der Einsatz von Tablet-PCs weiterhin, mit 76 % in 2014 gegenüber 72 % in 2013 und im Vergleich zu 35 % im Jahr 2011 (Manhattan Research 2012, 2015). Die Nachfrage nach mobilen medizinischen Applikationen, die dem Mediziner helfen, seine Arbeitsabläufe effizienter zu gestalten, wird weiter steigen.

Darüber hinaus eröffnet dies auch spannende neue Möglichkeiten, die medizinische Simulation mit mobilen Lernumgebungen zu verschmelzen. AR-Applikationen auf permanent leistungsstärker werdenden mobilen Endgeräten mit intuitivem Multitouch-Interface stellen dem Mediziner zusätzliche Informationen und 3D-Visualisierung im realen medizinischen Kontext zur Verfügung. Neben des für den Arzt leichteren Zugriffs auf relevante Informationen (anywhere anytime) bietet mobiles Computing für Studenten auch neue Zugänge zum Erlernen medizinischer Lehrinhalte, wie sie beispielweise in der anatomischen Ausbildung vermittelt werden.

Auch wenn die Benutzung von mobilen Endgeräten bei den Ärzten signifikant zugenommen hat, darf es nicht darüber hinwegtäuschen, dass weitere innovative Konzepte und Lösungen notwendig sind, um einen klaren Mehrwert für den klinischen Alltag zu bieten, sodass eine hohe Akzeptanz bei den Entscheidungsträgern im Gesundheitswesen erreicht werden kann. Jedenfalls zeigen aktuelle Studien, dass Patienten sehr offen und positiv mobilen „Health Apps" und „Health Wearables" gegenüber stehen. Dies sind gut zwei Drittel der Amerikaner. Sie sind auch bereit, diese Werte den behandelnden Ärzten zu kommunizieren, um das persönliche Gesundheitsmanagement zu verbessern (Makovsky und Kelton 2015). Ausschlaggebend wird allerdings in diesem Kontext auch sein, wie angesichts von Mobilität, Konnektivität und der Cloud im Hintergrund ein sicherer Umgang mit diesen sensiblen, patientenspezifischen Gesundheitsdaten garantiert werden kann.

Literatur

Alotaibi FE et al (2015) Utilizing NeuroTouch, a virtual reality simulator, to assess and monitor bimanual performance during brain tumor resection. Can J Neurol Sci/J Can Sci Neurol 42(Suppl 1):S20–S20

Attardi SM, Rogers KA (2015) Design and implementation of an online systemic human anatomy course with laboratory. Anat Sci Educ 8:53–62

Basdogan C (2012) Dynamic material properties of human and animal livers In: Yohan P (Hrsg) Soft tissue biomechanical modeling for computer assisted surgery, tissue engineering, and biomaterials. Springer series on studies in mechanobiology. S 229–241

Brinkman WM et al (2013) Assessment of basic laparoscopic skills on virtual reality simulator or box trainer. Surg Endosc 27(10):3584–3590

Bürger T et al (2006) Evaluation of target scores and benchmarks for the traversal task scenario of the minimally invasive surgical trainer-virtual reality (MIST-VR) laparoscopy simulator. Surg Endosc 20(4):645–650

Cotin S et al (1996) Geometric and physical representations for a simulator of hepatic surgery. Stud Health Technol Inform 29:139–151

Courtecuisse H et al (2010) GPU-based real-time soft tissue deformation with cutting and haptic feedback. Prog Biophys Mol Biol 103(2–3):159–168

Coveney PV et al (2011) The virtual physiological human. Interface Focus 6:281–285

Davis CR, Rosenfield LK (2015) Looking at plastic surgery through Google Glass: part 1. Systematic review of Google Glass evidence and the first plastic surgical procedures. Plast Reconstr Surg 135(3):918–928

Delorme S et al (2012) NeuroTouch: a physics-based virtual simulator for cranial microneurosurgery training. Neurosurgery 71(1 Suppl Operative): 32–42

Drasdo D et al (2014) The virtual liver: state of the art and future perspectives. Arch Toxicol 88(12):2071–2075

Dreval' ON et al (2014) Results of using Spine Assist Mazor in surgical treatment of spine disorders. Zh Vopr Neirokhir Im N N Burdenko 78(3):14–20

Erdt M et al (2012) Deformable registration of MR images using a hierarchical patch based approach with a normalized metric quality measure. Biomedical Imaging (ISBI), 2012. In: 9th IEEE international symposium, S 1347, 1350

Erdt M et al (2015) Augmented reality as a tool to deliver e-learning based blended content in and out of the class-room. EG 2015 – Education papers. The Eurographics Association

Hammond FL III et al (2014) Soft tactile sensor arrays for force feedback in micromanipulation. IEEE Sensors 14(5):1443–1452

Höhne KH et al (2009) VOXEL-MAN 3D Navigator: brain and skull. Regional, functional and radiological anatomy, version 2.0. Springer-Verlag Electronic Media, Heidelberg

Kohn LT et al (2000) To err is human: building a safer health system. Committee on Quality of Health Care in America, Institute of Medicine. The National Academies Press, Washington, DC

Kühnapfel U et al (1995) Endosurgery simulations with KISMET. Virtual Reality World ,95' Stuttgart

Kumar D et al (2012) Augmented reality for anatomical education. In: 10th Asia Pacific Medical Education Conference (APMEC)

Levy M (2012) Physicians in 2012: the outlook for on demand, mobile, and social digital media. Manhattan Research, New York

Makovsky/Kelton (2015) Fifth Annual Makovsky/Kelton Pulse of Online Health Survey, Jan 2015

Manhattan Research (2012, 2015) Taking the Pulse U.S.

Maschuw K et al (2008) The impact of self-belief on laparoscopic performance of novices and experienced surgeons. World J Surg 32(9):1911–1916

Meglan AM et al (1996) The teleos virtual environment toolkit for simulation-based surgical education. Studies in health technology and informatics, Bd. 29. IOS Press, Amsterdam, S 346–351

Milgram P, Kishino AF (1994) Taxonomy of mixed reality visual displays. IEICE Trans Inf Syst E77-D(12):1321–1329

Müller W et al (1995) Virtual reality in surgical arthroscopic training. J Image Guid Surg l(5):288–294

Müller M et al (2013) Mobile augmented reality for computer-assisted percutaneous nephrolithotomy. Int J Comput Assist Radiol Surg

Nguyen N et al (2014) Realism, criterion validity, and training capability of simulated diagnostic cerebral angiography. Stud Health Technol Inform 196:297–130

Rasool S et al (2014) Virtual knee arthroscopy using haptic devices and real surgical images. In: 16th international conference on human-computer interaction (HCI 2014), LNCS 8529 – digital human modeling and applications in Health, Safety, Ergonomics and Risk Management. Springer, S 436–447

Report Buyer (2015) Global medical robotics market outlook 2018

Salkini MW et al (2010) The role of haptic feedback in laparoscopic training using the LapMentor II. J Endourol 24(1):99–102

Satava RM (1993) Virtual reality surgical simulator. The first steps. Surg Endosc 7(3):203–205

Satava RM (1995) Virtual reality, telesurgery, and the new world order of medicine. J Image Guid Surg 1:12–16

Satava RM (2009) The revolution in medical education – the role of simulation. J Grad Med Educ 1:172–175

Sitti M et al (2015) Biomedical applications of untethered mobile Milli/Microrobots. Proc IEEE 103(2):205–224

Spitzer V et al (1996) The visible human male: a technical report. J Am Med Inform Assoc 3(2):118–130

Steger S et al (2012) Articulated atlas for segmentation of the skeleton from head & neck CT datasets. In: IEEE Engineering in Medicine and Biology Society (EMBS): 2012 I.E. international symposium on biomedical Imaging: from nano to macro. IEEE Press, S 1256–1259

Stolka, PJ et al (2010) A 3D-elastography-guided system for laparoscopic partial nephrectomies. In: Medical Imaging 2010: Visualization, Image-Guided Procedures, and Modeling, Proceedings of SPIE, Bd 7625(1)

Wallace D et al (2014) The learning curve of a novel handheld robotic system for unicondylar knee arthroplasty. In: International Society of Computer Assisted Orthopaedic Surgery 2014, Milan, 18–21 June

Wesarg S et al (2004) Accuracy of needle implantation in brachytherapy using a medical AR system: a phantom study. In: Proceedings of Medical Imaging 2004, SPIE medical imaging symposium 2004. San Diego, S 341–352

Willaert WI et al (2012) Simulated procedure rehearsal is more effective than a preoperative generic warm-up for endovascular procedures. Ann Surg 255:1184–1189

Technologiegestütztes Lehren und Lernen in der Medizin

Martin Haag und Martin Fischer

Inhalt

M. Haag (✉)
Gecko-Institut für Medizin, Informatik und Ökonomie, Hochschule Heilbronn, Heilbronn, Deutschland
E-Mail: author@noreply.com

M. Fischer
Institut für Didaktik und Ausbildungsforschung in der Medizin, Klinikum der Universität München, München, Deutschland
E-Mail: author@noreply.com

© Springer-Verlag GmbH Deutschland 2017
R. Kramme (Hrsg.), *Informationsmanagement und Kommunikation in der Medizin*,
DOI 10.1007/978-3-662-48778-5_46

1 Einleitung

Im Szenario „Die Universität im Jahre 2005" wurde 1999 prognostiziert, dass 2005 bereits 50 % der Studierenden in „virtuellen Universitäten" eingeschrieben sein würden, während die klassische Universität auf eine Restgröße schrumpfen würde (Encarnação et al. 2000). Diese Prognose ist bis heute erkennbar nicht eingetroffen. Moderne Lehr- und Lerntechnologien werden aber an den klassischen Universitäten insbesondere im Rahmen von Blended-Learning-Konzepten ohne Zweifel kontinuierlich immer bedeutsamer. In einer Metaanalyse von Cook et al. zeigte sich in diesem Zusammenhang, dass Internet-gestützte Lehre – bei allen methodischen Einschränkungen bzgl. der verfügbaren Vergleichsstudien – sogenannten traditionellen Unterrichtsformen bezüglich des Lernerfolges zumindest ebenbürtig ist (Cook et al. 2008).

Während früher häufig die Begriffe „Computer-Based Training" (CBT) im deutschsprachigen Raum bzw. „Computer-Assisted Instruction" (CAI) international genutzt wurden, verwendet man heute meist die Begriffe „Technologiegestütztes Lehren und Lernen" bzw. „Technology-enhanced Learning" als Oberbegriffe für das digitale Lehren und Lernen, da durch den rasanten technischen Fortschritt der letzten Jahre neben klassischen Computern verschiedene weitere Gerätetypen wie z. B. Smartphones, Tablets oder auch 3D-Drucker in der Lehre eingesetzt werden. Von „Web-Based Training" (WBT) (Haag et al. 1999) wird gesprochen, wenn die Anwendungen auf Internettechnologien basieren und über das Internet genutzt werden können und zwar unabhängig vom eingesetzten Gerätetyp. Darüber hinaus wird weiterhin der undifferenzierte Oberbegriff „E-Learning" verwendet, der von Ellaway und Masters (2008) schlicht wie folgt definiert wird: „E-learning is the use of the Internet for Education."

Im Folgenden soll vor dem Hintergrund der historischen Entwicklung und von Reformansätzen im Medizinstudium und in der medizinischen Weiter- und Fortbildung ein

Überblick über relevante Aspekte des technologiegestützten Lehrens und Lernens in der Medizin gegeben und insbesondere die Frage nach der curricularen Integration und Nachhaltigkeit der Ansätze diskutiert werden.

2 Historische Entwicklung

In den 1960er-Jahren wurden die ersten Lernprogramme auf Großrechnern erstellt. Man sprach damals von Programmiertem Unterricht (PU). Psychologen und Pädagogen setzten sich intensiv mit den Möglichkeiten der neuen Technik auseinander (Schaller und Wodraschke 1969). Das damals vorherrschende Lernparadigma war der Behaviorismus, dieser prägte die erstellten Lernprogramme sehr stark. Die Anhänger des Behaviorismus gingen davon aus, dass man das menschliche Gehirn lediglich auf geeignete Art und Weise reizen muss, um die gewünschte Reaktion, die richtige Antwort, auszulösen. Entscheidend beim Behaviorismus ist es, dem Lernenden ein geeignetes Feedback zu geben, um richtige Reaktionen (Antworten) auf Reize zu verstärken. Das Prinzip des Behaviorismus basiert also letztlich darauf, den Lernenden zu belohnen, wenn er Fragen richtig beantwortet und sich so dem Lernziel nähert, bzw. zu bestrafen, wenn er Fragen falsch beantwortet, da er sich vom Lernziel entfernt. Das zu vermittelnde Wissen wird dabei in kleinste Lerneinheiten zerlegt, an die sich jeweils unmittelbar eine Frage anschließt, die richtig beantwortet werden muss. Falls dies nicht gelingt, wird die Lerneinheit nochmals wiederholt bzw. eine zusätzliche Hilfe angeboten. Der Erfolg des Programmierten Unterrichtes blieb weitgehend aus. Nach der anfänglichen Euphorie für die computerunterstützte Ausbildung setzte bald Ernüchterung ein. Dies hatte verschiedene Gründe (vgl. Moehr 1990, S. 39; Bodendorf 1990, S. 17). Es gab damals z. B. noch keine grafischen Oberflächen bzw. attraktive Benutzerschnittstellen für eine intuitive Bedienung durch EDV-Laien. Auch waren noch keine Autorensysteme verfügbar, mit denen die Erstellung von Lehr- und Lernsystemen ohne detaillierte Informatikkenntnisse möglich gewesen wäre. Außerdem waren die Hardwarekosten für die damals vorhandenen Großrechner sehr hoch.

Mitte bis Ende der 1970er-Jahre kamen dann die ersten Arbeitsplatzrechner auf, die im Vergleich mit Großrechnern einfacher, d. h. auch durch EDV-Laien zu bedienen waren. Außerdem verbesserten sich die Hardwareausstattung und das Preis-Leistungs-Verhältnis ständig. So waren bald hochauflösende Monochrom- und Farbmonitore sowie die Maus als Eingabegerät verfügbar. Für derartige Arbeitsplatzrechner wurden tutorielle Systeme und virtuelle Labore (Abschn. 4.1) erstellt, denen aber meist kein allzu großer Erfolg beschieden war.

Ein „Comeback" der computerunterstützten Ausbildung erfolgte in Form von sog. Hypermedia-Systemen. Unter Hypermedia versteht man die Vereinigung von Hypertext mit Multimedia.[1] Bei Hypertexten sind die einzelnen Textteile, im Gegensatz z. B. zu Texten in Büchern, nicht linear angeordnet. Die Verbindungen zwischen den einzelnen Textteilen werden durch Verweise hergestellt. Durch die nicht lineare Anordnung eines Textes können die Leser selbst entscheiden, ob sie zu einem bestimmten Aspekt noch weitere Informationen wünschen, und können dann einen Verweis auf Zusatzinformationen anwählen. Dies ist ein wichtiger Vorteil gegenüber linear angeordneten Texten, bei denen der Autor die Reihenfolge festlegt, in der die einzelnen Textkomponenten gelesen werden sollten. Außerdem legt dieser bei „herkömmlichen" Texten fest, in welcher Tiefe der Stoff in verschiedenen Textabschnitten dargestellt ist, ohne dass der Leser die dargestellte Stofftiefe selbst bestimmen kann.

Die Verfügbarkeit von Autorensystemen für Mac- bzw. Windows-Betriebssysteme in den 1980er-Jahren ermöglichte es dann auch Nichtfachleuten, auf relativ einfache Weise eigene Hypertexte zu erzeugen. Die einzelnen „Textteile" durften hierbei gleichzeitig verschiedene Medien enthalten, also multimedial sein. Ohne teure Hardware und tief greifende Programmierkenntnisse konnten jetzt in vergleichsweise kurzer Zeit optisch ansprechende Lernprogramme erstellt werden. Mit Bildplatten und CD-ROMs standen mittlerweile auch Speichermedien zur Verfügung, auf denen große Datenmengen (Bilder in guter Auflösung und digitales Video) gespeichert werden konnten.

Neben den großen Fortschritten im Hardwarebereich, welche die Erstellung und Nutzung von Lehr-und Lernsystemen ungemein beschleunigt hat, wurden auch im Bereich der Lernpsychologie Fortschritte gemacht. Nachdem sich der Behaviorismus als wenig geeignetes Paradigma für die Erstellung von Lehr- und Lernsystemen gezeigt hatte, wurde nun häufig ein konstruktivistischer Ansatz zugrunde gelegt (Spiro et al. 1989). Die Lernenden werden hierbei mit komplexen authentischen Szenarien (z. B. virtuellen Labors oder virtuellen Patienten) konfrontiert, in denen sie die Probleme, Zusammenhänge und Lösungen erkennen und bearbeiten lernen sollen. Dabei wird das neu Gelernte im besten Falle so in das bestehende Vorwissen integriert, dass es auch anwendbar ist. Der „Cognitive-Apprenticeship"-Ansatz, der sich aus dem Konstruktivismus entwickelt hat, beruht auf Annahmen des situierten Lernens (z. B. Brown et al. 1989). Die Modellierung eines komplexen Verhaltens durch einen Experten, der dem Lerner in einer authentischen Situation quasi über die Schulter schaut, steht dabei im Mittelpunkt. Folgende Methoden kommen bei diesem Ansatz zum Einsatz (vgl. Collins et al. 1989):

---

[1] Unter Multimedia (Steinmetz 2005) versteht man das Zusammenspiel verschiedener digitaler Medien wie Text, Audiosequenzen, Videosequenzen, Animation, Graphik und deren interaktive Nutzung am Computer.

- Modeling,
- Coaching,
- Scaffolding,
- Fading,
- Articulation,
- Reflection,
- Exploration.

Diese Ansätze wurden insbesondere von fallbasierten computergestützten Lernumgebungen (virtuelle Patienten) aufgegriffen. Die Diskussion, wie viele instruktionale und wie viele konstruktivistische Angebote an die Lerner gemacht werden sollten, dauert an und ist u. a. abhängig vom Vorwissen der Lernenden und vom edukativen Kontext.

Ein weiterer Aspekt des Konstruktivismus ist das synchrone und asynchrone kooperative Lernen. Die Problemlösung soll dabei nicht alleine, sondern in Zusammenarbeit mit anderen erfolgen.

3   Reformansätze im Medizinstudium

Die Entwicklung von Lehr- und Lernsystemen in der Medizin wurde neben der technischen und instruktionspsychologischen Entwicklung insbesondere seit Anfang der 1990er-Jahre wesentlich durch Reformansätze des Medizinstudiums geprägt. Diese Ansätze umfassen u. a. fächerübergreifenden Unterricht, in dem nicht mehr zwischen der vorklinischen Phase und der folgenden klinischen Ausbildungsperiode unterschieden wird. Sie versuchen, dem in der traditionellen Ausbildung beklagten Defizit des anwendungsfernen, trägen Wissens durch problemorientiertes Lernen (POL)[2] und fallbasiertes Training mit virtuellen Patienten zu begegnen, und betonen das selbstbestimmte eigenständige Lernen. POL soll die Studierenden befähigen, klinische Probleme besser zu lösen und sie darin unterstützen, ihre Fähigkeit zu selbstständigem, lebenslangem Wissenserwerb und Wissensmanagement zu entwickeln. Im POL-Unterricht legt ein Tutor einer Kleingruppe von Studierenden einen klinischen Fall vor, bei dem meist nur einige Patientendaten und Eckpunkte der Anamnese gegeben sind. Anhand des folgenden typischen Ablaufs wird der Fall bearbeitet:

- Klärung grundsätzlicher Verständnisfragen
- Definition des Problems – die Gruppe einigt sich darauf, welche Fragen sie anhand des Falls bearbeiten will
- Sammlung von Ideen und Lösungsansätzen
- Systematische Ordnung der Ideen und Lösungsansätze
- Formulierung der Lernziele

- Recherche zu Hause
- Synthese und Diskussion der zusammengetragenen Lerninhalte.

POL wurde bereits Ende der 1960er-Jahre an der McMaster University in Kanada entwickelt und hat sich seitdem erfolgreich verbreitet. 1984 hat auch die Harvard Medical School den POL-Ansatz mit dem sog. New Pathway aufgegriffen, der darauf abzielt, nicht nur Wissen, sondern auch Fertigkeiten und Verhalten zu vermitteln, und der die Relevanz von lebenslangem Lernen („Life Long Learning" bzw. „Continuous Medical Education") und der Kompetenz im Bereich des Wissensmanagements betont. Beispiele für Reformansätze in Deutschland sind die Einführung des ersten vorklinischen POL-Curriculums an der Universität Witten/ Herdecke 1992 und die Etablierung von POL-Kursen im klinischen Studienabschnitt an der Universität München 1997 in Kooperation mit der Harvard Medical School (Putz et al. 1999). 1999 begann der fächerintegrierende organ- und themenorientierte Reformstudiengang Medizin an der Charité in Berlin und 2001 das am New Pathway-Ansatz aus Harvard orientierte Heidelberger Curriculum Medicinale (HeiCuMed) – ebenfalls mit jeweils starken POL-Komponenten.

Begünstigt durch die neue Ärztliche Approbationsordnung von 2002[3] und die frühen Reformbeispiele wurden an allen Fakultäten mehrwöchige Blockpraktika durchgeführt. An vielen Fakultäten werden inzwischen praktische Fertigkeiten in eigens dafür ausgestatteten Einrichtungen simuliert und durch das Lernen am Modell vermittelt („Skills Labs"). Das Training kommunikativer Fähigkeiten wird vielerorts mit standardisierten Patienten durch Schauspieler ermöglicht, die einen Kranken simulieren. In verschiedenen Anwendungsszenarien werden darüber hinaus virtuelle Patienten eingesetzt, um das selbst gesteuerte Lernen mit Anwendungsbezug in verschiedenen Kontexten zu unterstützen.

Die seit dem 01.10.2003 geltende und 2012 und 2014 novellierte Ärztliche Approbationsordnung fordert neue Lehr- und Lernformen, die stärker als bisher auf eigenständiges Lernen und auf den Erwerb von Fertigkeiten und Fähigkeiten ausgerichtet sind. Bemerkenswert sind darüber hinaus die Änderungen bei den Prüfungen: So wurden z. B. in über 30 klinischen Fächern und fachübergreifenden Querschnittsfächern benotete Leistungsnachweise eingeführt, wobei Alternativen zu konventionellen Multiple-Choice-Prüfungen praktiziert werden sollen. Derartige Alternativen sind z. B. Modified Essay Questions (MEQ) oder Key Feature Problems (Ruderich 2003; Fischer et al. 2005) für schriftliche Prüfungen und die sog. Objective Structured

---

[2] http://de.wikipedia.org/wiki/Problemorientiertes_Lernen.

[3] http://www.gesetze-im-internet.de/_appro_2002/index.html.

Clinical Examinations (OSCE) für die Überprüfung klinisch-praktischer und kommunikativer Fertigkeiten.

4 Entwicklung von Lehr- und Lernsystemen

Die Entwicklung von CBT/WBT-Systemen erfordert die Zusammenarbeit eines interdisziplinären Teams von Medizinern, Informatikern, Curriculumsentwicklern und Kognitionspsychologen. Vor Beginn der Entwicklung sollten die Lernziele, Kompetenzen und geplanten Einsatzszenarien definiert werden (Fall et al. 2005; Kern et al. 2009). Erst danach können geeignete Interaktionsformen sowie die Architektur der Anwendung festgelegt werden.

4.1 Interaktionsformen

In Abhängigkeit von den Kompetenzen, Lernzielen und zu vermittelnden Inhalten müssen geeignete Interaktionsformen aus der nachfolgenden Auflistung gewählt werden. Konkrete Systeme können dabei bei Bedarf auch mehrere Interaktionsformen unterstützen.

Präsentation und Browsing Diese Interaktionsform eignet sich besonders für die Vermittlung von systematischem Wissen. Präsentationen sind dabei vergleichsweise einfach und schnell zu erstellen, da bestimmte Sachverhalte in linearer Reihenfolge präsentiert werden und ausgereifte Autorenwerkzeuge zur Verfügung stehen. Beispielsweise können Präsentationsfolien vertont werden (z. B. mit Microsoft PowerPoint) und als Video verfügbar gemacht werden. Eine weitere Variante sind Aufzeichnungen von Vorlesungsstunden bzw. Vorträgen, die ebenfalls als Video für die Lernenden bereitgestellt werden können. Diese Form der Interaktion hat mit dem Aufkommen der MOOCs (Massive Open Online Courses) (Reich 2015) eine merkliche Renaissance erlebt. Die „Interaktion" zwischen Lernendem und Computer beschränkt sich hier allerdings darauf, die Präsentation zu starten und zwischendurch möglicherweise die Pause-Taste zu drücken bzw. die Präsentation ein Stück zurückzuspulen. Deutlich mehr Interaktion bietet das Browsing. Hier werden die Inhalte durch die Autoren in verschiedene nicht linear angeordnete „Seiten" bzw. „Knoten" aufgeteilt. Markierungen im Text (sogenannte Hyperlinks) können dann vom Anwender gewählt werden, worauf eine Grafik, eine neue Seite usw. angezeigt wird. Durch die zur Verfügung gestellten Hypertext- bzw. Hypermedia-Funktionen wird selbstgesteuertes Lernen ermöglicht. Es ist den Lernenden selbst überlassen, ob sie einen Hypertext lediglich als „Nachschlagewerk" oder zum systematischen Lernen von Wissen verwenden möchten. Beim systematischen Lernen können sie

selbst bestimmen, in welcher Reihenfolge und wie intensiv sie die einzelnen Kapitel durcharbeiten. Dies führt allerdings häufig zur Unsicherheit darüber, ob auch tatsächlich alle relevanten Inhalte gefunden wurden. Deshalb werden Hypertexte auch teilweise um Wissenskontrollfragen ergänzt, die es ermöglichen, Wissensdefizite aufzuspüren und diese noch schließen zu können.

Virtuelles Labor Ein virtuelles Labor ist dadurch gekennzeichnet, dass ein mathematisches Modell für einen Vorgang oder Prozess in der Realität Grundlage einer entsprechenden Simulation ist. Hier ist eine Einführung der Anwender sehr wichtig, um das Modell und die Möglichkeiten zu verstehen, wie eigene Aktionen durchgeführt werden können.

Tutorieller Dialog Hier werden die Lernenden durch den Stoff „begleitet", die Software übernimmt die Rolle eines Tutors bzw. Dozenten. Sie präsentiert die Inhalte und stellt dann gelegentlich Fragen, die u. a. die Lösungsfindung erleichtern sollen. Wenn die Tutanden die Fragen nicht beantworten können, bekommen sie eine entsprechende Rückmeldung, indem beispielsweise Lösungshinweise gegeben oder aber auch bestimmte Informationen nochmals präsentiert werden, die für die richtige Beantwortung der Frage notwendig sind. Der gesamte Programmablauf wird bei tutoriellen Systemen vom Computer gesteuert. Ausgeprägte tutorielle Systeme findet man selten auf dem Markt. Verbreiteter sind Browsing-Systeme, bei denen am Ende einzelner Stoffeinheiten Fragen hinterlegt sind, die der Lernende dann beantworten muss um festzustellen, ob er den Stoff verstanden hat.

Intelligenter tutorieller Dialog Dies ist ein Spezialfall des tutoriellen Dialogs. Es werden Verfahren der Künstlichen Intelligenz (KI) genutzt, um das Benutzerverhalten, Lernverhalten, Vorkenntnisse, Vorlieben usw. zu modellieren und daraus den weiteren Programmablauf abzuleiten. Im Unterschied zu „normalen" tutoriellen Systemen ist dabei der Programmablauf aber nicht mehr fest programmiert. Die Software übernimmt meist eine beratende Funktion und greift nur bei Bedarf ein. Eine der Schwierigkeiten besteht dabei in der Wissensmodellierung. Das zu vermittelnde Wissen muss so strukturiert und verknüpft werden, dass anhand des Modells beispielsweise Fragen des Anwenders beantwortet werden können. Die „Intelligenz" eines Systems liegt darin, das Wissen in der Wissensbasis sinnvoll anzuwenden.

Virtuelle Patienten/Fallbasiertes Training Zunehmend größere Bedeutung hat in den letzten Jahren das fallbasierte Training erlangt, für das in der Literatur immer häufiger der Begriff „virtueller Patient" verwendet wird (Cook und Triola 2009; Haag und Huwendiek 2010). Bei dieser Interaktionsform wird ein virtueller Patient mit einem bestimmten Krankheitsbild vorgestellt. Orientiert an den Abschnitten Anamnese,

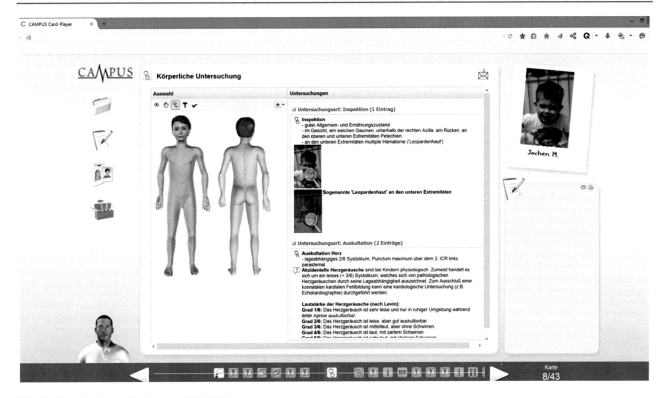

Abb. 1 Virtueller Patient im System CAMPUS

körperliche Untersuchung, technische Untersuchung, Laboruntersuchung, Diagnose und Therapie führen die Studierenden dann am Computer die „Behandlung" des Patienten durch. Es gibt eine Vielzahl von Softwaresystemen zur Entwicklung und Nutzung von virtuellen Patienten (Fischer 2000; Garde et al. 2005; Begg et al. 2007). Um Unterschiede und Gemeinsamkeiten besser beurteilen zu können, wurde von Huwendiek et al. (2009) eine Typologie erarbeitet, die in die vier Hauptkategorien Allgemeines, Lernziele und Kompetenzen, Instruktionsdesign sowie Technik unterteilt ist. Insbesondere beim Instruktionsdesign gibt es große Unterschiede bei verfügbaren virtuellen Patienten zu beobachten. So können z. B. zwei grundlegende Pfadtypen für die Navigation durch einen Fall unterschieden werden. Beim linearen Pfadtyp besteht ein Fall aus einer vordefinierten Abfolge von Schritten durch den Fall. In jedem Schritt muss der Anwender dabei Entscheidungen treffen, Fragen beantworten oder präsentierte Informationen interpretieren. Die konkrete Realisierung kann dabei auf zwei Arten erfolgen: Bei der „kartenbasierten" Variante wird der Fall durch einen Stapel hypermedialer Karten repräsentiert, die linear vom Benutzer abgearbeitet werden. Die Darstellung des virtuellen Patienten ist hier eher abstrakt und nicht so realitätsnah wie bei der „simulativen" Variante. Hier orientiert sich die Fallbearbeitung stärker an der realen Behandlung und stellt dem Studierenden nur die Information zur Verfügung, die er explizit anfordert („knowledge on demand"). Bei einem derartigen System, wie z. B. CAMPUS,[4] nehmen die Lernenden die Rolle eines Arztes ein, der einen Patienten untersuchen,

diagnostizieren und danach eine Therapie anordnen muss (Abb. 1). Da die Lernenden bei derartigen Systemen eine sehr aktive Rolle einnehmen, eignen sie sich normalerweise nur für Studierende, die sich bereits auf einer höheren Lernstufe befinden. Dies liegt daran, dass es ohne Grundkenntnisse sehr schwierig ist, Zusammenhänge zu erkennen und sinnvolle Aktionen zu starten. Kartenbasierte Systeme wie z. B. CASUS[5] bieten hingegen die Möglichkeit, virtuelle Patienten auch bereits in sehr frühen Stadien des Studiums oder zur schnellen Wiederholung von Lernstoff einzusetzen, da der Fallautor durch den Einsatz der Kartenmetapher einen maximalen Freiheitsgrad bei der Gestaltung der Karten besitzt und so beispielsweise auch leicht Grundlagenwissen in die Fallpräsentation integrieren kann.

Im Unterschied zum linearen Pfadtyp sind beim verzweigten Pfadtyp, wie er beispielsweise bei OpenLabyrinth[6] realisiert ist, mehrere Pfade durch einen Lernfall möglich. Auch Pfade, die in einer Sackgasse enden, können erstellt werden. Dadurch können Fallautoren beispielsweise die Konsequenzen von falschen Entscheidungen realitätsnah abbilden. Allerdings steigt hierdurch der Aufwand für die Erstellung eines virtuellen Patienten gegenüber dem linearen Pfadtyp deutlich an.

---

[4] http://www.virtuelle-patienten.de.

[5] http://www.casus.eu.

[6] http://labyrinth.mvm.ed.ac.uk/.

Generell ist der Aufwand für die Aufbereitung von medizinischen Kasuistiken in der Regel hoch, insbesondere wenn noch entsprechende Vokabulare angelegt bzw. gepflegt werden müssen. Er kann allerdings durch die Nutzung von leistungsfähigen Autorensystemen (Abschn. 4.3) wesentlich gesenkt werden.

4.2 Architekturen von Lehr- und Lernsystemen

Es gibt zwei grundsätzlich verschiedene Programmtypen bei Lehr- und Lernsystemen:

1. „Konventionelle" CBT-Systeme:
   Sie müssen vor der Nutzung auf dem Computer des Anwenders bzw. dessen Tablet oder Smartphone als App installiert werden. Für die Funktionsfähigkeit der Anwendung ist kein Netz- bzw. Internetzugang erforderlich. Für die Programmierung werden klassische Programmiersprachen wie z. B. Java eingesetzt werden, es gibt aber auch spezielle Autorenwerkzeuge, mit deren Hilfe multimediale Lehr- und Lernsoftware entwickelt werden kann (Abschn. 4.3).
2. WBT-Systeme:
   Sie basieren – im Unterschied zu den „konventionellen" CBT-Systemen – auf Internetbasistechnologien wie HTML, JavaScript usw. und besitzen i. d. R. eine Clientserver-Architektur. Während ein Teil der Anwendung auf dem Rechner des Nutzers (dem Client) läuft, läuft ein anderer Teil auf einem zentralen Server. Daraus ergeben sich verschiedene Architekturtypen (Haag et al. 1999). Bei der Konzeption müssen die jeweiligen Vor- und Nachteile dieser Architekturen berücksichtigt werden.

WBT-Systeme sind oft aufwendiger in der Erstellung als konventionelle CBT-Systeme, bieten aber gegenüber diesen viele Vorteile. So müssen sie z. B. nicht installiert werden und sind i. d. R. plattformunabhängig, d. h. sie laufen nicht nur z. B. auf Windows-PCs sondern auch auf anderen Betriebssystemplattformen und sogar auf Tablets, sofern bei der Konzeption der Benutzeroberfläche die Besonderheiten von Touch-Oberflächen berücksichtigt wurden. In diesem Zusammenhang finden in letzter Zeit Ansätze des „Responsive Webdesigns" zunehmende Verbreitung (Schmucker et al. 2014). Dadurch wird gewährleistet, dass sich die Anwendungen an die sehr unterschiedlichen Bildschirmgrößen und Auflösungen anpassen und gut nutzbar sind. WBT-Systeme können plattform-, orts- und zeitunabhängig genutzt werden und fördern damit flexibles und selbstbestimmtes Lernen. Aufgrund der genannten Vorteile überwiegen heute bei Neuentwicklungen WBT-Systeme.

4.3 Autorensysteme

Die Erstellung von E-Learning-Inhalten wird durch die Nutzung von leistungsfähigen Autorensystemen wesentlich erleichtert und ist auch für Mediziner ohne fundierte EDV-Kenntnisse ohne Schwierigkeiten machbar. Die zugrunde liegenden Ansätze der Autorenwerkzeuge unterscheiden sich dabei erheblich. Werkzeuge wie Toolbook von Sumtotal[7] verwenden eine Buch-Metapher. Damit können multimediale (Buch-)Seiten erstellt werden, die über Links miteinander verbunden werden können. Andere verbreitete Autorensysteme setzen auf eine Film-Metapher, wie z. B. Macromedia Director.[8] Hier übernimmt der Autor die Rolle des Regisseurs, der seine handelnden Objekte auf einer Bühne erscheinen und wieder verschwinden lassen kann. Solche Autorensysteme eignen sich besonders gut für die Erstellung von Animationen. Einen weiteren sehr interessanten Ansatz stellen Autorenwerkzeuge dar, die es ermöglichen z. B. mit Microsoft PowerPoint erstellte Präsentationen mit interaktiven Elementen und Fragen anzureichern. Ein weit verbreitetes Beispiel für diese Art von Autorensystem stellt Articulate Studio[9] dar. Neben den genannten generalisierten Autorensystemen gibt es domänenspezifische Autorenwerkzeuge, z. B. speziell zur Erstellung von virtuellen Patienten für die Aus-, Fort- und Weiterbildung in der Humanmedizin. Es hat sich allerdings gezeigt, dass es trotz einfach zu bedienender Autorensysteme oft schwierig ist, Autoren zur Erstellung virtueller Patienten zu finden. Ein Ausweg besteht darin, dass z. B. ein Oberarzt als Fallautor fungiert, die Fallaufbereitung aber einem „Case Engineer" (Abb. 2) überträgt und schließlich den aufbereiteten Fall abnimmt. Case Engineers sind typischerweise Medizinstudierende bzw. Ärzte in der Ausbildung.

5 Lernumgebungen

5.1 Funktionalität von Lernumgebungen

In den letzten Jahren haben sich fakultäts- bzw. hochschulweit Lernumgebungen bzw. Lernplattformen (Learning-Management-Systeme, LMS) etabliert.

Im Unterschied zu bloßen Kollektionen von Lehrskripten oder Hypertext-Sammlungen auf Web-Servern verfügt ein LMS im Allgemeinen über folgende Funktionen (nach Schulmeister 2003):

---

[7] http://tb.sumtotalsystems.com.
[8] http://www.adobe.com/de/products/director.
[9] https://de.articulate.com/products/studio.php.

Abb. 2 Rollen bei
CBT/WBT-Systemen

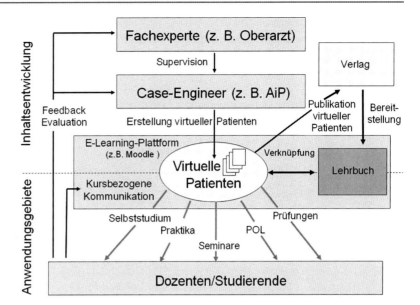

- eine Benutzerverwaltung (Anmeldung mit Verschlüsselung),
- ein Kursmanagement, über das Studierende Kurse buchen
  und belegen können,
- eine Lernplattform für die Bereitstellung von Lernobjekten (Texte, Slide-Shows, CBT- bzw. WBT-Einheiten) und
  Werkzeugen für das Lernen (Notizbuch, Kalender etc.),
- Autorenwerkzeuge, mit denen Dozenten Inhaltsunterlagen
  für das Netz entwickeln können, ohne über viel Wissen
  bezüglich HTML und Internet zu verfügen,
- Komponenten für kooperatives Arbeiten im Netz (Computer Supported Cooperative Work, CSCW),
- gemeinsame Datenbanken und Repositories,
- eine Rollen- und Rechtevergabe mit differenzierten Rechten und
- Funktionen zur Online-Evaluation und Durchführung von
  Online-Prüfungen.

Es gibt eine große Anzahl von LMS-Systemen am Markt.
Neben kommerziellen Systemen sind auch Open-Source-
Systeme verfügbar, die insbesondere aus Kostengründen
attraktiv sind. Die Auswahl eines LMS ist für eine Hochschule von großer Tragweite und keine triviale Aufgabe. So
muss darauf geachtet werden, dass das gewählte LMS die
benötigte Funktionalität und erforderliche Performance aufweist und gleichzeitig die Lizenz- und Betriebskosten sowie
der Aufwand für die Einarbeitung von Dozenten und Studierenden in die Handhabung des LMS möglichst gering sind.

Bei der Integration eines verfügbaren CBT/WBT-Systems
in ein LMS ist als unverzichtbare Anforderung die Funktion
zu realisieren, dass der Anwender nach dem Einloggen in das
LMS auch das CBT/WBT-System nutzen kann, ohne sich
erneut authentifizieren zu müssen („Single-Sign On"). Wei-

terhin sollte der Bearbeitungsstand zu einer Lerneinheit durch
das LMS registriert werden können, damit z. B. die Lerneinheit später fortgesetzt werden kann.

5.2   Interoperabilität, Standards

Die Integration eines CBT/WBT-Systems in ein LMS wird
wesentlich vereinfacht, wenn das LMS über standardisierte
Schnittstellen verfügt, welche die Interoperabilität zwischen
verschiedenen Systemen und die Wiederverwendbarkeit von
Lernobjekten unterstützen. Besondere Relevanz hat hier der
SCORM-Standard (Sharable Courseware Object Reference
Model)[10] der Advanced Distributed Learning Initiative
(ADL) des DoD (Department of Defense). SCORM ist ein
Referenzmodell für Web-basierte austauschbare Lerninhalte
mit der Zielsetzung wiederverwendbarer, identifizierbarer,
interoperabler und persistent gespeicherter Lernobjekte und
Kurse. Diese Zielsetzung soll u. a. durch die Spezifikation
von Metadaten erreicht werden, mit denen aus Lernobjekten
bestehende Lerneinheiten ausgezeichnet werden, die dann als
SCORM-Pakete abgespeichert werden und über die Metadaten wieder identifiziert werden können. Es sei erwähnt, dass
Standards wie SCORM im Hinblick auf die potenzielle
Gefahr der Bürokratie bisweilen auch kritisch betrachtet werden: Die Dokumentation zu SCORM umfasst mehr als
800 Seiten und ist entsprechend schwer zu überblicken.

Im Bereich der virtuellen Patienten vereinfacht die Medbiquitous Virtual Patient (MVP)[11] Specification (Smothers

---

[10] http://adlnet.gov/adl-research/scorm/scorm-2004-4th-edition/.
[11] http://www.medbiq.org/std_specs/standards/index.html#MVP.

et al. 2010) den Austausch und die Nutzung von virtuellen Patienten über Einrichtungsgrenzen hinweg deutlich. Dies haben Erfahrungen mit dem neuen Standard gezeigt.

6 Anwendungsszenarien von Lehr- und Lernsystemen

Lehr- und Lernsysteme können in vielfältiger Weise eingesetzt werden (Abb. 2). In den meisten Hochschulen steht eine Auswahl von Programmen in den Computerpools bzw. Medienzentren für das Selbststudium zur Verfügung. Webbasierte Systeme können von den Studierenden häufig darüber hinaus über das Internet am heimischen Computer genutzt werden. In letzter Zeit hat sich der Trend zu Blended-Learning-Konzepten weiter verstärkt (z. B. Karsten et al. 2009). Hier werden Lehr- und Lernsysteme verpflichtend in die Lehrveranstaltungen integriert. Der „Inverted Classroom"-Ansatz hat sich in diesem Zusammenhang als vielversprechende Variante des Blended Learning etabliert. Dabei wird die Wissensvermittlung fast vollständig von den Lernern online vor der eigentlichen Präsenzlehrveranstaltung erarbeitet. Dafür stehen umfangreiche Lehrmaterialien typischerweise in einem Lernmanagementsystem zur Verfügung, die in der Regel auch eine ganze Reihe von abzuarbeitenden Aufgaben und Selbstüberprüfungsmöglichkeiten enthalten. Dazu kann u. a. auch die Bearbeitung von virtuellen Patienten gehören.

Ein weiteres Anwendungsszenario stellen computerbasierte Prüfungen dar. Dieses Szenario ist insbesondere im Hinblick auf die Belastung der Fakultäten durch die oben erwähnten über 30 benoteten Leistungsnachweise von großem Interesse. Computerbasierte Prüfungen, z. B. mit dem Key-Feature-Ansatz, können dazu beitragen, valide und reliable Prüfungen mit vertretbarem Ressourceneinsatz durchzuführen. Auf besonderes Interesse stoßen bei den Medizinern Überlegungen, neben summativen auch formative Prüfungen mithilfe von virtuellen Patienten durchführen zu können.

Generell sei im Zusammenhang mit computerbasierten Prüfungen allerdings auch auf die technischen und rechtlichen Risiken hingewiesen, die z. B. browserbasierte und Client/Server-basierte Prüfungssysteme häufig mit sich bringen (Heid et al. 2004). Bei der Entwicklung ist deshalb diesen Aspekten besondere Aufmerksamkeit zu widmen.

Lehr- und Lernsysteme werden schließlich im Bereich der ärztlichen Fort- und Weiterbildung eingesetzt, da hier eine längere Präsenzzeit in Schulungseinrichtungen häufig nicht gewünscht oder nicht machbar ist. Unterstützend wirkt in Deutschland die Einführung einer Fortbildungspflicht im Rahmen des Gesundheitsmodernisierungsgesetzes (GMG). Allerdings gibt es eine Vielzahl von Fortbildungsangeboten, die teilweise aufgrund der Unterstützung durch medizinische Fachverlage, medizinische Fachgesellschaften oder der Pharmaindustrie kostenlos verfügbar sind.[12] Dies steht wiederum der Verbreitung von Lehr- und Lernsystemen entgegen, sofern diese kostenpflichtig angeboten werden.

7 Status und Perspektiven von E-Learning in der Medizin

7.1 Informationssysteme zu CBT/WBT in der Medizin und Qualitätskriterien

Das Angebot von CBT/WBT-Systemen in der Medizin ist sehr umfangreich, wie eine Recherche über spezielle Informationssysteme zeigt: KELDAmed[13] an der Universität Mannheim weist z. B. über 1100 Lernobjekte nach. Der Learning Resource Server Medizin der Universität Essen[14] ermöglicht die Recherche nach derzeit ca. 1800 kostenfreien, Web-basierten Lernobjekten. Ein Problem derartiger Informationssysteme stellt die Aktualität der zugrunde liegenden Datenbank dar. Schwierigkeiten kann auch die objektive Bewertung der angebotenen Systeme machen. Hilfreich kann hier die DIN PAS 1032-1[15] sein, die unter anderem umfangreiche Qualitätskriterien zur Bewertung von E-Learning-Angeboten enthält. Weniger umfangreich und deshalb in der Praxis besser nutzbar sind die „Qualitätskriterien eLearning der Bundesärztekammer",[16] bei deren Erstellung u. a. die PAS 1032-1 Berücksichtigung gefunden hat.

7.2 Nutzung von CBT/WBT-Systemen in der Medizin und das Problem der curricularen Integration

Verfügbare CBT/WBT-Systeme werden nach Erfahrungen an verschiedenen Hochschulen nur von ca. 5 % der Medizinstudierenden tatsächlich genutzt, sofern diese ein freiwilliges Zusatzangebot darstellen. Die Frage ist in diesem Zusammenhang, wie weit die Ergebnisse einer Studie an der Universität Bern aus dem Jahr 2000 heute noch gelten: Über 75 % der Befragten ziehen es danach vor, ohne Computer zu lernen; 90 % der Studierenden lernen vorwiegend mit Printmedien. Eine Studie der LMU München zeigt, dass fast alle Studierenden die angebotenen CASUS-Lernfälle vollständig bearbeitet haben, soweit die Bearbeitung mit der Vergabe von

---

[12] http://www.cme-test.de/.

[13] http://www.ma.uni-heidelberg.de/apps/bibl/KELDAmed/.

[14] http://www.lrsmed.de/.

[15] http://www.beuth.de/de/technische-regel/pas-1032-1/71254176.

[16] http://www.bundesaerztekammer.de/downloads/KritELearningV9.pdf.

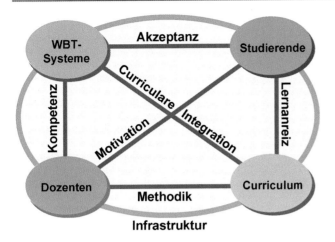

Abb. 3   Abhängigkeiten beim Einsatz von E-Learning

Credit Points honoriert wurde und für die Studierenden somit prüfungsrelevant war. Wurden keine Credit Points vergeben, nutzten nur etwa 10 % der Studierenden die Lernfälle. Für den Erfolg von CBT/WBT-Systemen ist also die curriculare Integration von großer Bedeutung. Die Akzeptanzerhöhung sowohl bei den Studierenden als auch bei den Lehrenden wird auch in Zukunft eine zentrale Aufgabe darstellen (Riedel 2003). Eine erfolgreiche curriculare Integration hängt insbesondere von einer geeigneten Kombination der CBT/WBT-Systeme mit Präsenzveranstaltungen und Prüfungen ab (Hege et al. 2007; Fischer et al. 2008). Unter diesen Voraussetzungen werden die Systeme von der weit überwiegenden Zahl der Studierenden akzeptiert und intensiv genutzt.

Ein Grund für die mangelnde Akzeptanz der Systeme liegt häufig darin begründet, dass die mit der Entwicklung und Anwendung von CBT/WBT-Systemen verbundenen Risiken nicht hinreichend berücksichtigt werden. Neben den technischen Risiken bei einer Systementwicklung (Frage: „Are we building the product right?") ist insbesondere das Applikationsrisiko (Frage: „Are we building the right product?") zu beachten. Das Applikationsrisiko besteht darin, dass u. U. Systeme entwickelt werden, für die seitens der Anwender kein echter Bedarf besteht. Fehlende Souveränität der Dozenten im Umgang mit den Systemen und fehlende Identifikation mit den Systemen verhindern darüber hinaus die Motivation der Studierenden und die Akzeptanz der Systeme auf studentischer Seite. Zu berücksichtigen ist dabei, dass die Arbeitsbelastung insbesondere der klinisch tätigen Dozenten außerordentlich hoch ist. Eine zentrale Frage lautet deshalb: Wie kann man das Engagement von Ärzten für innovative Lehre fördern bzw. honorieren? In diesem Zusammenhang sind etablierte Dozentenschulungen zu nennen, wie sie seit Jahren an verschiedenen Universitäten durchgeführt werden. Auch die Weiterbildung zum „Master of Medical Education"[17]

gewinnt zunehmend an Bedeutung. Nach derartigen Qualifikationsmaßnahmen verfügen Dozenten dann auch über die erforderlichen methodischen Voraussetzungen für die Integration von CBT/WBT-Systemen in das Curriculum (Abb. 3).

Curriculare Integration gelingt nur, wenn die Systeme für die Studierenden einen Lernanreiz besitzen, z. B., indem die Vorbereitung auf die Prüfungen im Rahmen der fakultätsinternen Leistungsnachweise mithilfe der CBT/WBT-Systeme erfolgen kann (Ruderich 2003).

Eine Möglichkeit, die Nachhaltigkeit zu verbessern, besteht darin, die positiven Erfahrungen aus den bisherigen überregionalen Kooperationen fortzusetzen. Dazu zählt auch die Einrichtung von Kompetenzzentren zur medizinischen Lehre, u. a. zu den Themen E-Learning und Prüfungen, in Baden-Württemberg und Bayern, die über die Grenzen der jeweiligen Bundesländer hinaus zur Qualifizierung von Dozenten und zur nachhaltigen überfakultären Vernetzung beitragen.

Nur wenn die Probleme der curricularen Integration gelöst sind, ist die Vision der Flexibilisierung des Studiums, der Kostenreduktion und der Verbesserung der Qualität durch den Einsatz von CBT/WBT in der Medizinerausbildung zukünftig möglich. Ein nationaler Lernzielkatalog konnte erfreulicherweise nach langen und intensiven Diskussionen 2015 verabschiedet werden.[18] Hierdurch ergeben sich hoffentlich weitere Impulse für die überregionale langfristige Etablierung von CBT/WBT-Systemen in der medizinischen Ausbildung.

8   Forschungsbedarf und Perspektiven

Im viel beachteten und jährlich veröffentlichten „NMC Horizon Report: Higher Education Edition"[19] des „The New Media Consortiums" werden jährlich die wichtigsten lehr- und lerntechnologischen Entwicklungen im Hochschulbereich vorgestellt. Die jeweils vorgestellten Entwicklungen haben auch Auswirkungen auf die medizinische Ausbildung, und exemplarisch sollen zwei Entwicklungen kurz skizziert werden. 3D-Drucker stellen eine Entwicklung dar, die in bestimmten medizinischen Fächern, beispielsweise in der Chirurgie zur Operationsvorbereitung, sehr sinnvoll und gewinnbringend eingesetzt werden können. Fachübergreifend von Nutzen sind Ansätze im Bereich „Learning Analytics". Hier werden die vielfältig vorhandenen Daten von und über Lernende mit dem Ziel ausgewertet, die Lernprozesse wirkungsvoll zu unterstützen und damit den Lehr- und Lernerfolg zu verbessern. Durch die neuen Entwicklungen ergibt sich Forschungsbedarf um beispielsweise zu eruieren, wie neue Technologien am besten in die Aus-, Fort- und

---

[17] http://www.mme-de.de/.

[18] http://www.nklm.de/.

[19] http://www.mmkh.de/fileadmin/dokumente/Publikationen/2015-nmc-horizon-report-HE-DE.pdf.

Weiterbildung integriert werden können und ob sich ein echter Nutzen im Sinne einer Verbesserung der Ausbildungsqualität ergibt. Obwohl viele technische Herausforderungen bei der Entwicklung von CBT/WBT-Systemen in den letzten Jahren zufriedenstellend gelöst werden konnten, bleiben auf dem Gebiet der Interoperabilität und Standards weiterhin wichtige Betätigungsfelder, um den Austausch und die technische Integration von aufwendig erstellten Inhalten über Hochschulgrenzen hinweg zu erleichtern.

Der derzeitige Forschungsstand legt nahe, dass E-Learning und traditionelle Unterrichtsmethoden in der Medizin ähnlich effektiv sind (Cook et al. 2008). Es konnte klar gezeigt werden, dass CBT/WBT-Systeme Vorteile bei der standardisierten Bereitstellung von Unterrichtsmaterialien und bei der Kommunikation zwischen Lehrenden und Lernenden bieten (Valcke und De Wever 2006). Methodisch sind die Studien zum Vergleich von E-Learning und beispielsweise Präsenzunterricht aber problematisch, weil eine Kontrolle verzerrender Einflussfaktoren unter realen Lernbedingungen im Feld schwierig ist. Außerdem werden Unterrichtsangebote verglichen, die sich in vielen Aspekten unterscheiden und im Sinne des Blended Learning besser aufeinander abgestimmt angeboten werden könnten. In vielen Studien wurden in den letzten Jahren E-Learning-Angebote eingeführt und mit einer Kontrollgruppe verglichen, die kein Lernangebot erhielt. Es überrascht nicht, dass die E-Learning-Intervention besser war als nichts. Diese Art von Studien steht unter einem Trivialitätsverdacht und ist inzwischen in aller Regel verzichtbar. Es geht ja in der Unterrichtspraxis nicht um ein Entweder-oder (Clark 2002).

Die Nutzung des Internets ist längst Bestandteil des alltäglichen Verhaltens in vielen Lebensbereichen geworden – inklusive der Lehre. CBT/WBT-Systeme zu nutzen ist inzwischen an fast allen akademischen Institutionen eine Selbstverständlichkeit geworden. Zukünftig wären Studien zu wünschen, die unterschiedliche E-Learning-Integrationskonzepte miteinander vergleichen. Es ist nämlich bisher noch unklar, was eigentlich die spezifischen Stärken und Schwächen von E-Learning-Angeboten in verschiedenen edukativen Kontexten ist (Valcke und de Wever 2006; Cook 2009). Eine stärkere Theoriefundierung zukünftiger Studien wäre wünschenswert. Hierzu ist eine intensivere Zusammenarbeit zwischen Medizinern, Erziehungswissenschaftlern und Psychologen erforderlich. Zu Fragen der Grundlagen des fallbasierten Lernens, der klinischen Entscheidungsfindung, des kooperativen Lernens in Gruppen und des interprofessionellen Lernens ergibt sich eine Fülle von Forschungsfragen. Außerdem sollte die Entwicklung innovativer computergestützter formativer und summativer Prüfungsformate im Fokus weiterer Forschungsbemühungen stehen. Hierbei könnte auch die Unterstützung arbeitsplatzbezogener Evaluationsmethoden eine zunehmende Bedeutung erlangen.

Literatur

Begg M, Ellaway R, Dewhurst D, McLeod H (2007) Transforming professional healthcare narratives into structured game-informed-learning activities. Innovate 3(6). http://www.innovateonline.info/index.php?view=article&id=419

Bodendorf F (1990) Computer in der fachlichen und universitären Ausbildung. Oldenbourg, München

Brown J, Collins A, Duguid P (1989) Situated cognition and the culture of learning. Educ Res 18(1):32–42

Clark D (2002) Psychological myths in e-learning. Med Teach 24:598–604

Collins A, Brown J, Newman S (1989) Cognitive apprenticeship: Teaching the craft of reading, writing, and mathematics. In: Resnick L (Hrsg) Knowing, learning, and instruction: Essays in honor of robert glaser. Lawrence Erlbaum, Hillsdale

Cook DA (2009) The failure of e-learning research to inform educational practice, and what we can do about it. Med Teach 31(2):158–162

Cook DA, Triola MM (2009) Virtual patients: a critical literature review and proposed next steps. Med Educ 43(4):303–311

Cook DA, Levinson AJ, Garside S et al (2008) Internet-based learning in the health professions. JAMA 300(10):1181–1196

Ellaway R, Masters K (2008) AMEE guide 32: e-learning in medical education Part 1: learning, teaching and assessment. Med Teach 30(5):455–473. doi:10.1080/01421590802108331

Encarnação J, Leidhold W, Reuter A (2000) Szenario: Die Universität im Jahre 2005. Informatik-Spektrum 23(4):264–270

Fall LH, Berman NB, Smith S, White CB, Woodhead JC, Olson AL (2005) Multi-institutional development and utilization of a computer-assisted learning program for the pediatrics clerkship: The CLIPP project. Acad Med 80(9):847–855

Fischer MR (2000) CASUS – an authoring and learing tool supporting diagnostic reasoning. Z Hochschuldidaktik 1:87–98

Fischer MR, Kopp V, Holzer M, Ruderich F, Jünger J (2005) A modified electronic key feature examination for undergraduate medical students: validation threats and opportunities. Med Teach 27:450–455

Fischer MR, Hege I, Hörnlein A, Puppe F, Tönshoff B, Huwendiek S (2008) Virtuelle Patienten in der medizinischen Ausbildung: Vergleich verschiedener Strategien zur curricularen Integration. ZEFQ 102(10):648–653

Garde S, Bauch M, Haag M, Heid J, Huwendiek S, Ruderich F et al (2005) CAMPUS – computer-based training in medicine as part of a problem-oriented educational strategy. Stud Learn Eval Innov Dev 2(1):10–19

Haag M, Huwendiek S (2010) The virtual patient for education and training: A critical review of the literature. It 52(5):281–287

Haag M, Maylein L, Leven FJ, Tönshoff B, Haux R (1999) Web-based training: A new paradigm in computer-assisted instruction in medicine. Int J Med Inform 53:79–90

Hege I, Kopp V, Adler M, Radon K, Mäsch G, Lyon H, Fischer MR (2007) Experiences with different integration strategies of case-based e-learning. Med Teach 29(8):791–797

Heid J, Bauch M, Haag M, Leven FJ, Martsfeld I, Ruderich F, Singer R (2004) Computerunterstützte Prüfungen in der medizinischen Ausbildung. In: Pöppl J, Bernauer M, Fischer M, Handels H, Klar R, Leven FJ et al (Hrsg) Rechnergestützte Lehr- und Lernsysteme in der Medizin. Shaker-Verlag, Aachen, S 213–218

Huwendiek S, de Leng B, Zary N, Fischer MR, Ruiz JG, Ellaway R (2009) Towards a typology of virtual patients. Med Teach 31(8):743–748

Karsten G, Kopp V, Brüchner K, Fischer MR (2009) Blended Learning zur integrierten und standardisierten Vermittlung klinischer Untersuchungstechniken: Das KliFO-Projekt. GMS Z Med Ausbild 26(1): Doc 10

Kern ED, Thomas PA, Hughes MT (Hrsg) (2009) Curriculum development for medical education: A six-step approach. Johns Hopkins University Press, Baltimore

Moehr J (1990) Computerunterstützter Unterricht in Kanada und den USA. In: Baur MP, Michaelis J (Hrsg) Computer in der Ärzteausbildung. Oldenbourg, München, S 31–50

Putz R, Christ F, Mandl H, Bruckmoser S, Fischer MR, Peter K, Moore G (1999) Das Münchner Modell des Medizinstudiums (München-Harvard Educational Alliance). Med Ausbild 16:30–37

Reich J (2015) Education research. Rebooting MOOC research. Science 347(6217):34–35. doi:10.1126/science.1261627

Riedel J (2003) Integration studentenzentrierter fallbasierter Lehr- und Lernsysteme in reformierten Medizinstudiengängen. Dissertation, Universität Heidelberg

Ruderich F (2003) Computerunterstützte Prüfungen in der medizinischen Ausbildung nach der neuen Approbationsordnung. Diplomarbeit im Studiengang Medizinische Informatik Universität Heidelberg/Fachhochschule Heilbronn. www.virtuelle-patienten.de/>Publikationen

Schaller K, Wodraschke G (Hrsg) (1969) Information und Kommunikation. Ein Repetitorium zur Unterrichtslehre und Lerntheorie. Leibnitz-Verlag, Hamburg

Schmucker M, Heid J, Haag M (2014) Development of an accommodative smartphone app for medical guidelines in pediatric emergencies. Stud Health Technol Inform 198:87–92

Schulmeister R (2003) Lernplattformen für das virtuelle Lernen. Oldenbourg, München

Smothers V, Azan B, Ellaway R (2010) MedBiquitous virtual patient specifications and description document version 0.61. http://www.medbiq.org/working_groups/virtual_patient/VirtualPatientDataSpecification.pdf

Spiro RJ, Coulson RJ, Feltovich PJ, Anderson DJ (1989) Cognitive flexibility theory. Advanced knowledge acquisition in ill-structured domains. Erlbaum, Hillsdale

Steinmetz R (2005) Multimedia Technologie – Grundlagen, Komponenten und Systeme. Springer, Berlin

Valcke M, De Wever B (2006) Information and communication technologies in higher education: Evidence-based practices in medical education. Med Teach 28(1):40–48

Aktueller Stand und Entwicklung robotergestützter Chirurgie

9

Bernhard Kübler und Ulrich Seibold

Inhalt

B. Kübler (✉) · U. Seibold
Institut für Robotik und Mechatronik, Deutsches Zentrum für Luft- und Raumfahrt e.V., Weßling-Oberpfaffenhofen, Deutschland
E-Mail: author@noreply.com

© Springer-Verlag GmbH Deutschland 2017
R. Kramme (Hrsg.), *Informationsmanagement und Kommunikation in der Medizin*,
DOI 10.1007/978-3-662-48778-5_51

1   Einleitung

Vielfältige Gründe sprechen für einen Einsatz von Robotern in der Medizin – speziell der Chirurgie. Die Datenbank MERODA[1] listet über 400 robotische Projekte mit breitem medizinischen Hintergrund, neben der Chirurgie (ob minimal invasiv oder konservativ) auch z. B. in den Bereichen Rehabilitation, Radiochirurgie oder Bildgebung.

Unter dem Begriff Chirurgieroboter werden im Allgemeinen Systeme mit direktem interventionellen Kontakt zu Patienten zusammengefasst, jedoch nicht nur – wie es im robotertechnischen Sinne korrekt wäre – programmgesteuerte Systeme, sondern auch Telemanipulatoren.[2]

Die Ursprünge der Chirurgierobotik gehen zurück in den Anfang der 1980er-Jahre, als vor allem Telemanipulationssysteme und die Verwendung von Industrierobotern für medizinische Applikationen erforscht wurden. Die Telemanipulationstechnologie, die in der Nuklear- und Biotechnik große Bedeutung erlangt hatte, fand in medizinischen Szenarien des amerikanischen Militärs Anwendung. Getrieben wurden diese Forschungen durch den Wunsch, Soldaten nahe dem Gefechtsfeld chirurgisch erstzuversorgen, ohne dabei die Ärzte der Gefechtssituation auszusetzen. Diese sollten von einem zurückgelagerten Ort aus die Soldaten mittels ferngesteuerter Roboter behandeln. Im Vergleich dazu ist der Einsatz von Industrierobotern in der Orthochirurgie hauptsächlich getrieben durch den Wunsch nach höchstmöglicher geometrischer Präzision bei der Zerspanung von knöchernem Gewebe.

---

[1] http://www.meroda.uni-hd.de (Medical Robotics Database).

[2] Roboter im engeren Sinne sind reprogrammierbare, multifunktionale Systeme, die eine vorher definierte Bahn bzw. vorprogrammierte Aktion ohne Benutzereingriff selbstständig immer wieder gleichförmig abarbeiten. Eine Änderung ist nur durch Neudefinition der Aufgabe oder neues Einlernen (Teachen) des Roboters möglich.

Ist hingegen der Mensch der Handelnde, der das System führt bzw. fernsteuert, so spricht man im robotertechnischen Sinn von einem Telemanipulationssystem, vgl. hierzu EN ISO 8373.

Die heutige Situation in der medizinischen Robotik ist wesentlich heterogener, da für nahezu alle relevanten Chirurgieszenarien zumindest prototypische Systeme entwickelt worden sind. Eine Einteilung der Systeme fällt demzufolge schwer, auch weil die Mehrzahl der Systeme sowohl hinsichtlich ihrer medizinischen Applikation als auch des verwendeten Robotertyps zum Teil enge Nischen besetzen. Um eine bessere Übersicht der chirurgischen Robotik zu geben, wurden in der Vergangenheit eine Vielzahl von Unterscheidungskriterien vorgeschlagen. Einteilung nach chirurgischem Anwendungsgebiet, Autonomiegrad oder Kinematik des Manipulators sind nur einige Beispiele. Die in Abschn. 2 beispielhaft vorgestellten marktrelevanten Systeme werden ihren unterschiedlichen Anwendungsfeldern zugeordnet, insbesondere der robotergestützten minimal invasiven Chirurgie, Assistenzsystemen zum Führen von Kamera und Instrumenten sowie der Orthochirurgie.

Grundsätzlich ist die Chirurgierobotik nicht unter allen Umständen einzusetzen: Neben der Bedingung, dass Behandlungsqualität und -sicherheit für Patient und Arzt auf vergleichbarem oder besserem Niveau bleiben müssen als die konventionelle Therapie, ist die Roboterunterstützung mit erheblichen Kosten verbunden. Die Technik kann eine deutliche Vereinfachung des minimal invasiven chirurgischen Handwerks darstellen, es wäre aber übertrieben, sie bei Operationen mit überschaubaren Anforderungen an die handwerklichen Fähigkeiten des Chirurgen einzusetzen. Es gilt hier, ein gewisses Augenmaß zu behalten.

Die Vorteile der minimal invasiven Chirurgie auf Patientenseite – hier sind vor allem das geringere chirurgische Trauma und die damit verbundenen Effekte zu nennen – können mittlerweile als akzeptiert gelten. Nichtsdestoweniger stehen diesen Vorteilen nicht unerhebliche Nachteile auf Chirurgenseite gegenüber, die aus der Instrumentenhandhabung herrühren. Nutzung robotischer Unterstützung kann zwar die Handhabungsnachteile weithin kompensieren und damit auch hochmanipulabilen, bislang der offenen Chirurgie vorbehaltenen Operationen den minimal invasiven Weg ebnen, jedoch sind Anschaffungs- und Unterhaltskosten, prolongierte Operationszeit oder fehlendes haptisches Feedback als Nachteile der Robotertechnik zu nennen. In der Orthochirurgie ist die verbesserte geometrische Präzision im Vergleich auch zur geübten Hand weitgehend unbestritten, im Falle der Hüftchirurgie sind die Zugangswege und deren Invasivität jedoch nach wie vor Gegenstand von Diskussionen.

Es hat sich in diesem Zusammenhang über die vergangenen 20 Jahre gezeigt, dass hochspezialisierte Systeme weniger gut am Markt bestehen können, als vielseitig einsetzbare. Dies ist beispielsweise mit der Amortisation begründbar: Speziell in mittleren bis kleinen Häusern – eine insgesamt gesehen große Zahl von Anwendern – sind die Systeme mit nur einem Operationstyp nicht ausgelastet.

2 Beispiele zu marktrelevanten Systemen

Die beispielhaft vorgestellten Systeme sollen einen Einblick aktuell am Markt befindlicher technischer Prinzipe geben, anhand deren Merkmale eingeschätzt werden kann, welche Systemarchitekturen derzeit Akzeptanz finden. Auf einige konstruktive Merkmale wird hingewiesen. Grundsätzlich sind jedoch bezüglich des Bestehens am Markt auch länderspezifische Unterschiede, z. B. der Gesundheitsversorgung und deren Finanzierung, zu berücksichtigen, auf die hier nicht eingegangen wird.

2.1 Telepräsenzsysteme in der minimal invasiven Chirurgie

Seit Beginn der 1990er-Jahre wurden weltweit über 35 chirurgische Robotiksysteme entwickelt, die in ihrer Grundkonzeption ähnlich sind: Sie bestehen jeweils aus einer Eingabeeinheit für den Chirurgen und einer aktiven Telemanipulationseinheit mit mehreren Armen, die mit minimal invasiven chirurgischen Instrumenten bzw. einem Endoskop ausgestattet sind und letztere direkten Patientenkontakt haben. In der Realisierung gibt es aber teilweise erhebliche Unterschiede. Der Autonomiegrad dieser Systeme ist sehr gering, da die Handbewegung des operierenden Chirurgen praktisch direkt und zeitgleich an den Teleoperator übertragen werden.

In der robotergestützten wie in der konventionellen minimal invasiven Chirurgie muss die Durchtrittsstelle der Instrumente durch die Körperoberfläche als invariant betrachtet werden, d. h., zwei translatorische Freiheitsgrade sind an dieser Stelle gebunden. Kinematisch ist dieser *invariante Punkt* deshalb als elastische, kardanische Lagerung zu betrachten. Der endoskopische Instrumentenschaft kann demzufolge bezüglich der Durchtrittsstelle rotatorisch um seine Längsachse und in zwei Ebenen um den invarianten Punkt rotatorisch bewegt werden sowie zusätzlich axial translatorisch. Außerdem müssen zwei der rotatorischen Bewegungen um den invarianten Punkt seitenverkehrt ausgeführt werden (vgl. Abb. 1). Leicht nachvollziehbar ist, dass auch die Tiefe, mit der die Instrumente in den Patienten vorgeschoben werden, entsprechend des Längenverhältnisses Einfluss auf die Bewegung haben. Die Hand-Auge-Koordination zwischen endoskopischem Bild und handgeführter Bewegung der Instrumente ist dadurch gestört. Durch mechanische Trennung von Instrumentenführung und Operateur wird die rechnergestützte Richtigstellung der Bewegungsumkehrung möglich. Zur Kompensation der beiden gebundenen Freiheitsgrade an der Instrumentendurchtrittsstelle und damit zur Erlangung voller Bewegungsfreiheit müssen im Patienteninneren zusätzlich zum funktionalen Freiheitsgrad (z. B. Greifen, Schneiden) zwei weitere Bewegungsfreiheitsgrade zur Verfügung gestellt werden. Erst dann

Abb. 1 Freiheitsgrade eines handgeführten (*links*) und eines robotergeführten (*rechts*) minimal invasiven Instruments, wobei sich die Bewegungsrichtung der Instrumente außerhalb und innerhalb des Patienten über den invarianten Punkt umkehren. Im robotergeführten Fall können zusätzliche intrakorporale Freiheitsgrade integriert und von der Eingabekonsole aus einfach bedient werden. (Bild: Deutsches Zentrum für Luft- und Raumfahrt e.V.)

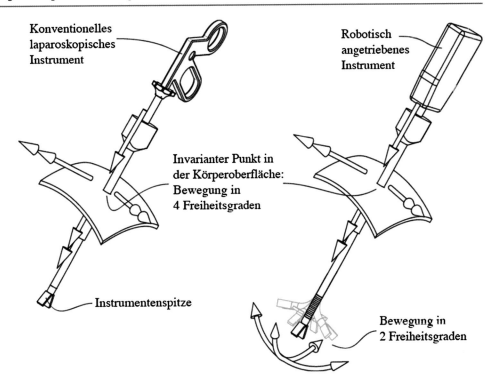

Konventionelles laparoskopisches Instrument

Robotisch angetriebenes Instrument

Invarianter Punkt in der Körperoberfläche: Bewegung in 4 Freiheitsgraden

Instrumentenspitze

Bewegung in 2 Freiheitsgraden

wird die Durchführung von Eingriffen mit höherem Manipulationsaufwand (z. B. intrakorporale Nähte) endoskopisch möglich. Die direkte mechanische Bedienung dieser zusätzlichen Freiheitsgrade durch die Hand des Chirurgen kann nur durch komplizierte, wenig intuitive Mechanismen erfolgen, wodurch die Handhabung der Instrumente zusätzlich trainiert werden muss. Es bietet sich deshalb ein (robotisches) Übersetzungssystem zur Vereinfachung der Instrumentenführung an. Eine Rückkopplung haptischer Sinneseindrücke – in der offenen Chirurgie unbestritten von Wichtigkeit – ist durch die mechanische Trennung von Arzt und Patient prinzipbedingt ohne Integration zusätzlicher Sensorik oder Messung von Antriebsleistungen nicht möglich. Eine optische Abschätzung der Interaktionskräfte bzw. der Gewerigidität (z. B. anhand der Gewebedeformation) ist jedoch mit gewisser Erfahrung gegeben. Weitere Vorteile, die durch Zwischenschaltung eines rechnergestützten Systems zwischen Arzt und Patient nutzbar werden, sind z. B. die Bewegungsskalierung oder die Tremorfilterung, d. h. Bewegungsabläufe an der Eingabekonsole können in äußerst präzise Mikrobewegungen umgerechnet und der feinschlägige, physiologische Tremor („Zittern") des Chirurgen kann unterdrückt werden.

2.1.1 Das da Vinci-Chirurgiesystem

Das da Vinci-Chirurgierobotiksystem der Firma Intuitive Surgical, Inc., wird mit dem Systemtyp Xi mittlerweile in der sechsten Generation angeboten. Insgesamt wurden nach Angaben des Herstellers seit Unternehmensgründung welt-

weit über 3477 Systeme verkauft (Stand: 30. September 2015). Intuitive Surgical, Inc., kann daher mit dem da Vinci-System derzeit als Weltmarktführer auf dem Gebiet der robotergestützten, minimal invasiven Chirurgie betrachtet werden.

Der Chirurg sitzt unsteril an einer abgesetzten Eingabekonsole, hat über für linkes und rechtes Auge getrennte Bildschirme einen 3D-Eindruck des Operationsgebietes und kann über zwei Eingabegeräte aktuierte Instrumente im Patienteninneren bedienen. Patientenseitig werden die Instrumente von der sterilen Assistenz über chirurgische Zugänge in den Patienten eingebracht, dann jedoch an einem robotischen System angedockt und von diesem gemäß der Bedienkommandos des Chirurgen geführt. Über Fußpedale an der Eingabekonsole wird zusätzliche Funktionalität zur Verfügung gestellt, wie etwa die Bewegung des Endoskops, das ebenfalls von einem Roboterarm getragen wird. Die Blickrichtung des Operierenden ist auf seine Hände gerichtet, er sieht jedoch statt der Hände die Instrumente auf dem endoskopischen Bild, die sich ohne wahrnehmbare Zeitverzögerung wie seine Hände in den Steuergeräten bewegen (vgl. Abb. 2). Die Körperhaltung gleicht jener, welche typischerweise bei einer feinmotorischen Aufgabe an einem Tisch eingenommen wird und ist damit in hohem Maße intuitiv und gefällig. Diskutiert wurde, ob eine derart optisch abgeschirmte und damit auf die Manipulation fokussierte Position des Chirurgen im Vergleich zu einem offeneren Konzept, mit möglichem Überblick über die Vorgänge im Operationssaal, Vorteile bietet.

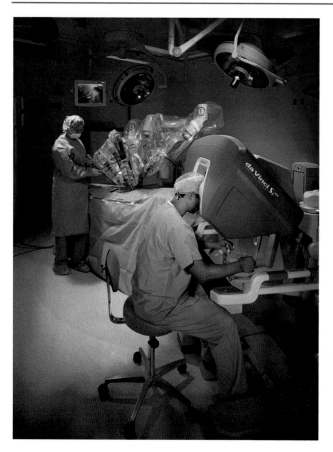

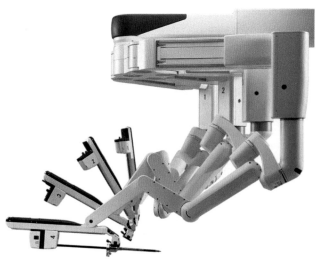

Abb. 3 Teleoperator des da Vinci Xi von Intuitive Surgical, Inc., Teile der aktuierten Aufhängung (Hubsäule und Cart) sind nicht dargestellt

Abb. 2 Eingabekonsole (Vordergrund) und Teleoperator (am OP-Tisch) des da Vinci Si-Systems von Intuitive Surgical, Inc. Die Blickrichtung des Chirurgen ist auf seine Hände gerichtet, er sieht jedoch das endoskopische Bild

Der Teleoperator der neuesten Generation Xi (vgl. Abb. 3) bietet durch deren aktuierte Aufhängung zum Teil redundante Bewegungsmöglichkeiten der Roboterarme, die durch ihre vergleichsweise schlanke Gestaltung eine geringe Gefahr der Kollision außerhalb des Patienten bergen und damit die Bewegungsmöglichkeiten der Instrumente innerhalb des Patienten kaum einschränken. Die Grundrichtung der Instrumentenaufhängung von oben eröffnet vergleichsweise große Flexibilität und relativ gute Zugangsmöglichkeiten zum Patienten für die Assistenz während der Operation, z. B. zum Instrumentenwechsel. Durch eine Montage der Roboterarme z. B. an Deckenampeln ginge die Flexibilität verloren, das System ist somit auch in anderen Sälen zu nutzen, womit sich das nach wie vor raumgreifende Trägersystem begründet.

Die Firma TRUMPF Medizin Systeme GmbH + Co. KG hat mit dem OP-Tisch TruSystem 7000dV ein in das daVinci-Xi-System integrierbares Patienten-Positionierungssystem auf den Markt gebracht: Die Positionsänderung des Operationsgebietes, die durch Umlagerung des Patienten während der Operation mittels der Fernbedienung des OP-Tisches verändert werden kann, wird vom Robotersystem nachvollzogen. Mittels der sog. Iso-Center-Motion-Technologie können Bewegungen sogar um einen virtuellen Drehpunkt nachvollzogen werden. Risiken sowie Zeit- bzw. Arbeitsverzögerungen während des Eingriffs durch erforderliche Positionsveränderungen des Patienten können damit minimiert werden.

2.1.2 Die Raven-Forschungsplattform

Der Forschungschirurgieroboter Raven (vgl. Abb. 4) der Firma Applied Dexterity, Inc., ist zwar ein am Markt erhältliches System, jedoch nicht für den Einsatz am Patienten gedacht, sondern soll die Forschung verschiedener Gruppen auf einem fortschrittlichen System ermöglichen. Das derzeit aktuelle Raven-II-System hat zwei sphärische Positionierungsmechanismen mit je drei Freiheitsgraden, an die wechselbare Instrumente mit je vier weiteren Freiheitsgraden (drei Bewegungs- und ein funktionaler Freiheitsrad) angebracht werden können. Die Software, mit der die Systeme betrieben werden, ist eine offene Entwicklungsarchitektur, basierend auf Linux und ROS, um die Weiterentwicklung so einfach wie möglich zu gestalten. Die Geräte sind robust genug für viele unterschiedliche Experimente und für Tierversuche, sie sind jedoch nicht darauf ausgelegt, die Standards zur Nutzung am Patienten zu erfüllen.

2.2 Orthochirurgie – ROBODOC

ROBODOC, seit 2014 vertrieben von Think Surgical, Inc., USA, unter dem Namen TCAT, kam 1994 auf den europäischen Markt und übernimmt das präzise Ausfräsen des Oberschenkelknochens bei Hüftendoprothesenimplantationen.

Abb. 4 Forschungschirurgieroboter Raven als Plattform für
wissenschaftliche Arbeiten

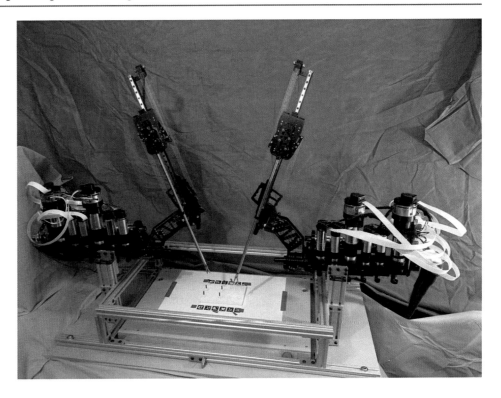

Seit Markteinführung wurde das System weltweit bei über 28.000 Gelenkersatzoperationen verwendet. Das Gesamtsystem besteht aus einer 3D-Planungs-Workstation (ORTHO-DOC, jetzt TPLAN) für die präoperative Planung und der eigentlichen computergesteuerten Robotereinheit auf Basis eines Industrieroboters (ROBODOC, vgl. Abb. 5) für die chirurgische Umsetzung. Die präoperative Planung beginnt mit einer Röntgencomputertomografie des betroffenen Gelenks. Eine anschließende 3D-Rekonstruktion erzeugt ein virtuelles 3D-Bild des Knochens. Der Chirurg wählt das 3D-Modell der patientenspezifisch in Geometrie und Größe bestmöglichen Prothese aus und passt sie virtuell am Knochen des Patienten ein. Mit dieser vom Chirurgen erzeugten Planung fräst ROBODOC präzise die Aufnahmefläche der Endoprothese im Knochen. Alle übrigen chirurgischen Vorgehensschritte, wie das Freipräparieren des Operationsgebietes oder das Einbringen der Prothesen, erfolgen wie bei der konventionellen Operationsmethode, lediglich der Fräsvorgang wird hier vom Roboter übernommen. Eine Implantation von Referenzmarken zur ortsgenauen Vorplanung und zur Online-Überwachung des Fräsvorganges ist mit der aktuellen Systemgeneration nicht mehr erforderlich. Bereits seit Februar 1997 liegt eine Freigabe durch die US-amerikanische Zulassungsbehörde (Food and Drug Administration, FDA) für ORTHODOC und seit August 2008 für ROBODOC vor. Mit dem System sind alternativ auch die Fräsungen für Kniegelenkendoprothesen möglich, hier liegt allerdings noch keine Zulassung für die USA vor.

2.3   Unterstützungssysteme für die konventionelle minimal invasive Chirurgie

Diese Systeme sind als Unterstützung für den konventionell direkt am Patienten Operierenden gedacht und übernehmen Aufgaben, die traditionell von der Assistenz ausgeführt werden.

2.3.1   Assistenzsystem ViKY

Zum Halten und Führen von herstellerunabhängigen Endoskopen bzw. Instrumenten wird von der Firma ENDOCONTROL das Assistenzsystem ViKY angeboten (vgl. Abb. 6), womit die Instrumente in drei Achsen mittels Sprach- oder Fußsteuerung bewegt werden können. Darüber hinaus sind Positionen abspeicherbar, die auf Befehl zu einem späteren Zeitpunkt wieder angefahren werden können.

Das System wird über einen passiven Gelenkhaltearm an der genormten Seitenschiene des OP-Tisches befestigt. Es dient zur Endoskopführung oder bei laparoskopischen Eingriffen als Halte- und Positionierungssystem für Instrumente. Zum einen lässt es sich bei manueller Endoskopnachführung nicht gänzlich vermeiden, dass die Endoskopoptik mit Gewebe in Berührung kommt, was durch Anhaftungen auf dem Endoskopende die Sicht beeinträchtigt und zu Unterbrechungen für die Reinigung führt. Zum anderen muss bei der Präparation Gewebe beständig fixiert und stabil positioniert werden. Beides kann durch Nutzung des Assistenzsystems verbessert werden.

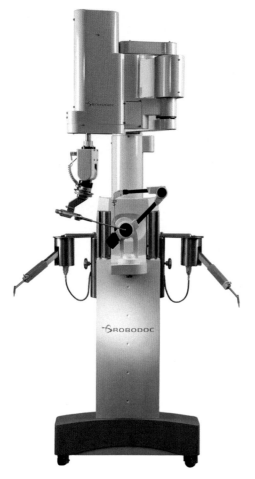

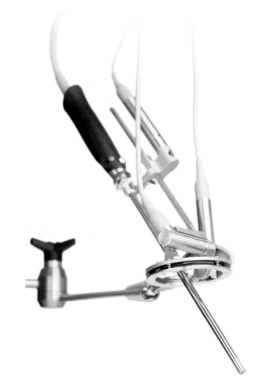

Abb. 6 Assistenzsystem ViKY der Firma ENDOCONTROL zum Halten und Führen von Endoskopen und Instrumenten

Abb. 5 ROBODOC, der Fa. CUREXO Technology Corporation, USA, Operationsroboter für die Orthochirurgie, jetzt TCAT der Fa. Think Surgical, Inc., USA (Copyright CUREXO Technology Corporation, mit Genehmigung)

Die drei zur Verfügung stehenden Systemgrößen erlauben ein Anwendungsspektrum von der konventionellen Laparoskopie mit mehreren Trokaren bis zu Single-Port-Eingriffen. Mit entsprechenden Adaptern können herstellerunabhängig gängige Endoskopoptiken, Endoskopkameras und Uterusmanipulatoren verwendet werden. Für die Mehrfachnutzung wird ViKY von der Steuerelektronik abgesteckt und kann inklusive der motorischen bzw. deren elektrischen Komponenten und Steckkontakten wiederaufbereitet, d. h. autoklaviert, werden. Eine sterile Abdeckung des Systems ist deshalb nicht nötig, was zusammen mit den kompakten Bauformen einen nach wie vor guten Zugang zum Operationsgebiet erlaubt (vgl. Abb. 7) und die Arbeitsplatzergonomie des Anwenders verbessert.

2.3.2 SOLOASSIST

Das System SOLOASSIST der Firma AKTORmed GmbH, Barbing, besteht aus einem einzelnen Arm zur Endoskopfüh-

rung bei konventioneller minimal invasiver Chirurgie. Der endoskopführende, aktive Haltearm (vgl. Abb. 8) kann dabei mit einer maximalen Traglast von 1 kg praktisch alle handelsüblichen Endoskope aufnehmen und ermöglicht ein stabiles, zitterfreies Bild. Der invariante Punkt wird bei diesem System nach einmaliger Definition softwaregestützt eingehalten. Durch Knopfdruck wird der Arm beweglich und kann dann in die gewünschte Position gezogen werden. Beim Loslassen wird der Arm sofort gesperrt und verbleibt in der eingestellten Lage. Die eigentliche Steuerung erfolgt über einen kleinen Joystick, der mittels Klemmhalter an handelsüblichen Instrumenten – bevorzugt der nicht dominierenden Hand – befestigt werden kann (vgl. Abb. 9). Der 9,5 kg schwere Roboterarm wird mittels eines Trolleys, der auch zur Aufbewahrung des Systems dient, an den OP-Tisch gefahren und mit einem Schnellspanner angedockt. Jede Bewegung des OP-Tisches erfolgt dadurch gemeinsam mit dem System, eine Neudefinition des invarianten Punktes wird vermieden. Joystick, Gelenk und Kamerahalter sind autoklavierbar, das Gerät selbst wird mit einer sterilen Einmalabdeckung überzogen.

Die Aesculap AG, Tuttlingen, vertreibt den Roboter gemeinsam mit einem 3D-Endoskopie-System unter dem Namen EinsteinVision.

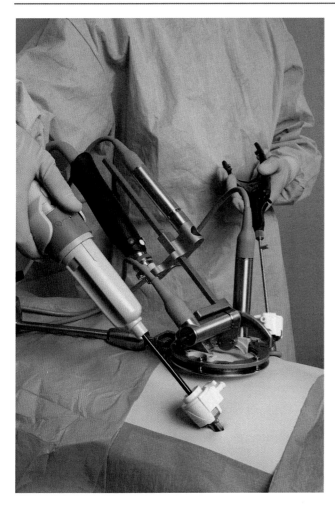

Abb. 7 Assistenzsystem ViKY der Firma ENDOCONTROL. Durch das kompakte Design ist der Patient für den Operateur gut zugänglich

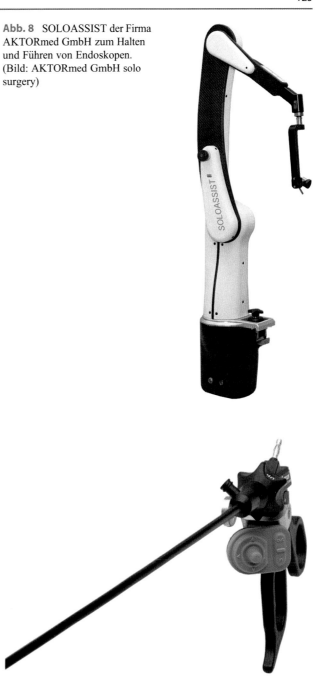

Abb. 8 SOLOASSIST der Firma AKTORmed GmbH zum Halten und Führen von Endoskopen. (Bild: AKTORmed GmbH solo surgery)

Abb. 9 Joystick-Bedienelement des SOLOASSIST der Firma AK-TORmed GmbH, angebracht per Klemmhalter an einem Instrument. (Bild: AKTORmed GmbH solo surgery)

2.4   Instrumentenführung in der Neurochirurgie – neuromate

neuromate ist ein Robotersystem, das von der Firma Renis-haw aus Großbritannien vertrieben wird. Es wurde speziell für die Positionierung von Instrumentenführungen in der Neurochirurgie entwickelt. Stereotaktische Aufgaben können damit sowohl rahmengestützt als auch rahmenlos durchge-führt werden. Durch die vorpositionierten Führungen werden die Instrumente vom Chirurgen eingeführt und manuell bedient. Seit der Markteinführung 1997 kam es bereits über 10.000 mal im klinischen Bereich zum Einsatz. Das System basiert auf einem Industrieroboter und bietet hohe Steifigkeit, Präzision und Wiederholgenauigkeit. Stereotaktische Winkel bzw. räumliche Positionen der chirurgischen Instrumente werden hochgenau eingehalten. Der Roboterarm selbst kommt nicht mit dem Kopf der Patienten in direkten Kontakt.

neuromate wird von einer bildgestützten Planungsstation mit interaktiven 3D-Displays aus bedient, die anatomische Strukturen und Zielgebiete im Gehirn visualisiert. Die Pla-nungssoftware kann sowohl 2D-Röntgenbilder als auch 3D-Datensätze aus CT und MRT verarbeiten. Sobald die Planungsphase abgeschlossen ist, registriert neuromate den Patienten und fährt mit hoher Präzision und Zuverlässigkeit die vorgeplanten Lagen an. Der überwachende Chirurg kann jederzeit mit einer Fernsteuerung eingreifen. An der Pla-nungsstation wird während der Operation die Position der

Abb. 10 Eingabestation des DLR MiroSurge-Systems mit 3D-HD-Monitor und Eingabegeräten für rechte und linke Hand mit je sieben aktiven Freiheitsgraden zur Rückkopplung von Interaktionskräften/-momenten aus dem Operationsfeld. (Bild: Deutsches Zentrum für Luft- und Raumfahrt e.V.)

Instrumente in den patientenspezifischen Bildern in Echtzeit angezeigt. Bei neuroendoskopischen Eingriffen kann der Chirurg das Endoskop innerhalb eines vordefinierten Bereiches mit hoher Präzision bewegen, wobei neuromate als Endoskopführung benutzt wird.

3 Die Forschungsplattform DLR MiroSurge

Neben dem Anwendungsfeld als Unterscheidungsmerkmal (vgl. Abschn. 2) bietet die Versatilität eines Systems ein abstraktes und dadurch umfassenderes Unterscheidungskriterium. Diese Variable beschreibt, für wie viele unterschiedliche Operationsarten das System verwendet werden kann bzw. wie vielseitig das System einsetzbar ist. Je mehr die Hardware eines Systems auf einen Anwendungsfall hin optimiert ist, desto geringer ist die Systemversatilität. Mit einer versatilen Hardware ist es hingegen möglich, verschiedenste medizinische Applikationen durch Anpassung der Software zu bewältigen. Beispielsweise kann ein passiver Freiheitsgrad am Robotersystem zur Einhaltung des invarianten Punktes verwendet werden, was die Körperoberfläche als notwendigen zusätzlichen Lagerpunkt des Instrumentes erfordert und das Anwendungsfeld somit auf die minimal invasive Chirurgie begrenzt. Ist der invariante Punkt jedoch durch die Kinematik des Roboters festgelegt, so können eingeschränkt auch offene Eingriffe oder Eingriffe im Single-Port-Verfahren (vgl. Abschn. 4.1) durchgeführt werden. Die Einsatzfelder begrenzen sich dann durch den erreichbaren Arbeitsraum und das zur Verfügung stehende Instrumentarium. Noch höhere Versatilität wird erreicht, indem der invariante Punkt softwaregestützt eingehalten wird (vgl. Abschn. 3.3).

Mit der Forschungsplattform MiroSurge stellt das Deutsche Zentrum für Luft- und Raumfahrt e.V. (DLR) einen laborprototypischen Chirurgieroboterentwicklungsansatz vor, der eine vielseitige Anwendbarkeit bietet. Der universelle Roboterarm Miro kann durch die Kopplung mit anwendungsspezifischen Instrumenten und entsprechender Software für ein breites Spektrum medizinischer Applikationen eingesetzt werden (vgl. Abb. 10, Abb. 11, Abb. 12, und Abb. 13).

3.1 Roboterarm Miro

Zur Konzeption und Dimensionierung des Miro-Armes wurden mehrere Anwendungen aus dem Bereich der Orthochirurgie und der robotergestützten minimal invasiven Chirurgie hinsichtlich benötigtem Arbeitsraum, erforderlicher Traglast, Genauigkeit und Dynamik betrachtet. Eine Optimierung basierend auf diesen Daten und bezüglich der Erreichbarkeit vordefinierter Arbeitsräume im Patienteninneren ergab interessanterweise eine Kinematik, die der des menschlichen Arms ähnlich ist: Miro besteht aus einer seriellen Struktur mit sieben Freiheitsgraden, einer Armlänge von 1130 mm, einem Gewicht von 9,8 kg bei einer Traglast von 3 kg. Der redundante siebte Freiheitsgrad erlaubt – genau wie beim Menschen – das Umgreifen von Hindernissen oder die freie Positionierung des Ellenbogens bei Erhalt voller Manipulabilität in sechs Freiheitsgraden am Handgelenk des Arms. Im Einsatz wird Miro als Träger und Positioniergerät für applikationsspezifische Instrumente verwendet, wie z. B. Ultraschallsonden, Knochenfräser, Führungseinheiten für Biopsienadeln, Laserinstrumente, Endoskopkameras oder aktuierte Instrumente für die minimal invasive Chirurgie. Jedes dieser Instrumente wird zwar vom Roboter positioniert, ist aber in Bezug auf Energieversorgung, Antrieb und Datenverarbeitung unabhängig vom Arm.

3.2 Regelungskonzepte

Neben der von Industrierobotern bekannten Positionsregelung, die es erlaubt, das Roboterhandgelenk – und damit das am Handgelenk befestigte Instrument – in beliebigen Lagen im Arbeitsraum des Roboters positionieren zu können, wurden im Miro weitere Regelkonzepte integriert. Der Teleoperationsmodus, der vor allem in der minimal invasiven Chirurgie verwendet wird, ist der reinen Positionsregelung am nächsten. Zusätzlich zur Position des Roboters wird die Position der abwinkelbaren Instrumentenspitzen so geregelt, dass sie unter Einhaltung des invarianten Punktes der Handbewegung des Chirurgen folgt.

In alle Gelenke des Miro sind sowohl Positions- als auch Drehmomentsensoren integriert. Aus einem im Betrieb fortlaufend berechneten Robotermodell ist bekannt, welche

Abb. 11 Teleoperator des MiroSurge-Systems mit beispielhaft drei Miro-Armen; ein Arm trägt das 3D-HD-Endoskop (Vordergrund), zwei weitere Arme Instrumente für beidhändige Manipulation des Chirurgen. (Bild: Deutsches Zentrum für Luft- und Raumfahrt e.V.)

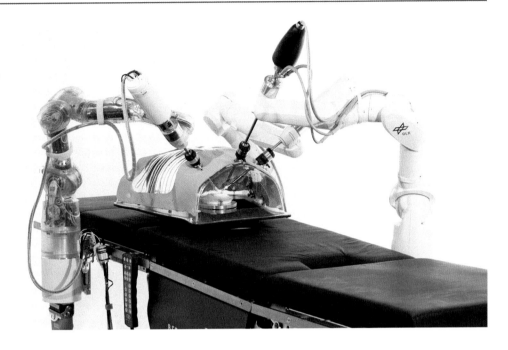

Abb. 12 Offen chirurgische Anwendung mit dem Miro-Arm: stereotaktische Positionieraufgabe im Bereich der Neurochirurgie unter Ausnutzung des Hands-On-Modus und haptischer Führung (vgl. Abschn. 3.2). (Bild: Deutsches Zentrum für Luft- und Raumfahrt e.V.)

Drehmomente aufgrund der aktuellen Position des Armes und der bekannten Gewichte von Armsegmenten und Instrument zu erwarten sind. Abweichungen zwischen erwarteten und gemessenen Drehmomenten resultieren entweder aus der Manipulation von Gewebe, aus Kollisionen zwischen Robotern und Umgebung oder aus der gewollten Interaktion zwischen Benutzer und Roboter und erlauben entsprechend auf die äußeren Einwirkungen zu reagieren. Diese gewollte Interaktion, auch als Hands-On-Modus bezeichnet, erlaubt der Assistenz am OP-Tisch eine sehr intuitive Interaktion mit dem Roboter: Es ist möglich, durch Anfassen und Führen des Roboters an der Armstruktur z. B. minimal invasive Instrumente in die Trokarhülse einzuführen. Um für die Assistenz den Zugang zum Patienten zu erleichtern, kann der Roboterarm im Rahmen des redundanten Freiheitsgrades zur Seite gedrückt werden – die Instrumente im Körperinneren bleiben von dieser Bewegung

Abb. 13 Offen chirurgische
Anwendung mit dem Miro-Arm:
Positionieraufgabe im Bereich der
Ortho- bzw. Traumachirurgie
beim Setzen von
Pedikelschrauben zur
Wirbelversteifung. (Bild:
Deutsches Zentrum für Luft- und
Raumfahrt e. V.)

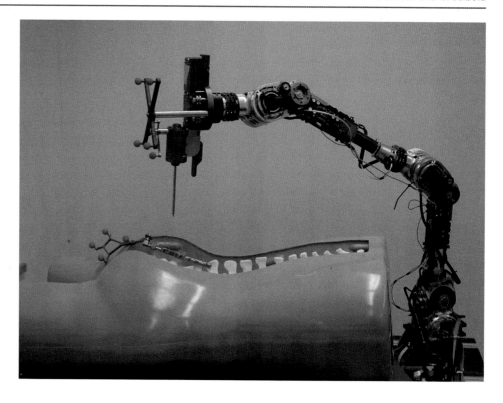

unberührt. Der Hands-On-Modus kann beim Biopsieren oder Fräsen um einen sogenannten „haptischen Trichter" oder „virtuelle Wand" erweitert werden: Das Robotersystem stellt sicher, dass – basierend auf präoperativen Planungsdaten – eine Bewegung ausschließlich in Richtung des Zielgebietes oder entlang einer geplanten Trajektorie möglich ist. Je näher der Endeffektor dem Zielgebiet kommt, desto enger werden die Bewegungsmöglichkeiten. Nach Erreichen des Ziels wird in einen Modus umgeschaltet, der Position und Orientierung auch bei Auftreten von Interaktionskräften präzise einhält. Der Chirurg behält jederzeit die Kontrolle über den Fortgang des Eingriffs, da der Roboter nur dem Nutzer folgt, d. h. keine eigenen Aktionen ausführt, und der Nutzer den Vorgang jederzeit abbrechen kann.

3.3 Robotergestützte minimal invasive Chirurgie mit dem Miro-System

Eine der Hauptanwendungen für die MiroSurge-Forschungsplattform ist die robotergestützte minimal invasive Chirurgie. Für diese Applikation trägt ein Miro-Arm ein 3D-HD-Endoskop, zwei oder mehr zusätzliche Arme können mit spezialisierten Instrumenten ausgestattet werden. Der invariante Punkt kann durch Softwaresteuerung beliebig im Arbeitsraum des Roboters platziert werden. Die ebenfalls am DLR entwickelten Instrumente bestehen aus einem applikationsspezifischen Werkzeug – z. B. einem Greifer mit intrakorpo-

ralen Handgelenk – und einer generischen, extrakorporalen Antriebseinheit. Die Antriebseinheit ist selbst ein unabhängiger Roboter mit drei Antrieben und wird am Handgelenk des Roboters angeflanscht. Sie stellt die Aktuierung der intrakorporalen Freiheitsgrade zur Verfügung, verarbeitet Sensordaten aus dem Werkzeug und wird direkt von der Systemsoftware angesprochen. Chirurgen sitzen unsteril an einer ergonomischen Eingabestation mit einem 3D-HD-Bildschirm für das endoskopische Bild, Eingabegeräten für rechte bzw. linke Hand und zusätzlichen Fußpedal-Bedienelementen. Jedes Eingabegerät für die Handbewegung des Chirurgen verfügt über sieben aktive Freiheitsgrade (sechs für Position und Orientierung, zusätzlich ein funktionaler Freiheitsgrad), wodurch neben der reinen Bewegungsmessung auch Kräfte und Momente aus dem Operationsfeld rückgekoppelt werden können. Mit den aktiven Eingabegeräten können zusätzlich vom System und vom Chirurgen vorgegebene Arbeitsraumgrenzen als virtuelle Wände dargestellt werden.

Untersuchungen bezüglich der zusätzlichen, intrakorporalen Instrumentenfreiheitsgrade befassen sich mit der Frage, ob die Richtungsänderung zur bestmöglichen Nutzung bogenförmig krümmend oder – vergleichbar einem menschlichen Handgelenk – knickend zu erfolgen hat. Knickende Gelenke haben den Nachteil, dass innenliegende Strukturen, z. B. zur Signal- oder Energieübertragung, stark dauerbelastet werden. Gerade diese teuren Komponenten sollten aus wirtschaftlichen Gründen jedoch Mehrfachartikel und damit sehr robust sein. Neben einem größeren erforderlichen

Arbeitsraum zum Erreichen eines bestimmten Winkels der Richtungsänderung bei krümmenden Instrumenten im Vergleich zu knickenden stellt sich bei diesen die Frage der intuitiven Bedienung: Bei der Vorstellung, dass der Endeffektor (Nadelhalter, Dissektor oder dergleichen) durch Öffnen und Schließen von Daumen und opponierenden Fingern repräsentiert wird, hat das unmittelbar dahinter liegende Gelenkteil zur Instrumentenrichtungsänderung Handgelenksfunktion. Das Handgelenk ist jedoch vornehmlich ein knickendes Gelenk, wonach ein krümmendes Instrumentengelenk zunächst als weniger intuitiv anzusehen ist. Diese Frage ist letztlich durch Chirurgen in der Anwendung zu klären bzw. durch die Länge deren Lernkurve mit dem System.

3.4   Wiederherstellung haptischer Informationen

In der offenen Chirurgie hat der Operateur die Möglichkeit, sich durch Betasten des Gewebes einen Eindruck von dessen Zustand zu machen. Auch die optimale Spannung von Nahtmaterial beim chirurgischen Knoten kann erfühlt werden. Dieser wichtige haptische Eindruck geht in der konventionellen minimal invasiven Chirurgie fast, in der robotergestützten minimal invasiven Chirurgie gänzlich verloren. Der Chirurg muss sich somit auf die im endoskopischen Bild sichtbare Gewebedeformation und seine Erfahrung verlassen, der rein visuelle Kanal muss also den fehlenden haptischen Kanal ersetzen. Der optische Eindruck einer Deformation bei Gewebemanipulation hängt aber von vielen Faktoren ab, sodass eine eindeutige Zuordnung zwischen Deformation und Kraft nicht möglich ist. Das Reißen von Nahtmaterial, Verbiegen von Nadeln und die Schädigung von Gewebe durch zu hohe Kraftaufwendung sind keine Seltenheit.

Mithilfe von speziellen sensorintegrierten Werkzeugen können im MiroSurge-System die Gewebeinteraktionskräfte direkt gemessen werden. Diese kinästhetische Information wird dem Benutzer als Kraftinformation an den Eingabegeräten oder visuell am Bildschirm zur Verfügung gestellt. Zu einer vollständigeren Beschreibung des Gewebezustands ist auch die taktile Information notwendig. Von Gewebe verdeckte Strukturen, wie z. B. Verhärtungen oder pulsierende Blutgefäße, werden durch das Ertasten mit flächigen, taktilen Sensoren deutlich vereinfacht. Taktile Sensoren und insbesondere Displays für die Chirurgie befinden sich allerdings noch im Forschungsstadium.

Der Mehrwert, den die haptische Information dem Benutzer insbesondere vor dem Hintergrund der aufwendigen Technologie bietet, kann mit dem MiroSurge-System zum ersten Mal an einem vollständigen Chirurgierobotikdemonstrator erforscht werden.

3.5   Semiautonome Funktionalitäten

Die intelligente, modellbasierte Regelung, die Integration verschiedenster Sensoren und die hohe Genauigkeit und Dynamik des Miro ermöglicht die Verwirklichung einer Anzahl von Assistenzfunktionen: Mithilfe einer intelligenten Bildverarbeitung kann die Endoskopkamera automatisch so geführt werden, dass das Operationsgebiet jederzeit optimal im Blickfeld liegt. Das System kann die Bewegung von Organen – z. B. das Schlagen des Herzens oder die Atmungsbewegung – erkennen und die Instrumente automatisch nachführen, sodass die Organbewegung ausgeglichen wird. Aus dem Endoskopbild für den Benutzer wird die erkannte Organbewegung herausgerechnet, sodass ein virtuell ruhendes Bild entsteht. Die gewünschte Handbewegung des Chirurgen wird der Organbewegung überlagert, sodass der Chirurg den Eingriff an einem virtuell stillstehenden Organ durchführt, während das System am bewegten Organ arbeitet und die Instrumente automatisch diesen Bewegungen nachführt.

In Abschn. 3 wurde das Konzept eines versatilen Systems vorgestellt. Der Einsatz dieses Robotersystems ist nicht nur in mehreren chirurgischen Anwendungsgebieten möglich, die konsequente Umsetzung des Versatilitätsgedankens verbunden mit der Kombination von Sensorik und intelligenter Regelung eröffnet vielmehr auch neuartige Funktionen und Einsatzgebiete.

4   Ausblick und Zukunft der Chirurgierobotik

Die bisherigen Erfolge von Robotiksystemen in der Chirurgie zeigen, dass diese Systeme ihre Berechtigung haben und sinnvoll eingesetzt werden können. Trotzdem besteht auch weiterhin Forschungs- und Entwicklungsbedarf. Auch die medizinische Vorgehensweise muss sich ggf. an die Möglichkeiten, die die Robotik bietet, anpassen, bis hin zu möglicherweise neuen Wegen und Schwerpunkten bei der Ausbildung angehender junger Chirurgen. Eine enge Kooperation zwischen Ingenieuren und Medizinern ist auf diesem Feld erforderlich.

Sowohl auf dem Markt wie auch in der Forschungslandschaft sind keine Bestrebungen erkennbar, Roboter vollkommen autonom operieren zu lassen. Vielmehr bleibt der Chirurg auch zukünftig der eigentlich Handelnde, dessen Eingabekommandos – allenfalls modifiziert, gefiltert oder skaliert – am Patienten ausgeführt werden. Die Frage also, ob man vom Roboter oder vom Chirurgen operiert wird, stellt sich nicht bzw. gleicht der Frage, ob man vom Skalpell oder vom Chirurgen operiert wird. Die neuen Technologien eröffnen vielmehr die Möglichkeit, dass Operationen, die wegen ihrer handwerklichen Komplexität der offenen

Chirurgie vorbehalten waren, nunmehr patientenschonend minimal invasiv durchführbar werden.

Noch ist Intuitive Surgical, Inc., neben einigen Herstellern für Unterstützungssysteme, praktisch der einzige Hersteller kommerziell erhältlicher Roboter für die minimal invasive Chirurgie. Nachdem sich dieses Marktsegment als tragfähig und mit weltweit großem Potenzial erwiesen hat, werden über kurz oder lang auch Wettbewerber in diesen Markt vorstoßen, was zu einer weiteren Verbreitung der Technologie führen dürfte.

Die robotergestützte minimal invasive Chirurgie bietet noch viel Raum für neuartige Technologien. Nur beispielhaft seien hier die Messung und Darstellung von Gewebeinteraktionskräften genannt sowie die Einbeziehung von präoperativen Daten in die Planung des Eingriffes, der Positionierung der Roboterarme und der Lage der Trokare. Weitere Schritte sind die intraoperative Aufnahme und Darstellung zusätzlicher Sensordaten (taktile Information, schmal- und breitbandige Bildgebung, Fluoreszenz, Ultraschall, Gewebevitalparameter) mit dem Ziel, einen hohen Immersionsgrad zu erreichen – die „virtuell offene Chirurgie". Nicht zuletzt ist eine Preisreduktion der Robotersysteme wünschenswert. Gleichzeitig werden bereits neue chirurgische Verfahren diskutiert, wie die Single-Port-Chirurgie oder das NOTES[3]-Verfahren. Beide Verfahren erfordern jedoch andere, im Falle der NOTES-Verfahren sogar grundlegend andere technische Antworten auf die anwendungsspezifischen Fragestellungen.

4.1   Single-Port-Chirurgie und NOTES

Die Single-Port-Chirurgie bedient sich, anders als die bislang vorgestellte robotergestützte, minimal invasive Chirurgie, nur einer einzigen chirurgisch angelegten Körperöffnung, durch die über eine Schleuse (Port) sowohl die Kameraoptik wie auch mehrere Instrumente in den Patientenkörper eingeführt werden. Wegen der eingeschränkten Platzverhältnisse und des limitierten Aktionsradiusses sind die verwendeten Instrumente meist gewinkelt oder kreuzen sich im invarianten Punkt. Zur Bewegungsumkehr kommt hier die Vertauschung von linker und rechter Hand. Eine Roboterunterstützung zur einfacheren Handhabung der Instrumente bietet sich an. Die Anforderungen sind ähnlich der oben diskutierten robotergestützten minimal invasiven Chirurgie.

Im Vergleich zur Single-Port-Chirurgie wird bei dem noch experimentellen operativ-endoskopischen NOTES-Verfahren auf chirurgische Eröffnungen an der von außen zugänglichen Köperoberfläche gänzlich verzichtet. Statt dessen werden Instrumente über natürliche Körperöffnungen, z. B. transöso-

phageal bzw. transgastrisch, transkolonisch, transvaginal oder transurethral bzw. transvesikal, vorgeschoben und die eigentliche operative Eröffnung wird innerhalb des Hohlorgans im Körperinneren angelegt. Die Instrumente erreichen das Operationsgebiet durch diese operative Eröffnung. Die Vorteile dieser Technik werden neben den kosmetischen Aspekten (Vermeidung von Narben an der Körperoberfläche) darin gesehen, dass die Integrität z. B. der Bauchdecke, insbesondere des Muskelapparates, unangetastet bleibt, und die genannten Organe zur Anlage chirurgischer Zugänge postoperativ weniger schmerzempfindlich sind, wodurch die Patienten schneller mobilisiert werden können. Zusätzlich besteht durch den unangetasteten Muskelapparat eine geringere Neigung zu Narbenhernien. Für den Wiederverschluss des operativen Zugangs, die Wundpflege sowie den häufig unsterilen Zugangsweg wurden bereits Lösungsmöglichkeiten zur Diskussion gestellt.

Diese chirurgische Technik stellt, anders als die Single-Port-Technik, völlig neue Anforderungen an das technische Equipment. So sollten die Instrumente einerseits atraumatisch flexibel sein, um den natürlichen Hohlorganen bis zum Ort der chirurgischen Eröffnung folgen zu können. Andererseits ist ein stabiles Widerlager zur Präparation im Operationsgebiet erforderlich, welches permanent biegeschlaffe Instrumente nicht gewährleisten können. Die Zahl der Instrumentenfreiheitsgrade im Operationsgebiet übersteigt gewöhnlich die bei der konventionellen minimal invasiven Chirurgie, sodass weniger eine direkte Bedienung der Instrumente, sondern eher eine telemanipulierte Aktuierung vorteilhaft scheint. Hier besteht – vorausgesetzt, das Verfahren setzt sich medizinisch durch – noch ein erheblicher Entwicklungsbedarf geeigneter Geräte.

4.2   Beispiel zukünftiger Entwicklungen: Kartografierung, Image-Guided Surgery

Neben den oben kurz erwähnten, zukünftigen Entwicklungen soll auf die grafisch bzw. bildgestützte Chirurgie (Image-Guided Surgery, IGS) in Bezug auf die minimal invasiven robotergestützten Verfahren kurz eingegangen werden. Grundsätzlich werden unter IGS chirurgische Eingriffe verstanden, bei denen der Chirurg optisch verfolgte Instrumente in Verbindung mit prä- oder intraoperativen Bildern nutzt, um beim Eingriff Anhaltspunkte für seine Position zu bekommen und damit eine Hilfestellung für die Operation. Wesentlicher Bestandteil eines IGS-Systems sind Instrumente, die während der Operation vom IGS-System verfolgt und an deren Position die darunterliegende Anatomie angezeigt wird, z. B. in drei orthogonalen Bildebenen positions- und orientierungskorrigiert auf einem 3D-Bildschirm. Die Systeme verwenden unterschiedliche Trackingtechniken,

---

[3] NOTES: natural orifice translumenal endoscopic surgery, etwa: endoskopische Chirurgie durch natürliche Körperöffnungen.

darunter mechanische, optische, ultraschallgestützte oder elektromagnetische. Als Teil der im weiteren Sinne *computergestützten Chirurgie* wird die IGS häufig auch in Hybrid-Operationssälen, in denen intraoperative Bildgebung (z. B. CT, MRT) zur Verfügung steht, durchgeführt, um über den Operationsfortgang aktualisierte Bilder zu erhalten. In Zukunft sollen auch Informationen dargestellt werden, die von in den Instrumenten selbst integrierten Sensoren aufgenommen werden.

Ziel all dieser Technologien ist es, dem Chirurgen Werkzeuge zu geben, um den geplanten Eingriff schnell, einfach, patientenschonend und sicher durchführen zu können. Die Daten moderner, auch intraoperativer Diagnoseverfahren sollen ständig transparent und therapiefördernd zur Verfügung stehen, ohne die Konzentration des Operateurs zu stören. Das mögliche Spektrum patientenschonender Therapiemöglichkeiten soll erweitert und vorangetrieben werden – bei verbesserter Qualität.

Weiterführende Literatur

Hagn U, Ortmaier T, Konietschke R, Kuebler B, Seibold U, Tobergte A, Nickl M, Joerg S, Hirzinger G (2008) Telemanipulator for remote minimally invasive surgery. IEEE Robot Autom Mag (RAM) 15(4):28–38

Hagn U, Konietschke R, Tobergte A, Nickl M, Jörg S, Kuebler B, Passig G, Gröger M, Fröhlich F, Seibold U, Le-Tien L, Albu-Schäffer A, Nothelfer A, Hacker F, Grebenstein M, Hirzinger G (2010) DLR MiroSurge – a versatile system for research in endoscopic telesurgery. Int J CARS 5(2):183–193

Hannaford B, Rosen J et al (2013) Raven-II: an open platform for surgical robotics research. IEEE Trans Biomed Eng 60(4):954–959

Kroh M, Chalikonda S (Hrsg) (2014) Essentials of robotic surgery. Springer, Berlin. ISBN 978–3319095639

Kumar S, Marescaux J (Hrsg) (2008) Telesurgery. Springer, Berlin. ISBN 978–3540729983

Liverneaux PA, Berner SH, Bednar MS, Parekattil SJ, Ruggiero GM, Selber JC (Hrsg) (2013) Telemicrosurgery – robot assisted microsurgery. Springer, Berlin. ISBN 978–2817803906

Najarian S, Dargahi J, Mehrizi AA (2009) Artificial tactile sensing in biomedical engineering. McGraw Hill, New York. ISBN 978–0071601511

Pransky J (1997) ROBODOC – surgical robot success story. Ind Robot 24(3):231–233

Rane A (Hrsg) (2012) Scar-less surgery – notes, transumbilical, and others. Springer, Berlin. ISBN 978–1848003590

Rosen J, Hannaford B, Satava RM (Hrsg) (2011) Surgical robotics – systems applications and visions. Springer, Berlin. ISBN 978–1441911254

Tavakoli M, Patel RV, Moallem M (Hrsg) (2008) Haptics for teleoperated surgical robotic systems. World Scientific Publishing, Singapur. ISBN 978–9812813152

Watanabe G (Hrsg) (2014) Robotic surgery. Springer, Berlin. ISBN 978–4431548522

Weitergehende Internetinformationen

http://www.meroda.uni-hd.de.
http://intuitivesurgical.com/.
http://applieddexterity.com/.
http://www.robodoc.com/professionals.html.
http://www.trumpf-med.com/en/products/assistance-systems/viky.html.
http://aktormed.info/.
http://www.renishaw.com/en/neuromate-stereotactic-robot--10712.
http://www.dlr.de/rmc/rm/desktopdefault.aspx/tabid-3795/.

OP-Planung und OP-Unterstützung

10

Hartmut Dickhaus und Roland Metzner

Inhalt

1   Einleitung

Innovationen im Gesundheitswesen sollten möglichst zur Effizienzsteigerung beitragen, so dass sich die hohen Investitionen für Medizintechnik und Informations- und Kommunikationstechnik (IKT) letztlich in einer verbesserten Patientenversorgung niederschlagen. In einer hierzu jährlich vorgestellten Studie werden Beispiele genannt, wo dies auch im Bereich der operativen Eingriffe möglich ist (Das Einsparpotenzial innovativer Medizintechnik).

Bei der Betrachtung der zumeist technisch geprägten Daten dürfen die Bedürfnisse und die Perspektive des Patienten jedoch nicht aus dem Blickfeld verloren gehen. Er hat natürlicherweise eine ganzheitliche Sicht auf seine Situation, wie sie auch in der modernen hochspezialisierten Medizin zunehmend angestrebt werden sollte. Aufgabe der Informationsverarbeitung ist hierbei, die verschiedenen Modalitäten an Daten und Geräten sowie die Akteure der unterschiedlichen Fachdisziplinen zu vernetzen. Neben der eigentlichen Verarbeitung und Verknüpfung der Daten kommt der Verfügbarmachung der relevanten Information zum richtigen Zeitpunkt eine entscheidende Rolle zu. Wünschenswert wäre, dass der Operateur in diesen Prozess bereits eingebunden ist, um eine auf ihn zugeschnittene prägnante Präsentation der notwendigen Informationen zu gewährleisten. In der klinischen Praxis ist dies jedoch z. B. aufgrund zeitlicher Einschränkungen oder komplexer bzw. unergonomischer Software nicht immer in dem gewünschten Umfang möglich.

Im folgenden Abschn. 2 soll die vor dem Eingriff stattfindende Informationsverarbeitung beleuchtet werden, im Abschn. 3 folgt der intraoperative Teil, jeweils unterteilt nach unterschiedlichen Datenmodalitäten.

Neben den Herausforderungen für Verarbeitung und Präsentation der im jeweiligen Zusammenhang relevanten Informationen erweist sich zunehmend die Integration der anfallenden heterogenen Daten als Aufgabe.

H. Dickhaus · R. Metzner (✉)
Institut für Biometrie und Informatik, Sektion Medizinische Informatik, Universität Heidelberg, Heidelberg, Deutschland
E-Mail: author@noreply.com

© Springer-Verlag GmbH Deutschland 2017
R. Kramme (Hrsg.), *Informationsmanagement und Kommunikation in der Medizin*,
DOI 10.1007/978-3-662-48778-5_47

2   Präoperative Informationsverarbeitung

Von Notfällen abgesehen hat der Patient vor einem operativen Eingriff i. d. R. zahlreiche klinische Stationen durchlaufen. Dies betrifft sowohl ambulante Einrichtungen, wie die initiale Diagnostik beim Haus- oder Facharzt, als auch die Institution, die den Eingriff durchführt. Hier werden zumeist die vorliegenden Befunde durch eigene Untersuchungen angereichert und spezifisch im Hinblick auf die OP aufbereitet.

Die dabei anfallenden Daten sind oftmals heterogen und können je nach Fachdisziplin stark variieren. Neben speziellen Dateiformaten – beispielsweise als Ergebnis einer Untersuchung mittels Bildgebung oder eines EKGs – liegen viele Informationen in Textform vor. Einige Patienteninformationen fallen jedoch in vielen Einrichtungen bisher noch in Papierform an. Dies erschwert eine einheitliche Zusammenführung und Verarbeitung. Die folgenden Abschnitte sollen sich jedoch lediglich auf digitale bzw. digitalisierte Daten beziehen.

2.1   Identifizierende Daten

Grundlegende Voraussetzung für eine adäquate Behandlung ist die zweifelsfreie Identifizierung des Patienten sowie die ihm zuzuordnenden Maßnahmen. Während das reguläre Pflegepersonal i. d. R. mit dem Patienten persönlich vertraut ist, trifft dies beispielweise auf Nachtschicht, Patiententransport, Anästhesie oder Oberarzt nicht immer zu. Auch kann der Patient mitunter nicht selbst Auskunft geben, z. B. aufgrund seiner Erkrankung oder weil er präoperativ sediert ist. Denkbar ist die Nutzung biometrischer Erkennungsmerkmale oder die Verwendung von sog. Tags. Neben Barcodes bieten sich hierfür kleine RFID-Transponder (Radio-Frequency Identification) an. Aufgrund ihrer geringen Abmessungen und breiter Einsatzmöglichkeiten könnten sie neben dem Patienten und beispielsweise seiner Medikation auch nahezu alle intraoperativ verwendeten Geräte einschließlich Implantate identifizieren und Fehler durch falsche Zuordnungen nahezu ausschließen (Henriksen et al. 2008).

2.2   Bilddaten

Computerassistierte Chirurgie bzw. bildgestützte Interventionen wurden schon vor mehr als 100 Jahren durch stereotaktische Verfahren am Gehirn initiiert (Spiegel et al. 1947; Horsley und Clarke 1908). Zum Durchbruch für einen routinemäßigen Einsatz verhalfen v. a. Fortschritte bei der Steigerung von Bildauflösung und Rechenkapazität sowie der Vernetzung der beteiligten Geräte in- und außerhalb des OPs. Aus hochaufgelösten Schnittbildern lassen sich 3D-Rekonstruktionen sowohl der beteiligten Organe als auch von Zielstrukturen errechnen und visualisieren. Darauf aufbauend können Lagebeziehungen veranschaulicht – beispielsweise von Gewebe, Gefäßen und Pathologie zueinander – oder quantitative Analysen, wie z. B. Tumorvolumen, relative Abstände oder Planungstrajektorien, durchgeführt werden. Neben morphologischen Abbildungen liefern Bildgebungsverfahren physiologische oder funktionelle Informationen, die per Bildfusion eine gemeinsame, kondensierte Darstellung erlauben. Beispielsweise können Perfusionsanalyse oder Spektroskopie aktivere Teile eines Tumors aufzeigen oder fMRT (funktionelle MRT) bzw. MEG (Magnetenzephalographie) zu schonende Hirnareale mit wichtigen Funktionen veranschaulichen (Metzner et al. 2006). Diesen Darstellungen ist i. d. R. ein erhöhter Rechenaufwand gemein, da die relevanten Informationen aus vielen Einzelaufnahmen, z. B. per statistischer Analyse, extrahiert werden.

Für die Akzeptanz derlei gewonnener Zusatzinformationen ist die Art der visuellen Darstellung mit entscheidend. Diese sollte einerseits hinreichend prägnant sein, andererseits können ansprechende Visualisierungen eindeutigere Ergebnisse suggerieren als sie die Originaldaten zulassen – wie beispielsweise bei der Traktographie (DTI, Diffusion Tensor Imaging) (MICCAI DTI Challenge). Hier ist entsprechend eine enge Abstimmung zwischen IT und Ärzten nötig, um dem Operateur eine realistische Vorstellung der Aussagekraft zu vermitteln.

Eine wichtige Rolle für die wissenschaftliche Entwicklung und breite Verwendung bildgestützter OP-Planung spielt die Verfügbarkeit von Standardkomponenten in Form von frei zugänglichen C++-Programmbibliotheken. Diese dienen als Grundlage zahlreicher Softwareplattformen; am weitesten Verbreitung fanden hierbei Lösungen, die dem Prinzip der freien Verfügbarkeit und einem modularen Aufbau mit entsprechender individueller Erweiterbarkeit folgen (Rackable und Silicon Graphics jetzt unter der Marke SGI vereint. iX; http www iscas net; http://mitk.org MITK).

2.3   Biosignale

Im Vergleich zur Bildgebung spielen Biosignale bei der Planung von operativen Eingriffen eine weniger prominente Rolle. Routinemäßig erfasste EKG-Befunde fließen in die Beurteilung der Operationsfähigkeit und die Planung der intraoperativen Medikation mit ein. Untersuchungen über neuronale Funktionen, wie sie durch EMG, MEG oder evozierten Potenzialen gewonnen werden, dienen neben der Beurteilung des Ausgangszustandes der gezielten Planung von Interventionen und können während des Eingriffes zur Erfolgskontrolle wiederholt werden, wie in Abschn. 3.3 beschrieben.

2.4   Textinformationen

Viele Patientendaten fallen klassischerweise in Textform an. Die meisten Untersuchungsergebnisse und Befunde werden so festgehalten und kommuniziert. Dies reicht von einfachen, gut strukturierten Aufzählungen, wie beispielsweise Laborbefunden, bis hin zu wenig strukturierten Texten wie der Epikrise des Arztbriefes. Der Aufwand, derartige Informationen in eine durchgehend digitale und systematische Informationssammlung des Patienten zu überführen, variiert entsprechend stark. Krankenhausinformationssysteme (KIS) sammeln und verwalten derartige Patientendaten und bieten i. d. R. für die Dauer des Aufenthaltes an den relevanten Abschnitten der Patientenbetreuung – einschließlich des OPs – einen lesenden und schreibenden Zugriff (Kap. 3 ▶ Krankenhausinformationssysteme: Ziele, Nutzen, Topologie, Auswahl). Werden jedoch nicht nur mehrere Abteilungen, sondern verschiedene Einrichtungen oder Sektoren des Gesundheitswesens durchlaufen, nehmen die Anforderungen für das Führen einer elektronischen Patientenakte (EPA) weiter zu. Beispielsweise könnten Befunde vom Zuweiser oder ein OP-Bericht aus einer anderen Klinik nicht vorliegen. Entsprechend ist die Verbreitung einer einrichtungsübergreifenden oder gar patientenzentrierten EPA noch beschränkt, und die für eine Operation notwendigen Informationen werden sicherheitshalber unmittelbar vor dem Eingriff erhoben, selbst wenn sie an anderer Stelle bereits vorlagen. Dies betrifft Angaben z. B. über vorangegangene Interventionen und dabei evtl. aufgetretene Zwischenfälle, aktuelle auswärtige Voruntersuchungen, Medikation und Unverträglichkeiten.

Neben dem erhöhten Aufwand, der durch die mehrfache Erhebung von klinischen Angaben betrieben werden muss, können für den Eingriff zusätzliche Gefahren durch unvollständige Informationen entstehen, wenn sich z. B. Patient oder Angehörige nicht an alle vorangegangenen Komplikationen erinnern oder der Gesundheitszustand des Patienten keine vollständige Befragung zulässt. Bei geplanten Operationen lassen sich die meisten dieser Hürden überwinden, bei Notfalleingriffen macht sich ein Fehlen einer patientenzentrierten Akte jedoch nachteilig bemerkbar. Den hierdurch erwachsenden Risiken soll durch das Ablegen eines Notfalldatensatzes auf der elektronischen Gesundheitskarte (eGK) begegnet werden (Schenkel et al. 2011).

2.5   Integration heterogener Patientendaten

Auf einer übergeordneten Ebene der Informationsverarbeitung müssen die verschiedenen Datenmodalitäten zusammengeführt werden. In der elektronischen Patientenakte (EPA, Abb. 1) geschieht dies bereits in vielen Einrichtungen,

der Durchdringungsgrad variiert jedoch aufgrund des Aufwandes und der Umstellungskosten stark. Auch finden oft nicht alle verfügbaren Daten Eingang in die EPA, da die Daten im Krankenhausinformationssystem (KIS) oder radiologischen Bildarchiv (PACS, Picture Archiving and Communication System) unvollständig sind. Gründe hierfür können sein:

- Im KIS, teilweise auch PACS, liegen die Daten in heterogener, teilweise unstrukturierter Form vor. Zur Integration in eine einheitliche Plattform müssen für jedes vorkommende Format Importfilter vorliegen bzw. selbst konzipiert werden.
- Nicht alle für eine Intervention relevanten Informationen liegen im KIS oder PACS vor. Dies betrifft beispielsweise Daten von externen Zuweisern oder wissenschaftlich ausgerichtete Untersuchungen an einer kooperierenden Forschungseinheit, die nicht an die klinischen Informationssysteme angegliedert sind.
- Die Menge an anfallenden Daten übersteigt die verfügbare Speicherkapazität. Videos von Ultraschall- oder kardiologischen Untersuchungen sowie genomische Analysen erzeugen Datenmengen, die für eine Patientenakte momentan i. d. R. nicht mehr integrierbar sind.

Auch ein adäquater Zugriff auf die vorhandenen Informationen kann je nach Datenintegration unterschiedlich aufwendig sein. Falls z. B. Befunde nur in Form multipler pdf-Dateien vorliegen, kann nicht ohne weiteres für die Operation eine chronologische Ansicht auf Gerinnungsparameter oder erfolgte Transfusionen generiert werden.

Diese der Spezialisierung sowohl im Gesundheitswesen als auch der IT geschuldeten Einschränkungen sind nur mit übergreifenden Maßnahmen der Informationsverarbeitung zu überwinden. So könnten beispielsweise alle anfallenden Patientendaten in einer Datenhaltung gesammelt werden, die sowohl der Heterogenität als auch der Datenmengen Rechnung trägt, einem sog. Data Warehouse, das die Daten nicht nach Quellsystemen, sondern nach Themengebieten organisiert. Für den jeweiligen Behandlungszusammenhang kann eine zugeschnittene Kopie der relevanten Daten erfolgen, was zielgerichtete Analysen erleichtert und das Gesamtsystem entlastet (sog. Data-Mart). Ein erleichterter Zugriff auf jeweils relevante Patientendaten könnte auch durch die Generierung eines eingeschränkten und für alle Patienten standardisierten Datensatzes erfolgen, der beispielsweise auf einer eGK abgelegt oder mittels derer online abgerufen wird.

Zu den angesprochenen patientenspezifischen Informationen können Daten in Form einer Wissensbasis treten, die im Sinne der Systemmedizin eine weitere Integration und Verdichtung erlauben. Als Zielvorstellung entsteht

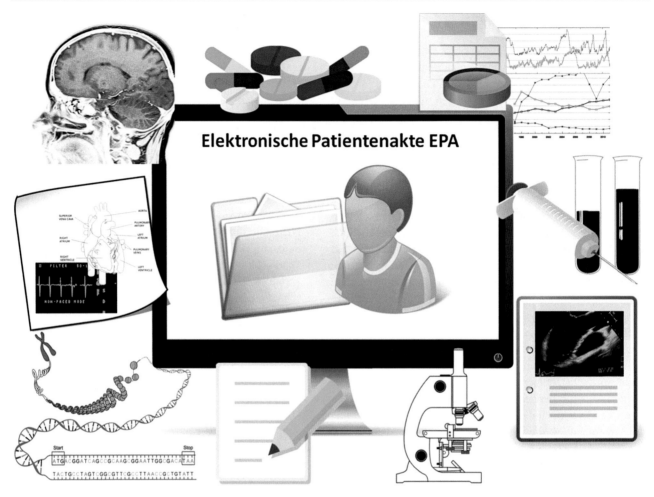

Abb. 1 Elektronische Patientenakte (EPA). Daten unterschiedlicher Modalitäten werden gemeinsam gespeichert, um allen Beteiligten im Behandlungszusammenhang zur Verfügung zu stehen. Die Heterogenität der anfallenden Daten machen teilweise umfangreiche Anpassungen für Import und einheitliche Speicherung nötig. Große Datenmengen können evtl. nicht direkt in der EPA gespeichert werden. Für spezielle Anwendungen gibt es jedoch schon Multimedia-EPAs (Documet et al. 2009; Huang et al. 2013)

gewissermaßen ein Modell des Patienten bzw. relevanter Teile von ihm, das eine Verschmelzung individueller Informationen mit allgemeinem Wissen über Organe, Erkrankungen und klinischen Abläufen ermöglicht.

3　Intraoperative Informationsverarbeitung

3.1　Logistik, Dokumentation

Der Operationssaal – in größeren Häusern zumeist eingebettet in einen OP-Trakt mit mehreren Sälen – stellt in mehrfacher Hinsicht ein eigenes „Ökosystem" innerhalb des Krankenhauses dar.

Während der Operation selbst werden hingegen viele Vorgänge erfasst und in der Dokumentation festgehalten. Dies betrifft u. a. bestimmte Zeitpunkte, z. B. das „Auflegen" des Patienten auf den OP-Tisch, Schnitt- und Nahtzeit sowie die Verwendung von Gerätschaften wie steriler OP-Siebe oder von Nahtmaterial. Derartige Informationen können sowohl für logistische Zwecke verwendet werden – Material muss nachbestellt, OP-Besteck neu sterilisiert werden – als auch der weiteren Betreuung und Sicherheit des Patienten dienlich sein. So kann z. B. eine bisher nicht bekannte Unverträglichkeit Eingang in die Patientenakte finden und somit für kommende Maßnahmen berücksichtigt werden. Bei evtl. postoperativ auftretenden Komplikationen wird überdies die Ursachenforschung unterstützt.

3.2　Integration präoperativer Daten

In KIS und PACS gespeicherte Patientendaten stehen i. d. R. auch im OP-Saal an geeigneten, angepassten Terminals – beispielsweise mit leicht zu reinigender Folientastatur – zur

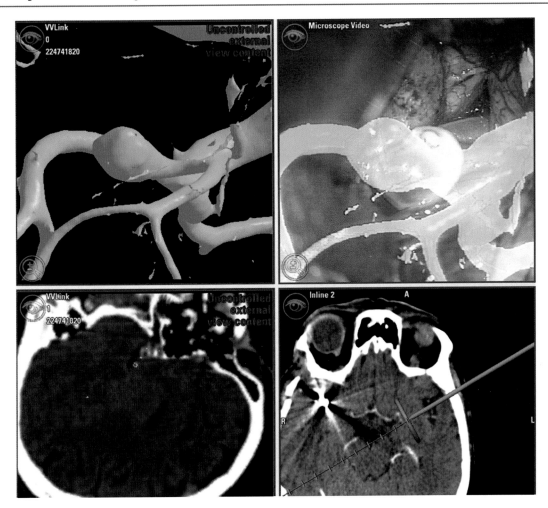

Abb. 2 Zerebrale Aneurysmaoperation. Einblendung extern generierter Visualisierungen in ein kommerzielles Navigationssystem über eine standardisierte TCP/IP-Verbindung. Zur Abgrenzung gegenüber den zertifizierten Herstellermodulen erfolgt die Einblendung eines Warnhinweises nebst roter Umrandung. (Quelle: Medizinische Informatik & Neurochirurgie, Universitätsklinikum Heidelberg)

Verfügung. Sofern radiologische Aufnahmen für den Eingriff aufbereitet werden, ergibt sich ein uneinheitliches Bild: Viele Standard- und einige aufwendige Bildverarbeitungsoperationen lassen sich auf modernen Bildakquisitionssystemen wie der CT oder MRT großer Hersteller direkt durchführen und danach wieder im PACS ablegen. Planungskomponenten für komplexe oder fachspezifische Verarbeitungsschritte werden oftmals entweder von Herstellern von Systemen zur computerassistierten Chirurgie (Computer Aided Surgery, CAS) oder mit der Klinik assoziierten wissenschaftlichen Einrichtungen betrieben. Sofern die Ergebnisse dieser Verarbeitungsschritte wiederum in Standardformaten (zumeist DICOM) vorliegen und seitens der Krankenhaus-IT keine Vorbehalte bestehen, können die Daten in das PACS zurückgespielt und bei der Operation aufgerufen werden. Falls dies nicht möglich ist, wird entweder ein zusätzlicher Rechner oder für den Operateur einsehbarer Monitor benötigt oder in manchen Fällen unter Umgehung von KIS und PACS eine direkte Verbindung mit OP-Komponenten bereitgestellt (vgl. Abb. 2). Hierbei handelt es sich dann zumeist um Insellösungen, die nur mit ausgewählten Komponenten weniger Hersteller funktionieren.

Trotz dieser Einschränkungen hat die Aufbereitung und Integration von Planungsdaten in den vergangenen Jahren, insbesondere im Bereich der bildgestützten Chirurgie (Image Guided Therapy, IGT), erfolgreich Einzug in die klinische Routine gehalten. Seit den 1990er-Jahren wird beispielsweise die intraoperative Navigation in vielen Bereichen eingesetzt; zunächst erfolgte die Verbreitung aufgrund des einfacheren Trackings bei Eingriffen mit knöcherner Beteiligung – wie der Neurochirurgie, HNO, MKG oder Orthopädie – seit einigen Jahren auch in der Weichteilchirurgie (z. B. (Kenngott et al. 2015), vgl. Abb. 3 und Abb. 4). Wie in Abschn. 2.5 angedeutet, können zu den präoperativ erhobenen patientenspezifischen Bilddaten allgemeine Informationen wie Atlasdaten oder Formmodelle treten, um eine wis-

Abb. 3 Navigation und
Augmented Reality bei
urologischen Eingriffen. *Oben*:
Während einer Nadelpunktion des
Nierenbeckens wird ein Modell
der Niere und umgebender
Knochen in das Kamerabild des
Tablets eingeblendet. Die
Orientierung am Patienten
geschieht über aufgeklebte
Farbmarkierungen. *Unten rechts*:
Während eines laparoskopischen
Eingriffs zur Resektion eines
Nierentumors kann dessen Lage
in das Videobild überblendet
werden (grüne Darstellung).
Unten links: Bei unklarer
Positionierung wegen überdeckter
Trackingnadeln wird die
Einblendung ausgesetzt. (Quelle:
Simpfendörfer et al. 2015)

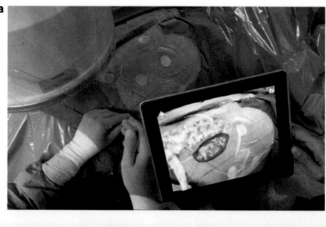

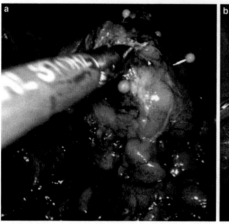
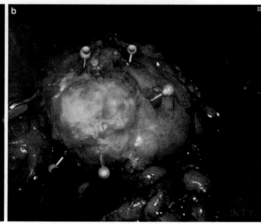

sensbasierte Entscheidungsfindung vor und während des Eingriffes zu unterstützen (Suwelack et al. 2014; Ganser et al. 2004). Derlei Modelle existieren zunächst nur im Rechner, bis hin zu haptischen Informationen für den Operateur, die über sog. Force-Feedback-Systeme erfahrbar gemacht werden können. Mit der Weiterentwicklung und zunehmenden Verbreitung von 3D-Druckern erwächst die Möglichkeit, zumindest Teile dieser Modellierungen auch in der Realwelt greifbar und der Planung des Eingriffes physisch zugänglich zu machen (Fujita et al. 2015). Die Aggregation der Patientendaten – einschließlich funktioneller Informationen – unterstützt eine möglichst schonende Vorgehensweise, z. B. das Zielgebiet exakt anzusteuern und Risikostrukturen zu umgehen.

Eine Integration mehrerer Bildmodalitäten erfordert i. d. R. eine Fusion der dreidimensionalen Datensätze, um dem Chirurgen eine kondensierte Anschauung zu vermitteln. Die Art der Präsentation derartig angereicherter Informationen erlangt hier eine wesentliche Bedeutung. Ein zusätzlicher Monitor kann sich beispielsweise auf die bewährten Abläufe bereits störend auswirken. Idealerweise fügt sich deshalb die Darstellung in die vorhandenen Prozesse und Techniken ein, z. B. auf einem bereits vorhandenen System oder durch das

OP-Mikroskop (Abb. 2), oder reichert die Ansicht auf eine natürlich wirkende Weise an, wie bei der Augmented Reality (AR) der Fall (Abb. 3 und 4).

3.3 Integration intraoperativer Daten

Während eines operativen Eingriffes wird eine Vielzahl an Daten erhoben, die sich u. a. in klinische Informationen, Bilddaten und Biosignale einteilen lassen.

Vitalparamater werden kontinuierlich von anästhesiologischer Seite erfasst und in einen Verlaufsbogen eingetragen, ebenso ein Protokoll über verabreichte Medikation, Narkotika und durchgeführte diagnostische Tests (z. B. Blutgasanalyse) erstellt. Diese können direkt in die EPA integriert werden, werden jedoch noch oft papiergestützt geführt.

Intraoperative Bildgebung ist insbesondere in Krankenhäusern der Maximalversorgung inzwischen relativ weit verbreitet. Sie ermöglicht eine Aktualisierung der präoperativen Planungs- und Navigationsdaten, um beispielsweise eine Verschiebung von Gewebe nach Resektion zu erfassen oder die korrekte Lage von Implantaten zu kontrollieren.

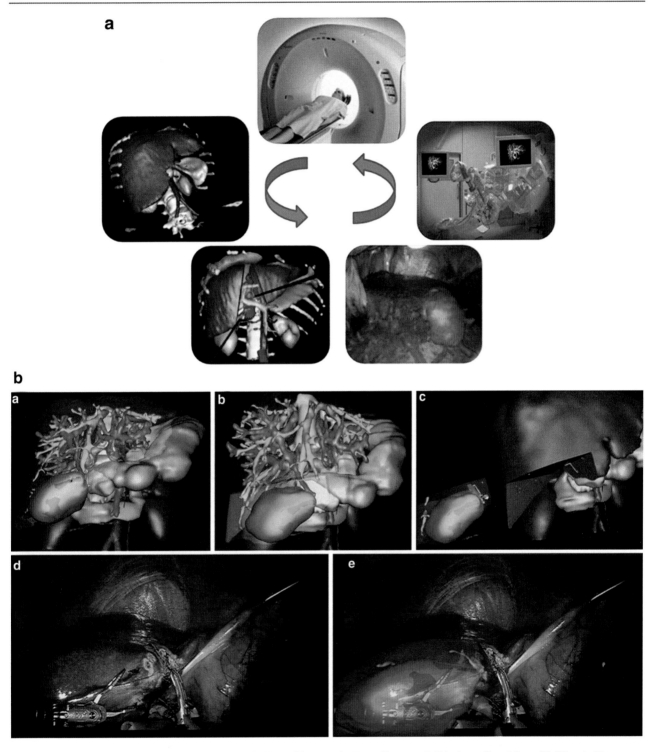

Abb. 4 Bildgestützte Leberchirurgie. *Oben*: Aus Schnittbildverfahren (CT oder MRT) gewonnene 3D-Modelle erlauben die Segmentierung von Zielstrukturen und umliegendem Gewebe. Per Transparenz können tiefere Strukturen wie Gefäße eingeblendet werden. Mittels intraoperativer Bildgebung wird bei fortschreitendem Eingriff eine Aktualisierung der Darstellung ermöglicht (sog. Closed-Loop Verfahren). *Unten*: **a–c**: Berechnung und Darstellung des zu resezierenden Teilvolumens. **d, e**: Dieses wird am realen Situs per Augmented Reality am noch intakten Organ überblendet. (Quelle: Marescaux und Diana 2014)

Die Bandbreite der radiologischen und pathologischen Untersuchungen nähert sich inzwischen den Möglichkeiten außerhalb des Operationssaals an. Neben den ansonsten gebräuchlichen Bildgebungsverfahren kommen intraoperativ z. B. Fluoreszenzuntersuchungen oder, bei entsprechend zugänglichen Organen wie der Haut oder Leber, auch eine Oberflächenabtastung mittels Laser bzw. Endoskop zum Einsatz (Galloway et al. 2012). Dies ermöglicht oft eine verlässliche Aussage über den Erfolg des Eingriffes und erlaubt – sofern nötig – eine unmittelbare Korrektur; man spricht in diesem Zusammenhang auch von Closed-Loop-Systemen (z. B. (Lo et al. 2015), vgl. Abb. 4 oben).

Auch Biosignale werden intraoperativ erhoben und fließen unmittelbar in die Therapie ein:

- Bei der HF-Ablation (auch: Radio Frequency Ablation, RFA) am Herzen, zur Therapie schwerwiegender Rhythmusstörungen wie des Vorhofflimmerns, findet dies durch das verwendete Instrument statt. Der Katheter ist dadurch nicht nur ein therapeutisches Instrument, sondern erfasst die Reizleitungssignale am Endokard und erstellt dadurch eine Art elektrische Landkarte. Diese dient – teilweise nach Fusionierung mit morphologischen präinterventionellen Aufnahmen – zur Abgrenzung des arrhythmogenen Fokus, der während der gleichen Sitzung therapiert wird.
- Bei Eingriffen am Nervensystem kann die intraoperative Erfassung und Auswertung von Biosignalen unmittelbar in die Therapie einfließen. Mittels einer peripheren Muskelreizung gelingt – durch den Nachweis einer sog. Phasenumkehr des am sensorischen Kortex eintreffenden Signals – eindeutig die Identifizierung der Zentralfurche (Sulcus centralis) des Gehirns, um präoperative morphologische und funktionelle Aufnahmen vor Ort zu verifizieren.
- Beim Vorschieben einer Stimulationselektrode im Rahmen der Tiefenhirnstimulation (Deep Brain Stimulation, DBS) wird durch Beobachten der dabei ableitbaren neuronalen Erregungsmuster auf die korrekte Lage der Elektroden geschlossen. Oftmals ist zudem der Patient während dieser für den Erfolg des Eingriffes wesentlichen Phase wach, um unmittelbar über die Wirkung der Stimulation Rückmeldung zu geben.

Noch extensiver wird von derlei Verfahren beim Einsatz sog. Brain Computer Interfaces (BCI) Gebrauch gemacht, wie sie beispielsweise bei der Steuerung von Prothesen durch Gelähmte zum Einsatz kommen können. Die am Motorcortex abgeleiteten Signalmuster können erst nach einer maschinellen Lernphase mittels Klassifikation und Mustererkennung zur gezielten und fein abgestuften Bewegungssteuerung verwendet werden (Moxon und Foffani 2015; Masse et al. 2015).

3.4 Integrierter Operationssaal

Die genannten prä- und intraoperativen Patientendaten zeichnen ein heterogenes Bild für die beteiligte Informationsverarbeitung. Damit der Patient hierbei einerseits von Innovationen profitiert, andererseits nicht durch komplizierende Abläufe oder technische Inkompatibilitäten gefährdet wird, gibt es weitreichende Bemühungen hinsichtlich einer umfassenden Datenintegration. Einige der großen Anbieter von OP-Technik haben jeweils integrierte Lösungen entwickelt, die durch eine gemeinsame technologische Plattform und stringente Benutzerführung einen hohen Grad an Einheitlichkeit erreichen. So werden z. B. alle visuellen Informationen gut sichtbar und standardisiert zusammengefasst sowie alle eingesetzten technischen Komponenten aufeinander abgestimmt. Kompatibilität und Interoperabilität werden somit – beispielsweise durch die Verwendung proprietärer Bussysteme – auch auf Datenebene gewährleistet, das System ist jedoch entsprechend wenig für Erweiterungen anderer Hersteller oder aus dem wissenschaftlichen Umfeld zugänglich.

Im nächsten Schritt wird deshalb eine übergeordnete Stufe der Standardisierung angestrebt, die Interoperabilität im heterogenen Umfeld durch Verwendung von verbreiteten Standards (Kap. 1 ▶ Fusion von Medizintechnik und Informationstechnologie) zur Datenerfassung und -kommunikation gewährleistet. Vorbild hierzu kann die erfolgreiche Entwicklung im Bereich von Bildakquisition und -transfer nach der Einführung des DICOM-3-Standards mit einer breiten Herstellerunterstützung sein. Entsprechend werden Erweiterungen solcher Standards im Hinblick auf die Anforderungen im operativen Umfeld entwickelt (Minutes of DICOM WG24) und die Etablierung zugeschnittener IHE[1]-Profile angestrebt (Niederlag et al. 2014). Hiermit eng verknüpft ist die Standardisierung auch der Abläufe im OP. Während für ausgewählte Fälle beispielhaft Standards erarbeitet wurden (Abb. 5, (Treichel et al. 2012)), gibt es für chirurgische Prozesse noch keinen Konsens im Sinne von evidenzbasierter Medizin (EBM). Leitlinien erstrecken sich hier bisher auf das Vorgehen bei bestimmten Krankheitsbildern oder die Verwendung spezieller chirurgischer Techniken (Studienzentrum der Deutschen Gesellschaft für Chirurgie; Leitlinien mit Beteiligung der Deutschen Gesellschaft für Chirurgie e.V.). Einen Ansatz kann die systematische Quantifizierung sowie Modellierung des Workflows bieten, um den Operateur zukünftig ereignisgesteuert zu unterstützen (Franke und Neumuth 2014) und (papiergestützte) Checklisten (Bauer 2010; Shekelle et al. 2013) zu ersetzen.

In den vergangenen Jahren haben sich einige große, auf Bundes- und EU-Ebene geförderte Verbundprojekte

---

[1] IHE: Integrating the Healthcare Enterprise.

Abb. 5 Ergänzungen des DICOM-Standards für die Implantatchirurgie. Vereinfachte Darstellung der Planungsphase für eine Zahn- bzw. Hüftimplantation. Ellipsen stehen hierbei für Entitäten der realen Welt, Rechtecke für Aktivitäten und Trapezoide für Datenobjekte im Rahmen der Modellierung. In ähnlicher Weise lassen sich Prozessketten für Abläufe innerhalb des OPs oder des allgemeinen Patientenmanagements modellieren. (Quelle: Treichel et al. 2012)

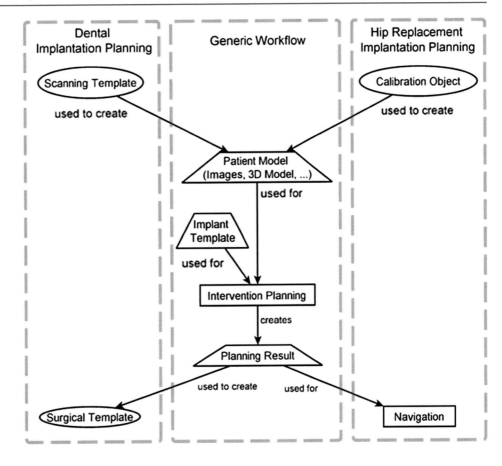

mit verschiedenen Aspekten zur computerunterstützten Chirurgie beschäftigt; eine Auswahl wird in den Referenzen (Lehrach et al. 2011; http://gepris.dfg.de/gepris/projekt/ 5471335 SPP 1124; http://gepris.dfg.de/gepris/projekt/ 462565 GRK 1126; http://gepris.dfg.de/gepris/projekt/ 5480208 SFB 414; http://www.gesundheitsforschung-bmbf.de/de/1631.php SOMIT; http://www.gesundheitsfor-schung-bmbf.de/de/1631.php SOMIT abgeschlossene Teil-projekte; http://www.passport-liver.eu PASSPORT PAtient Specific Simulation und PreOperative Realistic Training for liver surgery; http://www.iiios.eu Integrated Interventional Imaging Operating System; https://innoplan.uni-hohen-heim.de InnOPlan - Innovative; http://www.ornet.org OR NET Sichere dynamische Vernetzung in Operationssaal und Klinik; http://www.itfom.eu IT Future of Medicine) genannt. Neben technischen Gesichtspunkten standen dabei auch Verbesserungen zu Prozessabläufen, der Sicherheit und des schonenden Operierens im Fokus. Das 2016 aus-laufende OR.NET-Projekt listet beispielsweise 46 Projekt-partner an klinischen, wissenschaftlichen, industriellen und regulatorischen Teilhabern, was die Notwendigkeit eines übergreifenden interdisziplinären Ansatzes für den inte-grierten OP unterstreicht.

4   Zusammenfassung und Ausblick

Während eines operativen Eingriffs ist von vielen beteiligten Akteuren ein Zugriff auf heterogene Patientendaten notwen-dig. Mit einer digitalen Infrastruktur, wie sie beispielsweise die elektronische Patientenakte bietet, können die Abläufe und Entscheidungen rund um verschiedene Interventionen nachhaltig unterstützt werden. Die Herausforderungen für die Informationsverarbeitung sind hierbei nicht nur techni-scher Natur. Eine Zusammenführung der jeweils relevanten Daten und eine ergonomische Präsentation und Interaktion sind Voraussetzung für Akzeptanz und gewinnbringende Nutzung. Die Integration der verfügbaren Informationen auf diagnostischer, therapeutischer und organisatorischer Ebene sollen letztlich dem Patienten dienen, der von verdichteten Abläufen in Hinsicht auf ein effizientes und schonendes Vorgehen profitiert. Für die nötige Interoperabilität der tech-nischen Komponenten kann die Verbreitung der bildgestütz-ten Chirurgie durch eine flächendeckende Unterstützung von Standards und Schnittstellen als Vorbild dienen, z. B. im Hinblick auf zugeschnittene Erweiterungen von DICOM, IHE-Profilen und der EPA.

Eine erfolgreiche Akzeptanz von Informationsverarbeitung im operativen Umfeld geht mit ihrer Unsichtbarkeit einher, sofern sie sich nahtlos in beteiligte Gerätschaften und Abläufe integriert. Miniaturisierte „Smart Devices" übernehmen dedizierte Aufgaben als Sensor und/oder Aktor, kommunizieren mit ihrer Umgebung und entlasten den Therapeuten (McEvoy und Correll 2015). Die zunehmend eingebettete Informations- und Kommunikationstechnik kann jedoch auch Sicherheitsrisiken mit sich bringen, insbesondere im Bereich der Schnittstellen (Honsel 2015; Klein 2015). Andererseits erlaubt die Miniaturisierung und Standardisierung von Hard- und Softwarekomponenten eine innovative Annäherung von Verbraucher- und Gesundheitsbereich, neben den boomenden „Wearables" beispielsweise im Bereich der virtuellen Realität für den OP oder des 3D-Druckes von Gewebe (IMHOTEP – Immersive Medical Hands-On Operation Teaching und Planning System 2014; Davis und Rosenfield 2015; Medica 2014; Morrison et al. 2015; Sony 2014).

Die größten Risiken im OP liegen indes nicht im technischen, sondern im menschlich-organisatorischen Bereich (Zegers et al. 2011). Entsprechend sind für Sicherheitsaspekte eher „kulturelle" Ansatzpunkte relevant (Berger et al. 2013). So verlangt eine sich dynamisch verändernde technische Landschaft auch, etablierte Abläufe rund um operative Eingriffe innerhalb und zwischen beteiligten Berufsgruppen auf den Prüfstand zu stellen. Auch außerhalb des OPs lassen sich z. B. zwischen klinisch und technisch ausgerichteten Anwendern bzw. Entwicklern kulturelle Differenzen konstatieren, die für Kommunikation und Zusammenarbeit eine Herausforderung darstellen (VDE Positionspapier).

Mittelfristig erscheint eine übergeordnete Erfassung und Verarbeitung von Patientendaten mit Ansätzen der Systemmedizin erfolgversprechend (Auffray 2010). In den Behandlungszusammenhang fließen dabei neben individuellen klinischen Patientendaten Wissensbasen z. B. in Form von Fallsammlungen und Forschungsergebnissen. Diese können – insbesondere auch durch die Anreicherung mit Omics-Daten – durch personalisierte Modellierung eine Entscheidungsunterstützung für ein Therapiebord bieten. Eine derartige umfassende Modellierung kann darüber hinaus für Schulungszwecke verwendet werden, auch im Rahmen von Online-Kursen (Minimally invasive surgery training center), sowie dem Patienten selbst anschauliche Einblicke in seine Krankheit vermitteln (Leonardi 2015).

Neben all den technischen Aspekten soll nicht unerwähnt bleiben, dass noch zusätzliche Faktoren zum Wohlbefinden – und damit auch zum Erfolg der Therapie – beim Patienten beitragen (Sauer 2014). Patienten und Angehörige an einem verbesserten Informationsfluss teilhaben zu lassen, kann helfen, Vorbehalte gegenüber einer technisierten Medizin abzubauen und Eigenverantwortung der Betroffenen zu stärken (Kain et al. 2015).

Literatur

Auffray C, Balling R (2010) From systems biology to systems medicine, European Commission, DG Research, Directorate of Health. Brussels 14–15 June 2010. Workshop report. http://ec.europa.eu/research/health/pdf/systems-medicine-workshop-report_en.pdf.

Bauer H (2010) Cockpit und OP-Saal: Checklisten verbessern Sicherheit. Berl Med 2010–1:8–12

Berger MS, Wachter RM, Greysen SR, Lau CY (2013) Changing our culture to advance patient safety. J Neurosurg 119(6):1359–1369. doi:10.3171/2013.10.JNS132034

Das Einsparpotenzial innovativer Medizintechnik, SPECTARIS & ZVEI. http://www.spectaris.de/uploads/tx_ewscontent_pi1/Studie-Einsparpotenzial-2014_01.pdf., verlinkt unter http://www.spectaris.de/medizintechnik.html.

Davis CR, Rosenfield LK (2015) Looking at plastic surgery through google glass: part 1. Systematic review of google glass evidence and the first plastic surgical procedures. Plast Reconstr Surg 135(3):918–928. doi:10.1097/PRS.0000000000001056

Documet J, Le A, Liu B, Chiu J, Huang HK (2009) A multimedia electronic patient record (ePR) system for image-assisted minimally invasive spinal surgery. Int J CARS 5(3):195–209. doi:10.1007/s11548-009-0387-x

Franke S, Neumuth T (2014) A framework for event-driven surgical workflow assistance. Biomed Eng-Biomed Tech 59:S431–S434

Fujita B, Kütting M, Scholtz S, et al (2015) Development of an algorithm to plan and simulate a new interventional procedure. Interact CardioVasc Thorac Surg ivv080. doi:10.1093/icvts/ivv080

Galloway RL, Herrell SD, Miga MI (2012) Image-guided abdominal surgery and therapy delivery. J Health Eng 3(2):203–228. doi:10.1260/2040-2295.3.2.203

Ganser KA, Dickhaus H, Metzner R, Wirtz CR (2004) A deformable digital brain atlas system according to Talairach and Tournoux. Med Image Anal 8(1):3–22

Henriksen K, Oppenheimer C, Leape LL, et al (2008) Envisioning patient safety in the year 2025: eight perspectives. In: Henriksen K, Battles JB, Keyes MA, Grady ML (Hrsg) Advances in patient safety: new directions and alternative approaches, Bd 1, Assessment). http://www.ncbi.nlm.nih.gov/books/NBK43618.

Honsel G (2015) Keine Sicherheit, nirgends. Technol Rev. http://www.heise.de/tr/blog/artikel/Keine-Sicherheit-nirgends-2599434.html.

Horsley V, Clarke RH (1908) The structure and functions of the cerebellum examined by a new method. Brain 31(1):45–124. doi:10.1093/brain/31.1.45

Huang HK, Deshpande R, Documet J et al (2013) Medical imaging informatics simulators: a tutorial. Int J CARS 9(3):433–447. doi:10.1007/s11548-013-0939-y

IMHOTEP – Immersive Medical Hands-On Operation Teaching and Planning System. 2014. https://www.youtube.com/watch?v=AQhcYhPuq98.

Kain ZN, Fortier MA, Chorney JM, Mayes L (2015) Web-based tailored intervention for preparation of parents and children for outpatient surgery (WebTIPS): development. Anesth Analg 120(4):905–914. doi:10.1213/ANE.0000000000000610

Kenngott HG, Wagner M, Nickel F, et al (2015) Computer-assisted abdominal surgery: new technologies. Langenbecks Arch Surg 1–9. doi:10.1007/s00423-015-1289-8

Klein T (2015) How to deal with IT-security threats for connected medical devices. http://www.emdt.co.uk/daily-buzz/how-deal-it-security-threats-connected-medical-devices.

Lehrach H, Subrak R, Boyle P et al (2011) ITFoM – The IT future of medicine. Procedia Comput Sci 7:26–29. doi:10.1016/j.procs.2011.12.012

Leitlinien mit Beteiligung der Deutschen Gesellschaft für Chirurgie e.V. (DGCH) http://www.awmf.org/fachgesellschaften/mitgliedsgesellschaften/visitenkarte/fg/deutsche-gesellschaft-fuer-chirurgie.html.

Leonardi K (2015) Cerebral curiosity. Graduate student Steven Keating takes a problem-solving approach to his brain cancer. MIT News. http://newsoffice.mit.edu/2015/student-profile-steven-keating-0401.

Lo SL, Otake Y, Puvanesarajah V et al (2015) Automatic localization of target vertebrae in spine surgery: clinical evaluation of the level-Check registration algorithm. Spine 40(8):E476–E483. doi:10.1097/BRS.0000000000000814

Marescaux J, Diana M (2014) Inventing the future of surgery. World J Surg 39(3):615–622. doi:10.1007/s00268-014-2879-2

Masse NY, Jarosiewicz B, Simeral JD et al (2015) Reprint of „Non-causal spike filtering improves decoding of movement intention for intracortical BCIs". J Neurosci Methods 244:94–103. doi:10.1016/j.jneumeth.2015.02.001

McEvoy MA, Correll N (2015) Materials that couple sensing, actuation, computation, and communication. Science 347(6228):1261689. doi:10.1126/science.1261689

Medica (2014) Gesundheit im Zeichen von IT. heise online. http://www.heise.de/newsticker/meldung/Medica-2014-Gesundheit-im-Zeichen-von-IT-2457682.html.

Metzner R, Eisenmann U, Wirtz CR, Dickhaus H (2006) Pre- and intraoperative processing and integration of various anatomical and functional data in neurosurgery. Stud Health Technol Inform 124:989–994

MICCAI DTI Challenge. http://projects.iq.harvard.edu/dtichallenge15/introduction.

Minimally invasive surgery training center. IRCAD France. http://www.ircad.fr/training-center.

Minutes of DICOM WG24 (2011) „DICOM in Surgery" Meeting #18 (Chicago), Wednesday, 30 Nov. 2011, McCormick Place, during RSNA, Chicago. http://medical.nema.org/Dicom/minutes/WG-24/2011/DICOM_WG-24_2011-11-30_Min.pdf.

Morrison RJ, Hollister SJ, Niedner MF, et al (2015) Mitigation of tracheobronchomalacia with 3D-printed personalized medical devices in pediatric patients. Sci Transl Med (285): 285ra64-ra285ra64. doi:10.1126/scitranslmed.3010825

Moxon KA, Foffani G (2015) Brain-machine interfaces beyond neuroprosthetics. Neuron 86(1):55–67. doi:10.1016/j.neuron.2015.03.036

Niederlag W, Lemke HU, Strauß G et al (2014) Der digitale operationssaal, 2. Aufl. De Gruyter, Berlin. ISBN 9783110334302

Rackable und Silicon Graphics jetzt unter der Marke SGI vereint. iX. http://www.heise.de/ix/meldung/Rackable-und-Silicon-Graphics-jetzt-unter-der-Marke-SGI-vereint-218271.html.

Sauer H (2014) Der angstfreie operationssaal, 2015. Aufl. Springer, Berlin. ISBN 9783662451830

Schenkel J, Albert J, Raptis G, Butz N (2011) Notfalldatensatz: Bessere Unterstützung für den Arzt. Dtsch Arztebl International 108(19):A1046–A1048

Shekelle PG, Wachter RM, Pronovost PJ et al (2013) Making health care safer II: an updated critical analysis of the evidence for patient safety practices. Evid Rep Technol Assess (Full Rep) 211:1–945

Simpfendörfer DT, Hatiboglu G, Hadaschik BA, et al (2015) Navigierte urologische Chirurgie. Urologe 1–6. doi:10.1007/s00120-014-3709-8

Sony (2014) 3D Head Mounted Display gives surgeons a fresh dimension. http://www.sony.co.uk/pro/article/medical-3d-head-mounted-display.

Spiegel EA, Wycis HT, Marks M, Lee AJ (1947) Stereotaxic apparatus for operations on the human brain. Science 106(2754):349–350. doi:10.1126/science.106.2754.349

Studienzentrum der Deutschen Gesellschaft für Chirurgie (SDGC). https://www.klinikum.uni-heidelberg.de/Abgeschlossene-Projekte-Publikationen.138100.0.html.

Suwelack S, Röhl S, Bodenstedt S et al (2014) Physics-based shape matching for intraoperative image guidance. Med Phys 41(11):111901. doi:10.1118/1.4896021

Treichel T, Gessat M, Prietzel T, Burgert O (2012) DICOM for implantations – overview and application. J Digit Imaging 25(3):352–358. doi:10.1007/s10278-011-9416-8

VDE-Positionspapier „Medizintechnik in der chirurgischen Intervention". www.vde.com/de/InfoCenter/Studien-Reports/Seiten/Medizintechnik.aspx.

Zegers M, de Bruijne MC, de Keizer B et al (2011) The incidence, root-causes, and outcomes of adverse events in surgical units: implication for potential prevention strategies. Patient Saf Surg 5:13. doi:10.1186/1754-9493-5-13

Online-Referenzen: Verbundprojekte, Fachgesellschaften, Software

http://gepris.dfg.de/gepris/projekt/5480208. SFB 414: Informationstechnik in der Medizin - Rechner- und sensorgestützte Chirurgie.

http://www.ctac-online.eu. Sektion für minimalinvasive Computer und Telematikassistierte Chirurgie der Deutschen Gesellschaft für Chirurgie.

http://www.curac.org. Deutsche Gesellschaft für Computer- und Roboterassistierte Chirurgie.

http://www.gesundheitsforschung-bmbf.de/de/1631.php. SOMIT - abgeschlossene Teilprojekte.

http://www.gesundheitsforschung-bmbf.de/de/984.php. SOMIT.

http://www.iiios.eu. Integrated Interventional Imaging Operating System.

http://www.iscas.net. International Society for Computer Aided Surgery.

http://www.ornet.org. OR.NET: Sichere dynamische Vernetzung in Operationssaal und Klinik.

http://www.passport-liver.eu. PASSPORT: Patient Specific Simulation and PreOperative Realistic Training for liver surgery.

http://www.vde.com/de/fg/DGBMT. Deutsche Gesellschaft für Biomedizinische Technik im VDE.

http://gepris.dfg.de/gepris/projekt/462565. GRK 1126: Entwicklung neuer computerbasierter Methoden für den Arbeitsplatz der Zukunft in der Weichteilchirurgie.

http://gepris.dfg.de/gepris/projekt/5471335. SPP 1124: Medizinische Navigation und Robotik.

http://mitk.org. MITK: The Medical Imaging Interaction Toolkit, dkfz.

http://slicer.org. 3D Slicer, Surgical Planning Laboratory.

http://www.itfom.eu. IT Future of Medicine (Pilotprojekt).

https://innoplan.uni-hohenheim.de. InnOPlan - Innovative, datengetriebene Effizienz OP-übergreifender Prozesslandschaften.

Datenmanagement für Medizinproduktestudien   11

Daniel Haak, Verena Deserno und Thomas Deserno (geb. Lehmann)

Inhalt

D. Haak (✉) • T. Deserno (geb. Lehmann)
Institut für Medizinische Informatik, Uniklinik RWTH Aachen, Aachen, Deutschland
E-Mail: author@noreply.com

V. Deserno
Clinical Trial Center Aachen, Uniklinik RWTH Aachen, Aachen, Deutschland
E-Mail: author@noreply.com

© Springer-Verlag GmbH Deutschland 2017
R. Kramme (Hrsg.), *Informationsmanagement und Kommunikation in der Medizin*,
DOI 10.1007/978-3-662-48778-5_48

1   Einführung

1.1   Anforderungen an Medizinprodukte

Als Medizinprodukt bezeichnet man Systeme oder Stoffe, die zu medizinisch therapeutischen oder diagnostischen Zwecken für Menschen verwendet werden. Im universitären Umfeld werden Medizinprodukte in Zusammenarbeit mit An-Instituten oder auch mit industriellen Partnern – insbesondere im Rahmen öffentlicher Förderprogramme oder in sog. Kooperationsforschung – getestet, weiterentwickelt oder in andere Indikationsgebiete übertragen. An technischen Universitäten wie der RWTH Aachen besteht Anspruch und Bedarf, völlig neue, innovative Produkte, die in den ingenieurswissenschaftlichen Instituten entwickelt und hergestellt werden, über schlanke Strukturen eines Translationsforschungszentrums schnell, aber auch sicher und kontrolliert in die Erstanwendung am Menschen zu bringen. Dabei müssen Forscher, Entwickler und Hersteller von Beginn an das Medizinproduktegesetz (MPG; Kap. Vorschriften für Medizinprodukte) berücksichtigen, dessen Zweck es ist „(...) *den Verkehr mit Medizinprodukten zu regeln und dadurch für die Sicherheit, Eignung und Leistung der Medizinprodukte sowie die Gesundheit und den erforderlichen Schutz der Patienten, Anwender und Dritter zu sorgen*" (Medizinproduktegesetz 2002). Das MPG verweist auf die grundlegenden Anforderungen, die je nach Art des Produktes in drei verschiedenen EU-Richtlinien und deren Anhängen definiert sind:

- Aktives implantierbares Medizinprodukt (Anhang 1 der Richtlinie 90/385/EWG, zuletzt geändert durch Artikel 1 der Richtlinie 2007/47/EG)
- In-Vitro-Diagnostikum (Anhang I der Richtlinie 98/79/EG)
- Sonstiges Medizinprodukt (Anhang I der Richtlinie 93/42/EWG, zuletzt geändert durch Artikel 2 der Richtlinie 2007/47/EG).

Vom Hersteller muss hierzu die medizinische Zweckbestimmung festgelegt und beschrieben werden. Im Falle der sonstigen Medizinprodukte muss eine Risikoklassifizierung vorgenommen werden. Die Regeln zur Klassifizierung sind detailliert im Anhang IX der EU-Richtlinie 93/42/EWG festgelegt. Im Wesentlichen werden vier Klassen unterschieden (Übersicht).

Risikoklassen

- **Klasse I**: geringe Invasivität oder kein methodisches Risiko, z. B. ärztliche Instrumente, Gehhilfen, Verbandsmaterial
- **Klasse IIa**: mäßige Invasivität oder Anwendungsrisiko kurzer Applikationsdauer, z. B. Einwegspritzen, Hörgeräte, Bildarchivierungssoftware (engl. Picture Archiving and Communication System, PACS)
- **Klasse IIb**: mäßige Invasivität oder erhöhtes methodisches Risiko durch systemische Wirkungen oder Langzeitanwendungen, z. B. Beatmungsgeräte, Blutbeutel, Kondome
- **Klasse III**: hohe Invasivität oder hohes Risiko, z. B. Herzschrittmacher, Stents, Brustimplantate.

Außerdem muss die Eignung des Medizinproduktes mittels einer klinischen Bewertung nachgewiesen werden. Diese klinische Bewertung kann einerseits durch Literaturrecherche und dem Nachweis der Vergleichbarkeit des Produktes mit den in der Literatur verfügbaren klinischen Daten erfolgen. Bei innovativen Medizinprodukten wird dieser Weg nicht möglich sein. Dann muss die Eignung anhand neuer klinischer Daten erfolgen, die in klinischer(n) Prüfung(en) erhoben werden.

1.2 Klinische Prüfungen und Studien mit Medizinprodukten

Wendet man die Definitionen für Medizinprodukt und klinische Prüfung aus dem MPG auf typische Forschungsfragen an, so wird schnell deutlich, dass jede Veränderung eines Produktes, einer Software (stand-alone oder integriert) oder jede neue Kombination von bereits CE-zertifizierten Medizinprodukten als neues Medizinprodukt aufzufassen ist. Damit ist auch jede Testung veränderter oder kombinierter Komponenten eine Medizinproduktestudie. Dies bedeutet auch, dass vor jeder Testung am Probanden oder Patienten die gesetzlich erforderlichen Genehmigungen bei den zuständigen Ethik-Kommissionen (EK) und der zuständigen Bundesoberbehörde (BOB), hier dem Bundesinstitut für Arzneimittel und Medizinprodukte, BfArM, einzuholen sind. Beide Stellen genehmigen in voneinander zeitlich und inhaltlich unabhängigen Verfahren die Testung am Menschen, die per Gesetz (§ 20 ff MPG) grundsätzlich erst einmal verboten ist. Eine Testung kann genehmigt werden, wenn die allgemeinen und ggf. besonderen Voraussetzungen dafür gemäß § 20 ff MPG erfüllt sind.

Der *Sponsor* ist verantwortlich für die Initiierung, Durchführung und Finanzierung der Testung und reicht die Genehmigungsanträge ein, die ausführliche Unterlagen gemäß § 5 ff der Verordnung über klinische Prüfungen von Medizinprodukten (MPKPV) umfassen.

Unter anderem muss der Sponsor nachweisen, dass eine *Probanden- bzw. Patientenversicherung* gem. § 20 MPG abgeschlossen wurde, die in Ergänzung zu den Berufs- und Betriebshaftpflichten der Beteiligten auch dann eintritt, wenn ein Zwischenfall geschieht, der verschuldensunabhängig ist.

Jeder *Prüfer*, in der Regel ein entsprechend im Indikationsgebiet und in der Durchführung klinischer Prüfungen ausreichend qualifizierter Arzt, wird vom Sponsor zusammen mit Informationen über die Eignung seiner *Prüfstelle* bei der jeweils für diesen Prüfer zuständigen EK gemeldet, wobei jede Praxis-, Klinikadresse oder Niederlassung eine eigene zu meldende Prüfstelle darstellt. Von der EK wird u. a. überprüft, ob der Prüfer und sein Studienteam aufgrund ihrer Qualifikationen geeignet und auch personelle und räumliche Ressourcen in geeigneter Form vorhanden sind, um eine Medizinproduktestudie an der Prüfstelle optimal durchzuführen.

Gibt es mehrere Prüfstellen in Deutschland, so ist einer der Prüfer der *Hauptprüfer* und die für diesen zuständige EK ist die *federführende EK*. Die für alle anderen beteiligten Prüfstellen zuständigen EKs sind *beteiligte EKs* und übermitteln ihre Eingaben an die federführende EK, die diese in einer einzigen Bewertung zusammenführt.

Über das Internetportal *Medizinprodukteinformationssystem* (MP-Informationssystem) des Deutschen Instituts für Medizinische Dokumentation und Information (DIMDI, www.dimdi.de) findet die gesamte Kommunikation während der Genehmigungsverfahren zwischen Sponsor, EK und BOB online statt. Die Bewertungsverfahren können im DIMDI-Portal parallel oder in beliebiger Reihung nacheinander vom Sponsor angestoßen werden. Beide Stellen kommunizieren dann gegenseitig auch ihre Ergebnisse. Einsicht in dieses Portal haben auch alle für die einzelnen beteiligten Prüfstellen zuständigen *Überwachungsbehörden* der Länder (www.zlg.de), die ggf. Inspektionen während der Datenerhebungsphase der Studie durchführen.

Aus dem MPG § 20 ff in Verbindung mit der MPKPV wird deutlich, dass es zunächst einmal zwei verschiedene Bewertungsverfahren für eine klinische Prüfung eines Medizinproduktes am Patienten gibt. Während *Prüfung* und *Studie* im Arzneimittelbereich synonym verwendet werden, unterscheidet das MPG die Generierung von klinischen Daten für die klinische Bewertung mit dem Ziel, einen Nachweis zu führen, dass 1. das Produkt im technischen Sinne geeignet und sicher ist, also die grundlegenden Anforderungen (vgl. MPG § 7) erfüllt sind (Prüfung), oder dass 2. die Wirksamkeit bzw. der klinische Nutzen für den Patienten existiert (Studie). In der Praxis zeigt sich oft eine dritte Variante, die ganz aus den Anwendungsfällen des MPG herausfällt:

1. **Volles Genehmigungsverfahren:**
   a. Klinische Prüfung mit einem Medizinprodukt ohne CE-Kennzeichnung, das nicht als Medizinprodukt mit geringem Sicherheitsrisiko klassifiziert werden kann.
   b. Klinische Prüfung mit einem Medizinprodukt, das nach MPG §§ 6 und 10 die CE-Kennzeichnung tragen darf, jedoch außerhalb seiner Zweckbestimmung angewendet wird und/oder zusätzliche invasive oder belastende Maßnahmen vorsieht.
   c. Klinische Studien mit einem Medizinprodukt gemäß Punkt a. oder b., deren primäres Ziel die Erhebung von Wirksamkeitsdaten sind.
2. **Befreiung von der Genehmigungspflicht:**
   a. Medizinprodukt ohne CE-Kennzeichnung, aber mit geringem Sicherheitsrisiko, also der Klasse I oder nichtinvasives Medizinprodukt der Klasse IIa.
   b. Medizinprodukt, das nach MPG §§ 6 und 10 die CE-Kennzeichnung tragen darf, innerhalb seiner Zweckbestimmung angewendet wird und die klinische Prüfung keine zusätzlichen invasiven oder belastenden Maßnahmen vorsieht.
   c. Klinische Studien mit Medizinprodukten gemäß Punkt a. oder b., deren primäres Ziel die Erhebung von Wirksamkeitsdaten sind.
3. **Beratungspflicht für Ärzte gemäß § 15 der Musterberufsordnung für Ärzte (MBO-Ä):** Beobachtungsstudien oder Register, in denen (Wirksamkeits-)Daten über CE-gekennzeichnete Medizinprodukte (mit)erhoben werden, die nicht Daten zur klinischen Bewertung im Sinne des MPG § 19 sind und anhand epidemiologischen Methoden ausgewertet werden, fallen ganz aus der Anwendung des MPG heraus. In diesen Fällen ist vom beteiligten Arzt nur eine Beratung durch seine für ihn zuständige EK vorgesehen (www.ak-med-ethik-komm.de).

1.3 Clinical Trial Center Aachen

Damit der forschende Arzt die Übersicht behalten kann, werden große medizinische Forschungseinrichtungen und die medizinischen Fakultäten der Universitäten bei der patientennahen Forschung durch sog. Koordinierungszentren für Klinische Studien (KKS) unterstützt, die typischerweise Teil der Universität sind. Zum Beispiel wurde das Clinical Trial Center Aachen (CTC-A) als eigenständige Funktionseinheit der Medizinischen Fakultät der RWTH Aachen mit dem Ziel konstituiert, die Strukturen zur Planung, Durchführung und Auswertung klinischer Studien an der RWTH Aachen zu verbessern. Hierzu gehört die interdisziplinäre Bündelung methodischer Expertise in der Studiendurchführung mit medizinischem, kliniknahem Management. Im CTC-A sind Study Nurses beschäftigt, die die Studienassistenz innerhalb der Uniklinik RWTH Aachen und bei Bedarf auch in peripheren Krankenhäusern übernehmen. Die Study Nurses sind an der Koordination und Durchführung von interdisziplinären Studien beteiligt, in die klinikübergreifend Patienten eingeschlossen werden. Daneben kann die Studienassistenz für Studien in einzelnen Kliniken übernommen werden. Das CTC-A unterstützt auch die Vernetzung mit den Kliniken und Praxen der Region und hilft bei der Rekrutierung von Probanden/Patienten. Ein ganz wesentlicher Aspekt ist die Bereitstellung von zeitgemäßen elektronischen Techniken und IT-Lösungen für Daten-, Studien-, Projekt-, Kooperations- und Budgetmanagement sowie ein Qualitätsmanagementsystem für klinische Studien. Hierfür besteht die IT-Landschaft des CTC-A aus zwei Kernsystemen: Das Study Management-Tool (SMT) ist ein Clinical Trial Management-System (CTMS), in dem für das Management wichtige Informationen aller Studien, an denen das CTC-A beteiligt ist, erfasst, verwaltet und ausgewertet werden. Mit OpenClinica wird weiterhin ein Electronic Data Capture-System (EDCS) eingesetzt, welches elektronische Fragebögen (Electronic Case Report Forms, eCRF) für die digitale Erfassung der Patientendaten aus den Studienvisiten bereitstellt.

1.4 Datenmanagement

Datenmanagement umfasst alle technischen und organisatorischen Maßnahmen, um Daten optimal in diverse Geschäftsprozesse einzubringen. Wir betrachten hier vor allem die technischen Maßnahmen zum Datenmanagement der Gesundheitssysteme. In Medizinproduktestudien werden personenbezogene Gesundheitsdaten erhoben, die besonders sorgfältig verarbeitet werden müssen. Dazu gehören

- **Persönliche Daten:** Alle Informationen, die einen eindeutigen Bezug zum Individuum herstellen lassen, fallen in diese Kategorie. Name, Geburtsname, Alter und Geschlecht werden auch als Patientenstammdaten bezeichnet. Dies sind Daten, die über einen längeren Zeitraum als konstant angesehen werden.
- **Medizinische Daten:** Hierunter fallen alle Informationen zum Individuum, die mit seiner Gesundheit in Verbindung stehen. In Medizinproduktestudien sind dies z. B. Laborwerte des Bluts, aber auch Messwerte, die mit dem zu

Abb. 1 Lebenszyklus von Daten

prüfenden Medizinprodukt erzeugt werden. Hierbei macht es keinen Unterschied, ob diese Daten unstrukturiert (z. B. als Freitext in einem Arztbrief) oder strukturiert (z. B. als maschinell bearbeitbarer Code nach der International Classification of Diseases (IDC)) vorliegen.

- **Bilder und Signale**: Bilder und Signale sind medizinische Daten, die jedoch schnell sehr groß (z. B. 30 GB für ein Langzeit-EKG mit hoher Abtastung) werden können und gesonderte Methoden zum Transfer sowie zur Visualisierung und Interpretation benötigen. In heutige EDCS können Bild- und Signaldaten nicht ausreichend integriert werden: Die eCRF können große Binärdaten nicht verwalten; das Rendering von Volumendaten ist ebenso nicht möglich. In multizentrischen Studien werden Bild- und Signaldaten daher auf mobile Datenträger (z. B. USB-Stick, CD) gespeichert und per Post versandt, um dann zentral und einheitlich ausgewertet zu werden. Nicht selten werden die Auswerteergebnisse dann – nach langer Transfer- und Analysezeit – per Telefax an das datenerzeugende Zentrum gemeldet, wo eine Study Nurse schließlich die Daten vom Fax händisch wieder in das eCRF eingibt.

Datenmanagement sollte den gesamten Lebenszyklus aller Daten umfassen, von der Entstehung (create) und Benutzung (use) über die Verteilung (share) bis hin zur Löschung (destroy) (Abb. 1). Wichtig ist also, dass das Datenmanagement nicht bei „Use" endet. In klinischen Studien nach AMG und MPG sind die Archivierungsintervalle gesetzlich vorgegeben. Der Datenschutz fordert die umgehende Löschung personenbezogener Daten, sobald die Nutzungsindikation entfallen ist (z. B. Abschluss der Studie). Archivierung und Löschung werden in der Praxis aber oft nicht hinreichend berücksichtigt, also nicht als Managementaufgabe wahrgenommen. Der Datenaustausch (share) hingegen stößt oft an technische Probleme hinsichtlich zu geringer Bandbreiten, fehlender Protokolle und Inkompatibilitäten der Systeme. Effektives und effizientes Datenmanagement sollte aller mit den Daten in Bezug stehende Personen in deren diversen

Funktionen bzw. Rollen (z. B. Study Nurse, Prüfarzt, Monitor, Statistiker, Datenmanager) in der Studie differenziert unterstützen. Hierbei gilt es, den jeweiligen Arbeitsablauf (workflow) optimal zu unterstützen (Deserno und Becker 2009).

2   Softwareanforderungen

2.1   Datenschutz

Datenmanagement in klinischen Studien muss vor allem den vielfältigen Aspekten des Datenschutzes gerecht werden. Der Schutz der Persönlichkeitsrechte des Individuums, dessen Daten verarbeitet werden, steht im Vordergrund aller Anstrengungen und resultiert oft in technischen Schwierigkeiten und komplexen Systemen. Im internationalen Vergleich ist Deutschland für seine eher „harte" Auslegung des Datenschutzes bekannt. Daher ist Datenmanagement, das den deutschen Anforderungen genügt, immer auch international einsetzbar.

In Deutschland gelten viele und sich zum Teil auch widersprechende Gesetze zum Schutz der Daten:

- **Grundgesetz**: Im Grundgesetz der Bundesrepublik Deutschland werden Persönlichkeits- und Menschenrechte festgeschrieben: „Die Würde des Menschen ist unantastbar (…)" (Art. 1 GG), die im Widerspruch zu zum „Recht auf die freie Entfaltung seiner Persönlichkeit (…)" (Art. 2 GG) und dem Grundsatz: „Kunst und Wissenschaft, Forschung und Lehre sind frei (…)" (Art. 5 GG) stehen können.
- **Volkszählungsurteil**: Das 1983 erlassene Urteil des Bundesverfassungsgerichtes zur Volkszählung legt fest, dass der Einzelne bestimmt, wann, wo und in welchen Grenzen persönliche Lebenssachverhalte offenbart werden. Schon damals wurde das Gefahrenpotenzial der elektronischen Datenverarbeitung (EDV) hinsichtlich der Speicher-, Übermittlungs- und Verknüpfungsmöglichkeit erkannt, obwohl die Technik bei Weitem nicht mit den heutigen Möglichkeiten vergleichbar war. Zur Abwägung von Individual- vs. Allgemeininteressen wurde Normenklarheit durch weitere Gesetze gefordert.
- **Bundesdatenschutzgesetz**: § 3 BDSG legt fest, dass alle Einzelangaben über persönliche oder sachliche Verhältnisse einer bestimmten oder bestimmbaren natürlichen Person schützenswert sind. Neben rassischer und ethnischer Herkunft, politischer Meinung und Religion werden die Gesundheit und das Sexualleben explizit genannt.
- **Landesdatenschutzgesetze**: De facto unterliegt der Datenschutz in Deutschland den Bundesländern und daher hat jedes Land hier auch eigene Normen, die zwar in der Regel sehr ähnlich sind, sich zum Teil aber auch erheblich unterscheiden können. In Nordrhein-Westfahlen sind das

Landesdatenschutzgesetz (DSG NRW, (Der Innenminister des Landes Nordrhein-Westfalen 2000)), das Gesundheitsdatenschutzgesetz (GDSG NRW, (Der Innenminister des Landes Nordrhein-Westfalen 1999)) sowie die Landeskrankenhausgesetzte zu nennen.

- **Weitere Gesetze und Normen**: Viele weitere Gesetze und Normen betreffen das Datenmanagement in klinischen Studien. Als Beispiel sei das „Gesetz zur Verbesserung der Rechte von Patientinnen und Patienten" (Feb. 2013) genannt, mit dem die rein elektronische Archivierung von Patientendaten in der medizinischen Routineversorgung legalisiert wurde. Im Wesentlichen besteht das Gesetz aus Änderungen folgender Gesetzte:
  - Bürgerliches Gesetzbuch
  - Sozialgesetzbuch V
  - Patientenbeteiligungsverordnung
  - Krankenhausfinanzierungsgesetz
  - Zulassungsverordnung für Vertragsärzte
  - Zulassungsverordnung für Vertragszahnärzte
  - Bundesärzteordnung.

Jeder Datenschutz fordert die Einhaltung gewisser Grundsätze oder Paradigmen, die in der folgenden Liste dem DSG NRW entnommen sind:

▶   **Sparsamkeit**: Daten sollen so wenig wie möglich erhoben werden.

Zweckbindung: Jede Datenerfassung muss einen Zweck haben; ist dieser Zweck entfallen oder sind die Fristen abgelaufen, müssen die Daten wieder gelöscht werden.

Vertraulichkeit: Nur befugte Personen dürfen Zugriff auf die Daten haben.

Integrität: Es muss gewährleistet werden, dass Daten bei der Verarbeitung unversehrt, vollständig und aktuell bleiben.

Verfügbarkeit: Alle erfassten Daten sollen zeitgerecht zur Verfügung stehen. Erst dann können sie auch ordnungsgemäß verarbeitet werden.

Authentizität: Die Daten können ihrem Ursprung zugeordnet werden, Herkunft und Verarbeitung werden dokumentiert.

Revisionsfähigkeit: Die Revisionsfähigkeit fordert eine Protokollierung, die oftmals wieder zu einer datenschutzrechtlichen Betrachtung führt. Insbesondere muss in klinischen Studien festgehalten werden, wer wann welche Daten erfasst bzw. geändert hat (Audit Trail).

Transparenz: Die Verfahrensweisen der Datenverarbeitung sind vollständig und aktuell zu dokumentieren. Diese Dokumentation wird dann in sog. Verfahrensverzeichnissen eingetragen, die unter der Hoheit der zuständigen Datenschutzinstanzen ste-

hen und anhand derer der Datenschutzbeauftragte die Systeme hinsichtlich ihrer Gesetzeskonformität bewertet.

Um diesen komplexen Anforderungen gerecht zu werden, muss das Datenmanagement in klinischen Studien sorgfältig geplant werden. Derzeit gibt es keine allgemeingültigen Systeme, die einfach „nur" eingesetzt werden können (Drepper und Semler 2013). Wesentliche Planungskomponenten im Sinne des Datenschutzes sind ein ausführliches Datenschutz- und Sicherheitskonzept. Das Bundesamt für Sicherheit in der Informationstechnik (BSI) hat hier umfangreiches Material zusammengestellt, das als Hilfestellung bei der Erstellung eines Sicherheitskonzeptes dienen kann (Bundesamt für Sicherheit in der Informationstechnik (BSI) 2011).

Durch die differenzierte Betrachtung möglicher Schadensszenarien in Bezug auf deren Auswirkungen auf Personen und Unternehmen ergeben sich verschiedene Schutzbedarfsklassen (Tab. 1), denen nach dem BSI ein ganzer Katalog von technischen, strukturellen und organisatorischen Maßnahmen gegenübergestellt wird.

Grundsätzlich sind die Daten, die eine natürliche Person identifizieren, von den medizinisch-inhaltlichen Daten strikt zu trennen. Dies bedeutet eigene Datenbanken auf eigenen Servern mit eigenen Systemadministratoren (Pommerening et al. 2014; Reng et al. 2006). Das verknüpfende Pseudonym (z. B. die Patientenidentifikationsnummer, PID) wird im besten Fall nur temporär über eine dritte Treuhänderinstanz ausgetauscht (Abb. 2). So ist zu keinem Zeitpunkt eine Person in der Lage, die Daten zusammenzuführen, auch wenn sie sich mit krimineller Energie Zugang zu einem System verschaffen sollte.

2.2   Technische Datenintegrität

Um den Anforderungen des Datenschutzes Genüge zu leisten, muss damit insbesondere die Integrität der Daten technisch sichergestellt werden. Zum Beispiel kann es in einer klinischen Studie notwendig sein, Informationen über einen Patienten redundant an mehreren Orten (z. B. verschiedenen Datenbanken) zu speichern. Dann muss sichergestellt werden, dass alle Instanzen auch nach Modifikation der Daten immer gleich sind. Winter et al. unterscheiden zwischen Objekt- und referenzieller Integrität (Winter et al. 2005).

- **Objektintegrität**: Generell muss jedes Objekt in einer Datenbank eindeutig identifizierbar sein. In Datenbanken werden hierzu Primärschlüssel verwendet, die jedem Element einer Datenbanktabelle eine eindeutige Identifikationsnummer (ID) zuordnen (Abb. 3, *id*). Zusätzlich kön-

Tab. 1 Matrix der Schadensszenarien und Schutzbedarfsklassen (nach (Wirth 2008))

Schadensszenario	Schutzbedarf „normal" (1)	Schutzbedarf „hoch" (2)	Schutzbedarf „sehr hoch" (3)
1. Verstoß gegen Gesetze/Vorschriften/ Verträge	• Verstöße gegen Vorschriften und Gesetze mit geringfügigen Konsequenzen • Geringfügige Vertragsverletzungen mit maximal geringen Konventionalstrafen	• Verstöße gegen Vorschriften und Gesetze mit erheblichen Konsequenzen • Vertragsverletzungen mit hohen Konventionalstrafen • Vertragsverletzungen mit erheblichen Haftungsschäden	• Fundamentaler Verstoß gegen Vorschriften und Gesetze • Vertragsverletzungen, deren Haftungsschäden ruinös sind
2. Beeinträchtigung des informationellen Selbstbestimmungsrechts	• Eine Beeinträchtigung des informationellen Selbstbestimmungsrechts würde durch den Einzelnen als tolerabel eingeschätzt werden • Ein möglicher Missbrauch personenbezogener Daten hat nur geringfügige Auswirkungen auf die gesellschaftliche Stellung oder die wirtschaftlichen Verhältnisse des Betroffenen	• Eine erhebliche Beeinträchtigung des informationellen Selbstbestimmungsrechts des Einzelnen erscheint möglich • Ein möglicher Missbrauch personenbezogener Daten hat erhebliche Auswirkungen auf die gesellschaftliche Stellung oder die wirtschaftlichen Verhältnisse des Betroffenen	• Eine besonders bedeutende Beeinträchtigung des informationellen Selbstbestimmungsrechts des Einzelnen erscheint möglich • Ein möglicher Missbrauch personenbezogener Daten würde für den Betroffenen den gesellschaftlichen oder wirtschaftlichen Ruin bedeuten
3. Beeinträchtigung der persönlichen Unversehrtheit	• Eine Beeinträchtigung erscheint nicht möglich	• Eine Beeinträchtigung der persönlichen Unversehrtheit kann nicht absolut ausgeschlossen werden	• Gravierende Beeinträchtigungen der persönlichen Unversehrtheit sind möglich • Gefahr für Leib und Leben
4. Beeinträchtigung der Aufgabenerfüllung	• Die Beeinträchtigung würde von den Betroffenen als tolerabel eingeschätzt werden • Die maximal tolerierbare Ausfallzeit ist größer als 24 Stunden	• Die Beeinträchtigung würde von einzelnen Betroffenen als nicht tolerabel eingeschätzt • Die maximal tolerierbare Ausfallzeit liegt zwischen einer und 24 Stunden	• Die Beeinträchtigung würde von allen Betroffenen als nicht tolerabel eingeschätzt werden • Die maximal tolerierbare Ausfallzeit ist kleiner als eine Stunde
5. Negative Außenwirkung	• Eine geringe bzw. nur interne Ansehens- oder Vertrauensbeeinträchtigung ist zu erwarten	• Eine breite Ansehens- oder Vertrauensbeeinträchtigung ist zu erwarten	• Eine landesweite Ansehens- oder Vertrauensbeeinträchtigung, evtl. sogar existenzgefährdender Art, ist denkbar
6. Finanzielle Auswirkungen	• Der finanzielle Schaden bleibt für die Institution tolerabel	• Der Schaden bewirkt beachtliche finanzielle Verluste, ist jedoch nicht existenzbedrohend	• Der finanzielle Schaden ist für die Institution existenzbedrohend

Abb. 2 Treuhändermodell für den pseudonymisierten Datenaustaus mit automatisch generierter Patientenidentifikation (PID)

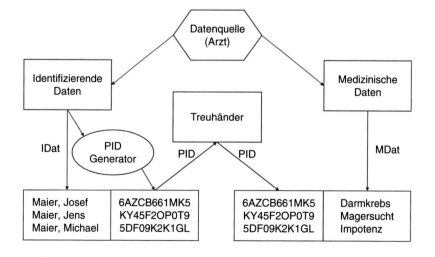

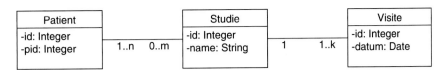

Abb. 3   UML-Klassendiagramm mit Zuordnung von einem bis n Patienten in keine bis m Studien. Die Studie besitzt eine bis k Visiten, während eine Visite genau einer Studie zugeordnet ist

nen in einem Objekt weitere eindeutige Schlüssel, wie z. B. eine PID, definiert werden (Abb. 3, *pid*).

- **Referentielle Integrität**: Die korrekte Zuordnung von Objekten über Referenzen wird als referentielle Integrität bezeichnet (Abb. 3, *patient, studie, visite*). Zur Gewährleistung von referentieller Integrität ist Objektintegrität zwingend erforderlich.

Moderne Datenbanken bieten entsprechende Möglichkeiten, Primärschlüssel und Referenzen in Objekten zu definieren. Zusätzlich können einzelne Objektattribute u. a. als eindeutig oder notwendig spezifiziert werden.

Datenintegrität wird durch *Transaktionsmanagement* gewährleistet. Dieses stellt sicher, dass die Datenbank von einem Zustand, in dem alle Integritätsbedingungen erfüllt sind, nur in einen Zustand überführt werden kann, in dem ebenfalls alle Integritätsbedingungen erfüllt sind. Unter Umständen muss hierfür eine Folge *atomarer Operationen* vollständig (*Commit*) oder gar nicht (*Rollback*) ausgeführt werden.

Darüber hinaus wird von *formaler Integrität* gesprochen, falls die Integritätsbedingungen formal definiert werden (z. B. in Aussagen- oder Prädikatenlogik). In diesem Fall können auch komplexere Bedingungen durch einen Algorithmus überprüft werden.

Prüfsummen werden zur Gewährleistung von Integrität bei der Datenspeicherung und Datenübermittlung aus den Ausgangsdaten berechnet. Somit können Bitfehler in den Daten erkannt werden (Ryan und Frater 2002).

2.3   Systemintegration

Der Begriff der Systemintegration stammt ursprünglich aus den Ingenieurswissenschaften (Maschinenbau, Elektrotechnik) und bezeichnet das Zusammenfügen verschiedener Komponenten und Subsysteme zu einem funktionstüchtigen Ganzen. In der Informatik wird hiermit analog das Zusammenfügen und Verbinden von Systemen, Applikationen und Algorithmen bezeichnet, unabhängig davon, ob dies auf physischer Werkzeugebene, logischer Werkzeugebene oder auf der Anwendungsebene erfolgt (Winter et al. 2005), also ob

technisch oder funktionell operiert wird. Winter et al. identifizieren vier Integrationsebenen (Übersicht).

Integrationsebenen

- **Datenintegration** in verteilten Systemen bedeutet, dass jedes einzelne Datum, das im Rahmen einer Aufgabe einmal erfasst wurde, innerhalb des Gesamtkontextes nicht wieder erfasst werden muss, auch wenn es im Rahmen dieser oder einer anderen Aufgabe wieder benötigt wird. Das bedeutet, dass einmal erfasste Daten immer dort verfügbar sind, wo sie gerade benötigt werden. In den eCRF einer klinischen Studie werden jedoch viele Daten erneut und wiederholt händisch in das CTMS eingegeben.
- **Funktionsintegration** ist gewährleistet, wenn die Funktionalität jedes Systembausteines immer dann und dort genutzt werden kann, wo sie benötigt wird. Hierzu gehört insbesondere die mangelnde Integration binärer Bild- und Signaldaten in EDCS.
- **Präsentationsintegration** ist gegeben, wenn unterschiedliche Anwendungsbausteine ihre Daten und ihre Benutzeroberfläche in einheitlicher Weise präsentieren. Auch dies ist bei CTMS und EDCS typischerweise nicht gegeben.
- **Kontextintegration** bedeutet, dass beim Wechsel von einem zum anderen Systembaustein eine bereits durchgeführte Aufgabe nicht erneut durchgeführt werden muss. Das Einloggen via Single-Sign-On (SSO) ist hier nur ein Beispiel, aber viel wichtiger ist es beispielsweise, mehrfaches Suchen eines Patienten aus Listen zu vermeiden.

Ein konkretes Beispiel verschiedener Integrationslevel zeigt Abb. 4. Der blau hinterlegte Kernbereich beinhaltet das CTMS sowie Zusatzfunktionen zur Pseudonymisierung und Randomisierung von Studienpatienten. Alle Funktionen werden dem Nutzer via SSO angeboten, die Präsentationsintegration wird über die einheitliche Implementierung der graphischen Benutzeroberflächen (Graphical User Interface, GUI) sichergestellt. Externe Komponenten müssen über proprietäre Schnittstellen (z. B. Java Runtime zum Aufruf kompilierter C++ − Programme oder das Java-R-Interface,

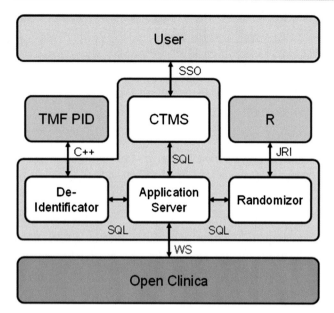

Abb. 4 Systeme und deren Funktions- und Datenintegration für klinische Studien am CTC-A

JRI) integriert werden. Das EDCS-OpenClinica wird über Web-Services (WS) integriert, die eine Daten-, Funktions- und Kontextintegration unterstützen.

2.4 Protokolle und Schnittstellen

2.4.1 Operational Data Model

Das Operational Data Model (ODM) ist ein Standard zur Erfassung, zum Austausch und zur Archivierung von Daten in klinischen Studien, der von dem Clinical Data Interchange Standards Consortium (CDISC) entwickelt wurde (Kuchinke et al. 2009). Die Spezifikation des Standards liegt momentan in der Version 1.3.2 vor und ist frei zugänglich (www.cdisc.org/odm).

Das ODM umfasst neben den klinischen Daten (z. B. systolischer Blutdruck = 110) auch die Metadaten einer Studie. Dadurch können auch Informationen über die Daten (z. B. Einheit: mmHg) oder Normbereiche (z. B. systolischer Blutdruck ≤ 120 mm Hg) ausgetauscht werden. Des Weiteren bildet das ODM auch administrative Daten, Referenz- und Auditdaten ab. Der Standard folgt dabei der hierarchischen Struktur einer klinischen Studie (Abb. 5) und umfasst Informationen zur Studie (*Study*), zur Visite (*StudyEvent*), zum eCRF (*Form*), zur Fragegruppe (*ItemGroup*) und zur Frage (*Item*). Die Fragen sind aus primitiven Datentypen (z. B. Integer) oder aus komplexeren Konstrukten (z. B. Auswahllisten, sog. *CodeLists*) aufgebaut.

Als Austauschformat für das ODM wird die Extensible Markup Language (XML) benutzt, die hierarchisch strukturierte Information als Textdatei darstellt. Informationen wer-

den dabei in XML über Elemente (*Tags*) und Eigenschaften in Form von Schlüssel-Wert-Paaren (*Attributes*) definiert (Bray et al. 2008). In der klinischen Forschung gibt es viele Einsatzmöglichkeiten für das ODM. Der Standard wird zum Beispiel genutzt, um klinische Daten aus einem EDCS zur Auswertung in ein statistisches Softwaresystem zu transferieren (Löbe et al. 2011). Darüber hinaus werden eCRF als ODM-Metadaten über öffentliche Datenbanken, wie z. B. das Medical Data Model-Portal (medical-data-models.org), ausgetauscht (Bruland et al. 2011).

CDISC entwickelt neben dem ODM auch andere Standards für die klinische Forschung, wie z. B. die Clinical Data Acquisition Standards Harmonization (CDASH), welche die inhaltliche Struktur von Datenbanken in klinischen Studien standardisiert beschreibt.

2.4.2 Web-Services

Ein Web-Service ist ein eigenständiges Softwaremodul, das einen Dienst über ein Netzwerk anbietet, der von anderen Softwaresystemen in Anspruch genommen werden kann (Papazoglou 2008). Im Datenmanagement von klinischen Studien werden Web-Services häufig verwendet, um Kommunikationskanäle zwischen Systemen und somit integrierte Systeme zu schaffen. Zum Beispiel können EDCS die Anzahl der aktuell in einer klinischen Studie eingeschlossenen Patienten über Web-Services weitergeben.

Web-Services folgen der Client–server-Architektur, womit die Dienste immer von einer Serverkomponente angeboten und von einer Clientkomponente genutzt werden. Ein Web-Service ist eine lose gekoppelte Verbindung zwischen den einzelnen Softwarekomponenten. Daher besitzt der Web-Service-Client keine Informationen über die technische Implementierung des Dienstes auf der Serverseite. Er kennt nur die Spezifikation der Schnittstelle.

Grundsätzlich basieren alle Web-Services auf dem Hypertext Transfer Protocol (HTTP) (Richardson und Ruby 2007). Man unterscheidet zwischen Representational State Transfer (REST) und Simple Object Access Protocol (SOAP) Web-Services:

- **REST-basierte Web-Services** nutzen nur die vom HTTP-Protokoll angebotenen Methoden POST, GET, PUT und DELETE, um mit dem Server zu interagieren. Die Nachrichten (*Envelopes*) werden im HTTP-Body kodiert. Die Serverkomponente wird über eine Adresse im Uniform Resource Identifier (URI)-Format identifiziert (*Endpoint*).
- **SOAP-basierte Web-Services** verwenden auch HTTP als Kommunikationsprotokoll. Allerdings sind SOAP-Envelopes immer in einer XML-Struktur aufgebaut. Bei SOAP wird zu Beginn ein Vertrag zwischen beiden Seiten ausgehandelt, der die verfügbaren Methoden und die Struktur der austauschbaren Datentypen in der Web Service Definition Language (WSDL) definiert.

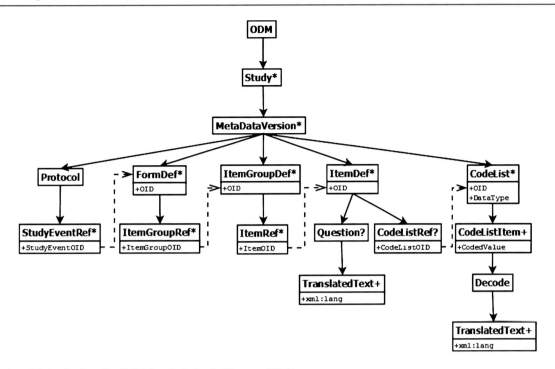

Abb. 5 Hierarchische Struktur des ODM-Standards (nach (Harmsen 2015))

3 Softwaresysteme

3.1 Clinical Trial Management-Systeme (CTMS)

An jede (Medizinprodukte-)Studie, die nach den genannten Regularien durchgeführt wird, werden hohe Qualitätsansprüche gestellt. Ein CTMS unterstützt das gesamte Studienteam in seinen unterschiedlichen Funktionen bei der Planung, Durchführung und Auswertung einer Studie und kann somit als zentrales Werkzeug des Qualitätsmanagements für klinische Studien angesehen werden.

Capterra listet derzeit 22 Web-basierte CTMS, die den Bestimmungen des Health Insurance Portability and Accountability Acts (HIPAA) sowie der Food and Drug Administration (FDA) (insbesondere 21 CFR Part 11) genügen (Best Clinical Trial Management Software 2015). Derartige Systeme stellen kommerzielle Lösungen für große Pharmaunternehmen dar, sind aber zu komplex oder zu teuer, als dass sie in universitären Investigator-Initiated Trials (IIT), also klinischen Studien, die von den forschenden Ärzten selbst initiiert werden und bei denen die Universitäten die Rolle des Sponsors einnehmen, eingesetzt werden könnten.

Ein CTMS kann je nach Implementierung bzw. Ausführung eine Reihe von zentralen Funktionen abdecken (Abb. 6). Diese Funktionen unterstützen das Management von:

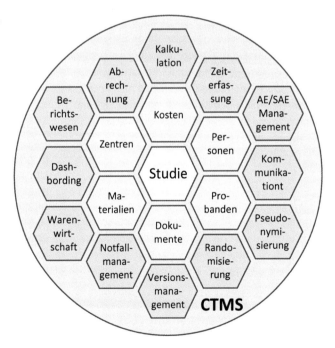

Abb. 6 Die Managementfunktionen (grün) und Funktionskomponenten (rot) eines CTMS (blau) gruppieren sich um die klinische Studie (gelb)

- **Studien, Personen und Zentren**: Klinische Studien werden durch viele Nummern und Akronyme identifiziert und müssen unterschiedlichen Anforderungen, Gesetzen und Vorschriften genügen. Der Verlauf einer Studie reicht von der Planung, Beantragung, Durchführung und Auswertung bis hin zur Archivierung. Diese Informationen sowie alle an den Studien beteiligten Personen mit ihren jeweilig studienbezogenen Rollen in den beteiligten Institutionen, die studienspezifisch zu Zentren zusammen gefasst werden, müssen in einer entsprechenden Datenbank modelliert werden. Das CTMS muss die Kommunikation aller Beteiligten unterstützen.

- **Probanden und Patienten**: Die Studienteilnehmer (Probanden) werden im CTMS erfasst und verwaltet. Der Datenschutz erfordert Pseudonymisierungsdienste, um die medizinischen Daten von den Patientendaten zu trennen. In vielen Studien werden zudem Randomisierungsdienste benötigt. Die medizinische Datenerfassung ist aber meist in externen EDCS abgebildet, die dann mit dem CTMS gekoppelt werden müssen.

- **Materialien**: Verbrauchsmaterial (z. B. Spritzen für die Blutabnahme) oder Untersuchungsgeräte müssen in klinischen Studien stets verfügbar sein und anhand der Einschlusszahlen in eine Studie entsprechend vorgehalten bzw. geplant werden. Daher bieten manche CTMS auch eine integrierte Warenwirtschaftskomponente.

- **Kosten**: Die Bezifferung des personellen oder finanziellen Aufwandes einer klinischen Studie ist schwierig. Erfahrungswerte zum Rekrutierungsaufwand können nur empirisch durch genaue Zeiterfassung ermittelt werden. Kostenkataloge für Untersuchungseinheiten sowie für Pauschalen und Versicherungen müssen ebenso vorgehalten werden wie die Vergütungsgruppen der Mitarbeiter, um die Kosten einer speziellen Prüfung vorab abschätzen sowie im Nachhinein exakt ermitteln zu können. Auch die Abrechnung von in Studien erbrachten Leistungen kann durch ein CTMS unterstützt werden.

- **Dokumente**: Zu einer klinischen Studie gehören viele Dokumente, die am besten zentral und versioniert vorgehalten werden. Beispiele hierzu sind der Prüfplan, Standard Operation Procedures (SOPs) für die Studiendurchführung und -dokumentation, Randomisierungslisten, aber auch Entblindungs- oder Notfallprozeduren. Weiterhin müssen die in Studien generierten Daten in Berichten zusammengefasst oder in sog. Dashboards visualisiert werden.

3.1.1 Study Management Tool (SMT)

Das Study Management Tool (SMT) ist ein selbstentwickeltes CTMS des CTC-A (Deserno et al. 2011). Bis auf das Warenmanagement bildet das SMT den dargestellten Funktionsumfang von modernen CTMS vollständig ab. So werden im SMT Metadaten zu klinischen Studien sowie alle an den Studien beteiligten Personen und Zentren in ihrer Rolle erfasst. Mit dem Pseudonymisierungsdienst des SMT, welcher den PID-Generator der Technologie- und Methodenplattform für die vernetzte medizinische Forschung e.V.

(TMF) einsetzt, lassen sich zudem persönliche Daten von Patienten der klinischen Studien datenschutzgerecht verwalten. Aus den Patientenzahlen werden Einschlussverläufe der Studien in PDF-basierten Berichten (Reports) oder Dashboards visualisiert (Abb. 7). Mit dem Vollkostentool lassen sich außerdem Kosten von klinischen Studien in der Planungsphase modellieren und während der Laufzeit der Studie automatisch abrechnen (Deserno et al. 2012b). Technisch gesehen wurde das SMT mithilfe des Google Web Toolkits (GWT) entwickelt, welches es erlaubt, Webanwendungen vollständig in der Programmiersprache Java zu entwickeln. Die Daten werden auf Serverseite in einer MySQL-Datenbank gehalten.

3.2 Electronic Data Capture-Systeme (EDCS)

EDCS ersetzen die traditionelle Datenerfassung auf papierbasierten Fragebögen (CRF) durch elektronischen Fragebögen (eCRF) (Ene-Iordache et al. 2009). Bereits während der Eingabe können die Daten durch Regeln auf Korrektheit geprüft werden (z. B. Wertebereichsprüfungen). Nach der Dateneingabe liegen die Daten direkt in maschinenlesbarer Form vor und können ausgewertet werden. Insgesamt hat sich gezeigt, dass die Datenerfassung in eCRF die Datenqualität in klinischen Studien erheblich erhöht und gleichzeitig Zeit und Kosten spart (Shah et al. 2010; Pavlović et al. 2009). Oftmals werden EDCS als Web-Anwendungen realisiert, was eine verteilte Dateneingabe in multi-zentrischen Studien vereinfacht. Zu den bekanntesten EDCS gehören Oracle Clinical, Oracle InForm, Medidata Rave, REDcap, secuTrial und OpenClinica.

Rechte und Rollen Typischerweise werden innerhalb eines EDCS verschiedene Rechte über Rollen vergeben. Zu den Rechten gehören beispielweise das Recht, ein eCRF nicht nur lesen, sondern auch schreiben zu dürfen. Darüber hinaus sind weitere Funktionen, wie z. B. die Administration von Zugängen, über einzelne Rechte definiert. Rollen gruppieren diese Rechte und werden auf Funktionen des medizinischen Personals abgebildet. So kann die Rolle „Monitor" die Daten des eCRF nur einsehen, diese aber nicht verändern. In vielen EDCS können einzelnen Benutzern unterschiedliche Rollen in verschiedenen Studien zugeteilt werden.

AuditTrail Alle Datenmodifikationen werden in modernen EDCS in einem Prüfprotokoll (AuditTrail) erfasst. Dies bedeutet, dass jede Aktion eines Nutzers, der die Daten modifiziert, zusammen mit einer Nutzeridentifikation und einem Zeitstempel (Timestamp) protokolliert wird. Damit kann der Datenstand jederzeit in frühere Revisionen überführt werden, was im deutschen Datenschutzrecht explizit gefordert wird.

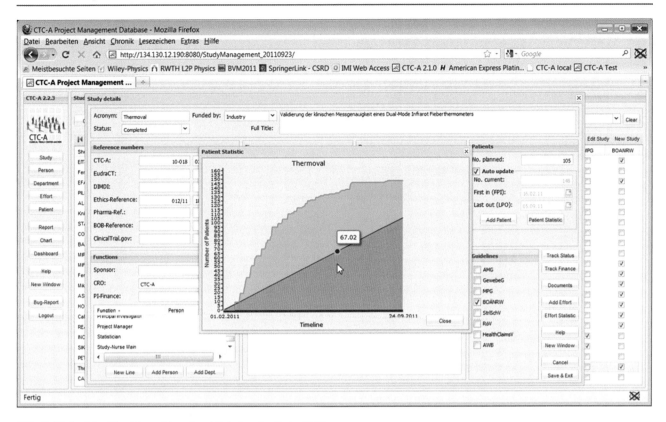

Abb. 7 Verlauf der Einschlusszahlen einer klinischen Studie im SMT

Query-Management Moderne EDCS verfügen über Funktionalität zum Management von Anfragen (Query, auch Discrepancy Notes genannt). Um eine hohe Datenqualität direkt bei der Eingabe zu erzielen, sind in einem eCRF oft viele Regeln hinterlegt. In Sonderfällen kann dies aber bedeuten, dass ein Datum nicht vom System akzeptiert wird, obwohl es am Patienten erfasst wurde. In diesem Fall kann eine Query an einen anderen Nutzer (z. B. Prüfarzt) gestellt werden, der hierdurch über die Ausnahme informiert wird und entscheiden kann, ob die Regel ausnahmeweise ausgesetzt wird.

Auswertung Zur Auswertung lassen sich die erfassten Daten aus dem EDCS exportieren. Typische Ausgabeformate sind dabei einfache Textdateien (z. B. Comma-Separated Value[CSV]-Files), Tabellen (z. B. im Microsoft Excel [XLS]-Format), XML-Dateien nach ODM-Standard oder proprietäre Dateitypen für Software für statistische Auswertungen (z. B. im Statistical Package for the Social Sciences [SPSS]-Format).

3.2.1 OpenClinica

OpenClinica (www.openclinica.com) ist ein populäres EDCS, da es als Open-Source-Produkt kostenlos in der Community Edition bereitgestellt wird, was besonders für die IIT interessant ist (Leroux et al. 2011; Franklin et al. 2011).

Darüber hinaus gibt es auch eine kommerzielle Enterprise-Edition mit weitergehendem Support und Zertifizierungsmöglichkeiten. Beide Editionen decken mit Funktionalität zur Rechte- und Rollenmodellierung, Datenprotokollierung im Audit Trail, Query-Management und Datenexport den beschriebenen notwendigen Funktionsumfang von modernen EDCS ab.

Als EDCS erlaubt OpenClinica die Modellierung von eCRF, die dann über ein Web-Interface zur Datenerfassung bereitgestellt werden. Über das Web-Interface werden auch Metadaten und administrative Daten der Studien verwaltet. Die eCRF werden in OpenClinica über Microsoft Excel-Sheets modelliert. Dafür sieht OpenClinica eine eigene Syntax vor, mit der sich Typen von Datenfeldern (z. B. Ganzzahlfelder) und weitergehende Eigenschaften (z. B. Normbereiche) definieren lassen. Die Excel-Sheets werden von OpenClinica geparst und geprüft. Danach können den Visiten eCRF-Formulare zugeordnet werden (Abb. 8, oben). Die Webmasken zur Dateneingabe werden automatisch gerendert (Abb. 8, unten). Die OpenClinica-Webanwendung basiert auf Java Server Pages (JSP) und ist modular strukturiert. Neben dem Core-Paket, das die Basisfunktionalität des EDCS beinhaltet, gibt es noch ein zusätzliches Web-Service-Paket, das SOAP- und REST-basierte Schnittstellen zur Systemintegration bereitstellt.

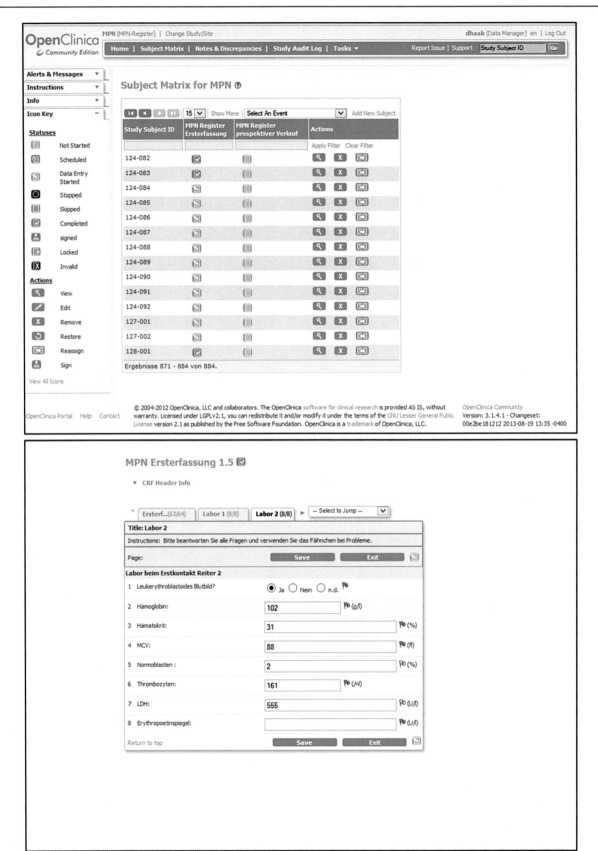

Abb. 8 OpenClinica Patientenübersicht mit Status der Dateneingabe (*oben*, Subject Matrix) und ein OpenClinica eCRF mit Daten (*unten*)

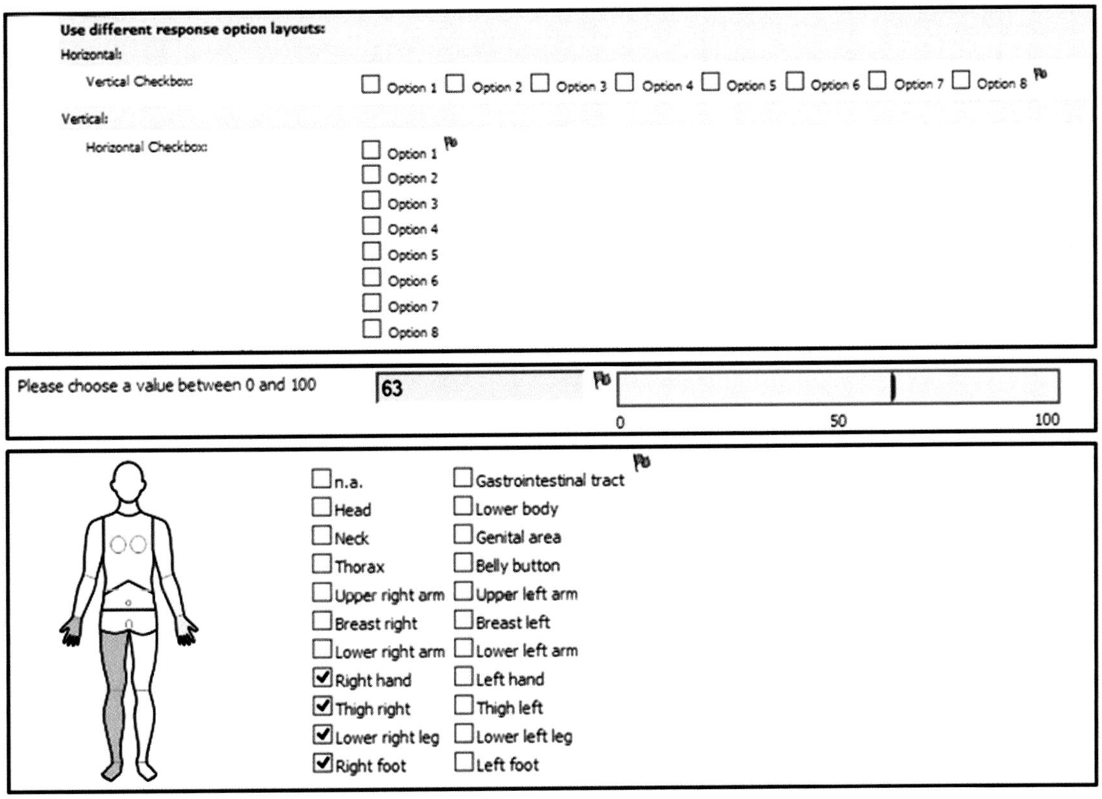

Abb. 9 OpenClinica-Erweiterungen auf der Skriptebene

Zum Austausch mit anderen Systemen lassen sich die Daten in verschiedensten Formaten exportieren, z. B. ODM, CSV oder SPSS. In der aktuellsten Version 3.5 bietet OpenClinica auch die Möglichkeit, elektronische Patient Reported Outcome(ePRO)-Versionen der eCRF zur Dateneingabe außerhalb von OpenClinica (z. B. auf Smartphones oder Tablets) bereitzustellen.

OpenClinica wird durch eine große User-Community unterstützt, die das EDCS durch Add-Ons erweitert. Die Erweiterungen reichen von Skripten (Trial Data 2015), die spezifische Felder in der Visualisierung oder Funktionalität erweitern, zu Tools, die das EDCS um vollfunktionsfähige Module anreichern. Derzeit sind ca. 30 solcher Module gelistet (Extensions/Open Source Clinical Trials Software/OpenClinica 2015).

Auf der Skriptebene lässt sich z. B. die Ausrichtung von Antwortmöglichkeiten von Datenfeldern modifizieren (Abb. 9, oben) oder die Eingabe in ein Zahlenfeld durch einen Schieberegler (Slider Bar) visualisieren (Abb. 9, Mitte). Zudem ist es möglich, Beziehungen zwischen integrierten Bildern und Datenfeldern zu definieren, sodass eine Eingabe in das Feld unmittelbar durch eine Visualisierung unterstützt wird, und umgekehrt, die Eingabe in das Datenfeld durch Interaktion mit dem Bild erfolgen kann (Abb. 9, unten).

Eine andere Erweiterung ist der *OC Unit Calculator*, der in ein eCRF integriert werden kann, um automatisch Zahlenwerte von einer Einheit in eine andere Einheit umzurechnen. Darüber hinaus erlaubt das Add-On *OC-Big* große Datenmengen stabil und sicher in ein eCRF zu integrieren (Haak et al. 2013). OC-Big ist auch als Open Source lizensiert und frei verfügbar (idmteam.github.io/oc-big). Das Add-On ersetzt OpenClinicas native File-Komponente, wodurch das Datenvolumen, das sich in das eCRF integrieren lässt, nur durch den freien Speicherplatz auf dem OpenClinica-Server begrenzt ist. Somit ist es möglich, neben den medizinischen Daten auch große Bild- und Signaldaten direkt im eCRF zu erfassen, z. B. im Digital Imaging and Communications in Medicine(DICOM)-Standard.

Darüber hinaus wurde eine Systemarchitektur vorgestellt, die OpenClinica mit dem PACS DCM4CHEE (Home – dcm4chee-2.x – Confluence 2015) und dem DICOM-Viewer Weasis (Home – Weasis – Confluence 2015) verbindet (Haak et al. 2015). Dadurch können 2D-Bilder (z. B. Röntgenaufnahmen) oder 3D-Bilddaten (z. B. CT, MRT) direkt aus dem eCRF heraus adäquat visualisiert und durch erweiterte Funktionalität (z. B. Annotation, Winkel- oder Distanzmessung) ausgewertet werden.

3.3 Data Warehouse

Ein Data Warehouse fasst Informationen aus verschiedenen Quellen in einer zur Entscheidungsfindung optimierten Datenbank zusammen (Farkisch 2011). Die Datenbanken werden genutzt, um Wissensbasen zur strategischen Steuerung und Koordination von Unternehmen aufzubauen (Navrade 2008). Nach einer Analyse von Gartner aus dem Jahre 2015 gehören Oracle, Teradata, IBM, Microsoft und SAP zu den führenden Herstellern von Data-Warehouse-Systemen und -Komponenten (Beyer und Edjlali 2015). Die Nachfolgende Übersicht führt die wichtigsten Eigenschaften eines Data Warehouse auf:

Eigenschaften eines Data Warehouse

- **Themenorientiertheit**: Ausgehend von einer zweckneutralen Darstellung werden die Daten für konkrete Themen logisch und physisch organisiert. In der Regel wird hier eine aufgabenspezifische, multidimensionale Sicht auf die Daten mit einer Unterscheidung von quantifizierbaren Kennzahlen (Daten) und beschreibenden Informationen (Metadaten) erzeugt.
- **Integration**: Die Daten können aus vielen heterogenen Quellen und (Fremd-)Systemen stammen, werden aber in einheitliche Formate transformiert und folgen danach den gleichen Regeln und Konventionen.
- **Zeitabhängigkeit**: Die Daten eines Data Warehouse werden nicht in Echtzeit verarbeitet, sondern stellen einen „Schnappschuss" eines festen Zeitpunktes oder -raumes dar. Um eine Vergleichbarkeit über die Zeit zu gewährleisten, müssen die Daten über einen längeren Zeitraum erfasst und gespeichert werden.
- **Nichtflüchtigkeit**: Daten, die einmal in das Data Warehouse eingebracht wurden, können weder modifiziert noch entfernt werden.

Besonders im medizinischen Umfeld spielen Date-Warehouse-Lösungen eine wichtige Rolle (Wagner 2003). In Unternehmen der Gesundheitsversorgung und -wissenschaften werden betriebswirtschaftliche und medizinische Daten in Data Warehouses zusammengeführt, um zum Beispiel Behandlungsabläufe von Patienten in der Routine zu analysieren und darauf basierend strategische Maßnahmen zu treffen.

Die technische Infrastruktur eines Data Warehouse wird als Data-Warehouse-System bezeichnet. Data-Warehouse-Systeme bestehen typischerweise aus drei Ebenen (Übersicht).

Ebenen eines Data-Warehouse-Systems

- **Datenbereitstellung**: Die Ebene der Datenbereitstellung ist zuständig für die Extraktion der Daten aus den Quellsystemen, die Transformation in homogene Formate und das Laden in das Data Warehouse. Die Komponenten der Datenbereitstellung nennt man daher auch ETL-Werkzeuge (Extraktion, Transformation, Laden).
- **Datenhaltung**: Die Datenhaltungsebene stellt die Speicherung der Daten im Data Warehouse und der Metadaten im sogenannten Repositorium oder Data Dictionary sicher.
- **Informationsanalyse und -präsentation**: Die Ebene der Informationsanalyse und -präsentation ist für die Analyse und Auswertung der Daten verantwortlich. Zu den Analysewerkzeugen (Business Intelligence Tools) gehören Data Access-, Online Analytical Processing(OLAP)- und Data Mining-Verfahren. Zur flexiblen Präsentation der Daten wird im Data-Warehouse-System ein multidimensionaler Datenraum (*Data Cube*) aufgebaut, durch den sich mit *Roll-Up*, *Drill-Down*, *Drill-Across*, *Pivotierung/Rotation* oder *Slice/Dice* navigieren lässt. So können individuelle Sichten erstellt werden.

3.4 mHealth

Mobile Health (mHealth) umfasst alle medizinischen Verfahren und Maßnahmen der Gesundheitsfürsorge, die durch portable, mobile Geräte wie Smartphones, Tablets oder persönliche digitale Assistenten (PDA) unterstützt werden. Smartphones verfügen heute über eine Vielzahl von Sensoren, die Ton (Audio), Bild (Video), Position (GPS), Bewegung (Beschleunigung) und Temperatur umfassen und über Bluetooth oder Nahfeldkommunikation (NFC) mit vielen anderen Sensoren (z. B. für Blutdruck, Pulsrate, Körpertemperatur, EKG) erweitert werden können. Über das Internet können Programme (Apps) installiert oder per Fremdzugriff aufgerufen werden, um diese Daten zu verarbeiten und zu transferieren. In Kombination mit der WLAN- oder UMTS-basierten Streaming-Technologie und den Retina-Displays, die unterhalb der vom Menschen erkennbaren Auflösungsgrenze mit exzellenter Farbbrillanz arbeiten, können auch rechenzeitintensive Prozesse – wie interaktive 3D-Darstellung von medizinischen Bilddaten in Echtzeit – auf Smart Devices bereitgestellt werden. mHealth ist damit Teil der elektronischen Gesundheitsinitiative (eHealth).

mHealth-Anwendungen können einerseits Produkte der Medizintechnik sein, die in klinischen Studien evaluiert

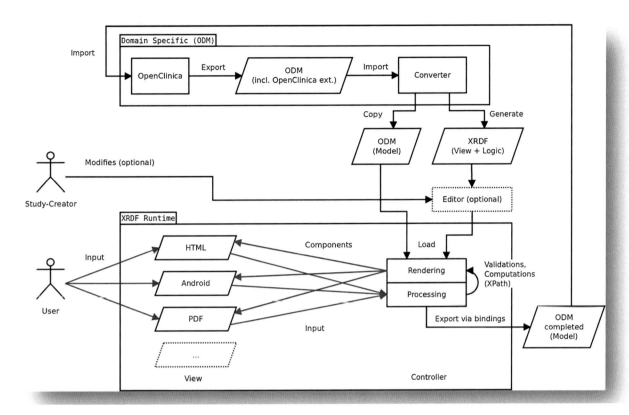

Abb. 10 XML Retrieve Data Forms (XRDF) ermöglichen die gleichartige Darstellung von eCRF auf unterschiedlichen Plattformen (OpenClinica, HTML-basierte Webdarstellung im Browser, LaTeX-basiertes PDF, Android-App)

werden sollen, oder andererseits als integrativer Systemteil bei der Evaluierung selbst eingesetzt werden. Derzeit sind über 97.000 Apps mit Gesundheitsbezug verfügbar und monatlich kommen ca. 1000 weitere hinzu (Becker et al. 2014), sodass es müßig ist, hier allgemeingültige Referenz-Apps identifizieren zu wollen. Die folgenden Beispiele sind exemplarisch.

Jonas et al. beschreiben eine Smartphone-App für den Einsatz in Entwicklungsländern, die eine bildbasierte Diagnose durchführt (Jonas et al. 2015). Mit der integrierten Kamera werden dabei Fotos von auf Papier gefärbten Urinproben erstellt, das Papier wird ausgewaschen, und die verbleibende Färbung wird aus einer weiteren Aufnahme bestimmt. Aus dem Vergleich wird ein krankheitsspezifischer Parameter berechnet und die Diagnose wird auf dem Display des Smartphones angezeigt. Die Firma Philips bietet im App-Store eine App zum Verkauf, die aus einem „Selfie" im Videomodus die zeitlichen Änderungen der Hautrötungen und daraus die Pulsfrequenz zuverlässig ermittelt (Vital Signs Camera – Philips 2015).

In beiden Beispielen erfolgen Aufnahme und Berechnung auf dem Smartphone im Offline-Betrieb, also ohne dass eine Internetverbindung bestehen müsste.

Die mobile Verfügbarmachung von eCRF für klinische Studien in der Medizintechnik ist ein Beispiel für die zweite Kategorie. Wenn Patienten Teile von Fragebögen selber ausfüllen (ePRO) ist dies ein weiteres Anwendungsbeispiel solcher Technologien. Hierbei muss erreicht werden, dass Daten in Online- und Offline-Betrieb sicher erfasst und im eCRF auch richtig zugeordnet werden. Das ODM ist jedoch auf die Struktur und Inhalte von eCRF beschränkt und modelliert nicht die nötigen Layout- und Design-Informationen, die zur Portabilität der Anwendungen erforderlich sind. Auch können Regeln und Datenprüfungen im CDISC ODM nicht vollständig abgebildet werden. In jüngsten Forschungsarbeiten wurde eine entsprechende Erweiterung des Standards vorgeschlagen (Harmsen 2015). Abb. 10 zeigt den Ansatz: Aus dem EDCS werden die verfügbaren Informationen extrahiert. Ein domänenspezifischer Konverter erzeugt neben der reinen ODM-Datei eine ebenfalls als XML aufgebaute Datei, die XML Retrieve Data Form (XRDF), aus der dann gerätespezifische Darstellungen der elektronischen Datenerfassungsblätter gerendert werden.

Abb. 11 Die IT-Landschaft am CTC-A integriert als CTMS (blau) das Study-Management-Tool (SMT), als EDCS das OpenClinica-System (rot) und verschiedene mHealth-Anwendungen (grün)

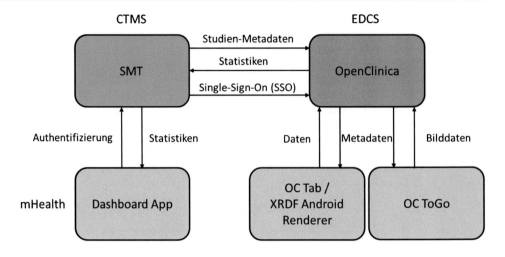

3.5 Systemintegration

In diesem Abschnitt wird am Beispiel der IT-Landschaft des CTC-A (Abb. 11) illustriert, wie sich die vorgestellten Stand-Alone-Systeme für das Datenmanagement (Abschn. 3) über die vorgestellten Schnittstellen und Protokolle (Abschn. 2.4) integrieren lassen. Ziel ist es, eine möglichst vollständige Integration auf Daten-, Kontext-, Funktions- und Präsentationsebene (Abschn. 2.3) zu erreichen.

3.5.1 CTMS und EDCS

CTMS dienen zum Management von klinischen Studien, während EDCS die eCRF zur Datenerfassung einer konkreten klinischen Studie bereitstellen. Im CTMS sind also Metadaten der klinischen Studie erfasst, die redundant im EDCS gehalten werden müssen, z. B. Name der Studie, sowie Personen, die an der Studie beteiligt sind und deren Rollen. Auf der anderen Seite hält das EDCS auch Informationen bereit, die für das Management von klinischen Studien wichtig sind, wie z. B. die Anzahl aktuell eingeschlossener Patienten in einer Studie bzw. den zeitlichen Rekrutierungsverlauf.

Durch eine Zuordnung der einzelnen Datenfelder zwischen CTMS und EDCS (z. B. Abbildung der Rolle „Research Assistant" im SMT auf „Data Entry Person" in OpenClinica) lässt sich eine Schnittmenge definieren, die zwischen beiden Systemen automatisch synchronisiert werden kann (Deserno et al. 2012a). Hierzu bieten sich SOAP-Web-Services an. Viele Endpoints werden bereits von den OpenClinica Web-Services angeboten (SOAP Web Services/ OpenClinica Reference Guide 2015). Beispielsweise kann eine Liste aller Patienten und deren Einschlussdaten aus einer OpenClinica-Instanz über die *listAll()*-Methode im *StudySubject*-Endpoint abgerufen werden. Diese Informationen werden verwendet, um Verläufe der Patienteneinschlüsse im SMT in Diagrammen zu visualisieren. Zum Austausch der gemeinsamen Daten sind allerdings weitere Schnittstellen

erforderlich. Daher wurde ein vollständig neuer Endpoint *User* mit den Methoden *listAll()* und *create()* hinzugefügt und der *Study*-Endpoint um die Methoden *create()* und *addUserToStudy()* erweitert. Auf der Seite des SMT lassen sich entsprechende Interfaces auf Basis der WSDL-Spezifikationen mittels der JAX-WS-Bibliothek (jax-ws.java.net/) für Web-Service-Funktionalität in Java-Anwendungen schnell und einfach implementieren. Die gemeinsame Datenmenge kann zudem auch für einen SSO vom SMT in OpenClinica verwendet werden: Über JavaScript lässt sich der Login in eine OpenClinica-Instanz für eine konkrete Person simulieren. Damit müssen alle gemeinsamen Daten nur einmal definiert werden, und die Nutzer können sich automatisch aus dem SMT in OpenClinica anmelden.

3.5.2 CTMS und mHealth

Sicher ist es nicht sinnvoll, die ganze Datenmächtigkeit und Funktionalität eines CTMS in einer mobilen Anwendung anzubieten. Allerdings lassen sich recht schnell kompakte und anwendungsorientierte Apps entwickeln, die spezifische Daten aus dem CTMS abrufen und für die Touch-Bedienung optimiert auf einem Smartphone oder Tablet darstellen.

Am CTC-A wurde zum Beispiel eine Dashboard-App entwickelt, die es erlaubt, aktuelle Statistiken zu klinischen Studien aus dem CTMS abzurufen und auf Smartphones oder Tablets übersichtlich darzustellen. Die verantwortlichen Personen sind schnell, einfach und überall über den aktuellen Status ihrer Studien informiert, denn an der Tendenz der Einschlusszahlen kann der potenzielle Erfolg oder Misserfolg einer Studie abgeschätzt werden (Abb. 12). Die Einschlusszahlen werden aus unterschiedlichen EDCS-Systemen im CTMS zusammengeführt und dann zentral bereitgestellt. Das CTMS übernimmt also die Funktion eines Kommunikationsservers im Forschungsinformationssystem. Hierfür wurde ein *StudyStatistics*-Endpoint implementiert, der über die Web-Service-Methode *listAll()* für eine konkrete Studie

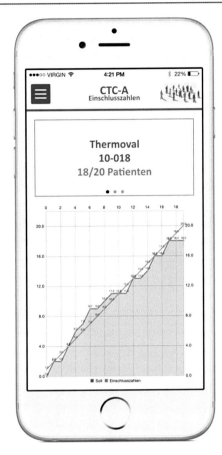

Abb. 12 Mobile Dashboard-App zur Visualisierung von Einschlusszahlen in klinische Studien. Die Daten werden im CTMS aus verschiedenen EDCS zusammengeführt und der App via Web-Services bereitgestellt

alle Patientenzahlen zurückgibt. Die Daten können dabei auch nach spezifischen Kriterien (z. B. Studienarme) stratifiziert werden. Eine Authentifizierung stellt sicher, dass Personen nach Login über die App nur Statistiken zu den für sie sichtbaren Studien abrufen können.

3.5.3 EDCS und mHealth

Auch wenn heutige EDCS als Webanwendungen entworfen werden und eine dezentrale Nutzung erlauben, hat die Dateneingabe über mobile Geräte mithilfe von mHealth-Apps weitere Vorteile. So können zum Beispiel Wundverläufe über die im Smartphone integrierte Kamera dokumentiert und die Fotos direkt am Krankenbett dem eCRF hinzugefügt werden. Darüber hinaus können Tablets genutzt werden, um eCRF direkt von Patienten selber während des Aufenthalts im Wartezimmer (ePRO) auszufüllen. Für das CTC-A wurden mit OC ToGo, OC Tab und XML Retrieve Data Forms verschiedene Ansätze entwickelt, um eine mobile Dateneingabe in eCRF zu ermöglichen.

OC ToGo ist eine App, die es erlaubt, Bilddaten direkt vom Smartphone aus in das eCRF zu integrieren (Haak et al. 2014a). Dabei werden die Bilder mit der integrierten

Kamera des Smartphones aufgenommen, mit ihrem Kontext (Studie, Visite, Patient) verknüpft, zum OpenClinica-Server transferiert und in das entsprechende eCRF eingebunden. Zur Zwischenspeicherung im Offline-Modus werden die Bilder in einem App-internen Speicherbereich abgelegt, der von keiner anderen Applikation gelesen werden kann, sodass auch der Datenschutz ausreichend gesichert ist. Darüber hinaus kann OC ToGo in Kombination mit Bildanalysealgorithmen (Hadjiiski et al. 2015) den Kontext des Bildes automatisch aus dem Bar-Code einer im Bild positionierten Farbtafel und einer hinterlegten Zuordnungstabelle bestimmen, sodass die Fotos automatisch dem richtigen Probanden zugeordnet werden können.

OC Tab ermöglicht es, in OpenClinica entworfene eCRF zur Dateneingabe auf Smartphones und Tablets darzustellen (Haak et al. 2014b). Die mHealth-App nutzt dabei das ODM-Format zum Transfer der Metadaten auf das mobile Gerät. Nach der, auch offline möglichen, Dateneingabe werden diese ins EDCS zurückgespielt. OC Tab nutzt dafür den *ODM Metadata* REST-Web-Service von OpenClinica, der die komplette Struktur der eCRF einer klinischen Studie im ODM-Format ausgibt. OC Tab parst die ODM-Datei und visualisiert entsprechende Elemente zur Dateneingabe auf dem Android-Gerät. Nach der Eingabe werden die Daten in ODM eingebettet und an den *importData(n* SOAP-Endpoint von OpenClinica zurück gesendet. Zur Offline-Dateneingabe werden die ODM-Dateien auf dem mobilen Gerät im privaten Speicherbereich der App abgelegt.

OC Tab ist auf OpenClinica zugeschnitten. Mit XRDF können weitergehende Metadaten von eCRF, wie z. B. Regeln oder Berechnungen zwischen Datenfelder, auf die mobilen Devices übertragen werden (Harmsen 2015). Die XRDF-Metadaten werden zu den ODM-Elementen in Bezug gesetzt. Damit ist die Dateneingabe in einheitlicher Darstellung auch auf verschiedenen Geräten möglich, z. B. als eCRF im Web (HTML), auf mobilen Geräten (Android, iOS) und als PDF-Dokument auf Papier (Abb. 13).

---

4 Resümee und Ausblick

In diesem Kapitel haben wir die gesetzlich vorgeschriebene Vorgehensweise zur klinischen Prüfung von Medizinprodukten sowie einzelne IT-Komponenten zur Unterstützung des Datenmanagements in klinischen Studien kennengelernt. Es wurde deutlich, dass die IT-Systeme geeignet miteinander zu koppeln sind, um ihrer Aufgabe effizient gerecht zu werden, hierzu aber – im Gegensatz zur Routine der Patientenversorgung – keine geeigneten Schnittstellen etabliert sind. Das Ziel aller Informationssysteme wird über die sog. 5R-Regel definiert: Die *richtige* Information zur *richtigen* Zeit am *richtigen* Ort der *richtigen* Person in der *richtigen* Form zur Verfügung zu stellen (Jehle 2015). Dies ist derzeit in der

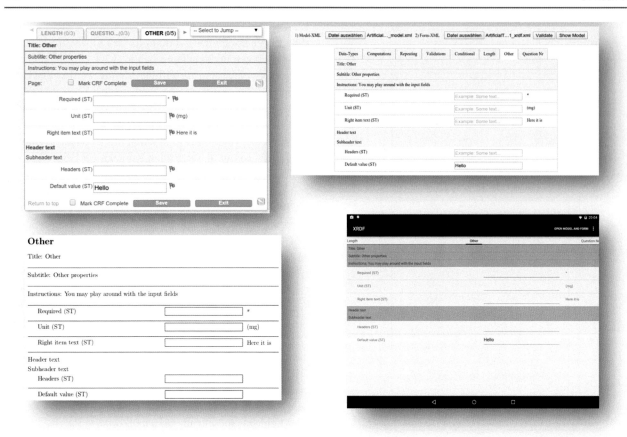

Abb. 13 Ausgehend vom eCRF in OpenClinica (*oben links*) werden die gleichartigen Darstellungen mit HTML im Web (*oben rechts*), auf Android (*unten rechts*) oder als LaTeX-basiertes PDF (*unten links*) erzeugt

klinischen Forschung noch nicht erreicht und wird daher auch in Zukunft für Medizinproduktestudien wichtig bleiben.

Weiterhin ist deutlich geworden, dass das Volumen der zu verarbeitenden Daten in klinischen Studien weiter zunehmen wird, denn die zu bewertenden Medizinprodukte werden selbst immer mehr Daten erzeugen. Nach McKinsey gehören die in klinischen Studien erfassten Daten zu den vier primären Datenquellen, die den Hauptbeitrag zur „Big Data"-Revolution im Gesundheitswesen leisten werden (Groves et al. 2013). Wikipedia definiert den Begriff Big Data als Datenmengen, die zu groß, zu komplex oder zu flüchtig sind, um sie mit klassischen Methoden der Datenverarbeitung auszuwerten. Bereits heute werden riesige Datenmengen erfasst (Murdoch und Detsky 2013). Das gilt insbesondere für das Gesundheitswesen (Raghupathi und Raghupathi 2014).

Ein weiterer Zukunftsaspekt im Datenmanagement der Medizinprodukte selbst sowie der klinischen Prüfung solcher Produkte ist die Kopplung von Daten, die in den Studien erfasst werden, mit den Daten, die im Rahmen der direkten Gesundheitsversorgung entstehen. Bereits jetzt enthalten digitale Patientenakten (Electronic Health Records, EHRs) wertvolle medizinische Daten, die mit in klinische Studien

einfließen könnten (Murdoch und Detsky 2013). Studiendaten müssen andererseits auch den Ärzten der Gesundheitsversorgung direkt zugänglich gemacht werden.

Mithilfe von mHealth-Apps werden in Zukunft Vitaldaten von Patienten 24 Stunden am Tag und sieben Tage in der Woche erfasst, wodurch weitere große Datenmengen entstehen werden, die der Bezeichnung Big Data gerecht werden. Das Datenmanagement in klinischen Studien muss sich weiterentwickeln, um diesen Änderungen gerecht zu werden. Wir sehen hier vor allem drei Aspekte:

- Die Systeme zur Erfassung und Verwaltung von Patientendaten (EDCS) und administrativen Daten (CTMS) müssen um Methoden erweitert werden, große Datenmengen zusammenzuführen und zu verarbeiten. Die reine Datenanalyse heutiger Data-Warehouse-Systeme ist nicht ausreichend.
- Die Integration der IT-Systeme des Datenmanagements benötigt standardisierte Schnittstellen, damit heterogene Datenquellen zu einer großen, einheitlich strukturierten Datenmenge zusammengefasst werden können.
- Die Techniken für den Datenschutz (z. B. Pseudonymisierung) müssen erweitert werden, damit Gesundheitsdaten

für Forschungsfragen besser genutzt werden können und gleichzeitig sichergestellt bleibt, dass die Persönlichkeitsrechte des Patienten unberührt bleiben.

Falls diese Anforderungen erfüllt sind, bietet Big Data besonders für klinische Studien die Chance, gezielt wertvolle Informationen aus bereits existierenden Daten mit in die Wissensfindung aufzunehmen und dieses Wissen, wie durch die 5R gefordert, optimal auszugeben.

Literatur

Becker S, Miron-Shatz T, Schumacher N, Krocza J, Diamantidis C, Albrecht UV (2014) mHealth 2.0: experiences, possibilities, and perspectives. JMIR Mhealth Uhealth 2(2):e24. doi:10.2196/mhealth.3328

Best Clinical Trial Management Software (2015) Reviews of the most popular systems. http://www.capterra.com/clinical-trial-management-software/. Zugegriffen am 30.07.2015

Beyer MA, Edjlali R (2015) Magic quadrant for data warehouse and data management solutions for analytics. https://www.gartner.com/doc/2983817/magic-quadrant-data-warehouse-data. Zugegriffen am 30.07.2015

Bray T, Paoli J, Sperberg-McQueen CM, Maler E, Yergeau F (2008) Extensible markup language (XML) 1.0, 5. Aufl. W3C recommendation

Bruland P, Breil B, Fritz F, Dugas M (2011) Interoperability in clinical research: from metadata registries to semantically annotated CDISC ODM. Stud Health Technol Inform 180:564–568

Bundesamt für Sicherheit in der Informationstechnik (BSI) (Hrsg) (2011) IT-Grundschutz-Kataloge. 12. Ergänzungslieferung, Stand September 2011. www.bsi.bund.de/grundschutz

Der Innenminister des Landes Nordrhein-Westfalen (Hrsg) (1999) Gesetz zum Schutz personenbezogener Daten im Gesundheitswesen (Gesundheitsdatenschutzgesetz – GDSG NRW) in der Fassung vom 22. Februar 1994, § 2 geändert durch Gesetz vom 17. Dezember 1999, Düsseldorf

Der Innenminister des Landes Nordrhein-Westfalen (Hrsg) (2000) Gesetz zum Schutz personenbezogener Daten (Datenschutzgesetz Nordrhein-Westfalen – DSG NRW) in der Fassung der Bekanntmachung vom 9. Juni 2000, Düsseldorf

Deserno TM, Becker K (2009) Medizinisches Datenmanagement. Begleitheft zum Praxishandbuch. Apollon Hochschule der Gesundheitswirtschaft, Bremen

Deserno T et al (2011) IT-Unterstützung für translationales Management klinischer Studien auf Basis des Google Web Toolkits. In: 56. Jahrestagung der Deutschen Gesellschaft für Medizinische Informatik, Biometrie und Epidemiologie (gmds), 6. Jahrestagung der Deutschen Gesellschaft für Epidemiologie (DGEpi); 2011 Sep 26–29; Mainz, Deutschland. Doc11gmds023. doi: 10.3205/11gmds023

Deserno T, Samsel C, Haak D, Spitzer K (2012a) Daten-, Funktions- und Kontextintegration von OpenClinica mittels Webservices. In: GMDS 2012. 57. Jahrestagung der Deutschen Gesellschaft für Medizinische Informatik, Biometrie und Epidemiologie e.V. (GMDS). Braunschweig, 16.–20.09.2012. German Medical Science GMS Publishing House, Düsseldorf

Deserno V et al (2012b) Umsetzung und Programmierung einer IT-basierten Vollkostenkalkulation für klinische Studien. In: 57. Jahrestagung der Deutschen Gesellschaft für Medizinische Informatik, Biometrie und Epidemiologie e.V. (GMDS). Braunschweig,

16.–20.09.2012. German Medical Science GMS Publishing House, Düsseldorf. Doc12gmds223

Drepper J, Semler SC (Hrsg) (2013) IT-Infrastrukturen in der patientenorientierten Forschung. Aktueller Stand und Handlungsbedarf – 2012/2013. Akademische Verlagsgesellschaft AKA, Berlin

Ene-Iordache B, Carminati S, Antiga L, Rubis N, Ruggenenti P, Remuzzi G et al (2009) Developing regulatory-compliant electronic case report forms for clinical trials: experience with the demand trial. J Am Med Inform Assoc 16(3):404–408

Extensions/Open Source Clinical Trials Software/OpenClinica. https://community.openclinica.com/extensions. Zugegriffen am 30.07.2015

Farkisch K (2011) Data-Warehouse-Systeme kompakt: Aufbau, Architektur, Grundfunktionen. Springer, Berlin

Franklin JD, Guidry A, Brinkley JF (2011) A partnership approach for electronic data capture in small-scale clinical trials. J Biomed Inform 44:103–108

Groves P, Kayyali B, Knott D, Van Kuiken S (2013) The ‚big data‘ revolution in healthcare. McKinsey Q

Haak D, Gehlen J, Sripad P, Marx N, Deserno T (2013) Erweiterung von OpenClinica zur kontext-bezogenen Integration großer Datenmengen. In: GMDS 2013. 58. Jahrestagung der Deutschen Gesellschaft für Medizinische Informatik, Biometrie und Epidemiologie e.V. (GMDS). Lübeck, 01.-05.09.2013. German Medical Science GMS Publishing House, Düsseldorf

Haak D, Gehlen J, Jonas S, Deserno TM (2014a) OC ToGo: bed site image integration into OpenClinica with mobile devices. In: SPIE medical imaging: SPIE, p 903909 (SPIE proceedings)

Haak D, Dovermann J, Kramer C, Merkelbach K, Deserno T (2014b) Datenerfassung in klinischen Studien in ODM-unterstützende Systeme mit Tablets und Smartphones. In: GMDS 2014. 59. Jahrestagung der Deutschen Gesellschaft für Medizinische Informatik, Biometrie und Epidemiologie e.V. (GMDS). Göttingen, 07.-10.09.2014. German Medical Science GMS Publishing House, Düsseldorf

Haak D, Page C, Reinartz S, Krüger T, Deserno TM (2015). DICOM for clinical research: PACS-integrated electronic data capture in multicenter trials. J Digit Imaging (Epub vor Druck)

Hadjiiski LM, Tourassi GD, Jose A, Haak D, Jonas S, Brandenburg V et al (2015) Human wound photogrammetry with low-cost hardware based on automatic calibration of geometry and color. In: SPIE medical imaging: SPIE, p 94143 J (SPIE proceedings)

Harmsen (2015) A presentation semantic for the operational data model (ODM). Masterarbeit, Institut für Medizinische Informatik, Uniklinik RWTH Aachen

Home – dcm4chee-2.x – Confluence. http://www.dcm4che.org/confluence/display/ee2/Home. Zugegriffen am 30.07.2015

Home – Weasis – Confluence. http://www.dcm4che.org/confluence/display/WEA/Home. Zugegriffen am 30.07.2015

Jehle R (2015) Medizinische Informatik kompakt: Ein Kompendium für Mediziner, Informatiker, Qualitätsmanager und Epidemiologen. De Gruyter, Berlin

Jonas SM, Deserno TM, Buhimschi CS, Makin J, Choma MA, Buhimschi IA (2015) Smartphone-based diagnostic for preeclampsia: an mHealth solution for administering the Congo Red Dot (CRD) test in settings with limited recources. JAMIA (Epub vor Druck)

Kuchinke W, Aerts J, Semler SC, Ohmann C (2009) CDISC standard-based electronic archiving of clinical trials. Methods Inf Med 48 (5):408–413

Leroux H, McBride S, Gibson S (2011) On selecting a clinical trial managementsystem for large scale, multicenter, multi-modal clinical research study. Stud Health Technol Inform 168:89–95

Löbe M, Aßmann C, Beyer R, Gaebel J, Kiunke S, Lensing E et al (2011) Einsatzmöglichkeiten von CDISC ODM in der klinischen Forschung. In: Tagungsband der 57. Jahrestagung der Deutschen Gesellschaft für Medizinische Informatik. Biometrie und Epidemiologie e.V. (GMDS), Braunschweig, S 1294–1304

Medizinproduktegesetz in der Fassung der Bekanntmachung vom 7. August 2002 (BGBl. I S. 3146), das zuletzt durch Artikel 16 des Gesetzes vom 21. Juli 2014 (BGBl. I S. 1133) geändert worden ist. Neugefasst durch Bek. v. 7.8.2002 I 3146; zuletzt geändert durch Art. 16 G v. 21.7.2014 I 1133

Murdoch TB, Detsky AS (2013) The inevitable application of big data to health care. JAMA 309(13):1351

Navrade F (2008) Strategische Planung mit Data-Warehouse-Systemen. Betriebswirtschaftlicher Verlag Dr. Th. Gabler/GWV Fachverlage GmbH, Wiesbaden, Wiesbaden

Neuhaus J, Deiters W, Wiedeler M (2006) Mehrwertdienste im Umfeld der elektronischen Gesundheitskarte. Informatik-Spektrum 29(5): 332–340

Papazoglou M (2008) Web services: principles and technology. Pearson/Prentice Hall, Harlow/New York

Pavlović I, Kern T, Miklavčič D (2009) Comparison of paper-based and electronic data collection process in clinical trials: Costs simulation study. Contemp Clin Trials 30(4):300–316

Pommerening K, Drepper J, Helbing K, Ganslandt T (2014) Leitfaden zum Datenschutz in medizinischen Forschungsprojekten. MWV Medizinisch Wissenschaftliche Verlagsgesellschaft, Berlin

Raghupathi W, Raghupathi V (2014) Big data analytics in healthcare: promise and potential. Health Inf Sci Syst 2(1):3

Reng CM, Debold P, Specker C, Pommerening K (2006) Generische Lösungen zum Datenschutz für die Forschungsnetze in der Medizin. MWV Medizinisch Wissenschaftliche Verlagsgesellschaft, Berlin

Richardson L, Ruby S (2007) Web-services mit REST, 1. Aufl. O'Reilly Verlag, Köln

Ryan M, Frater M (2002) Communications and information systems. Argos Press, Canberra

Shah J, Rajgor D, Pradhan S, McCready M, Zaveri A, Pietrobon R (2010) Electronic data capture for registries and clinical trials in orthopaedic surgery: open source versus commercial systems. Clin Orthop Relat Res 468(10):2664–2671

SOAP Web Services/OpenClinica Reference Guide. https://docs.openclinica.com/3.1/technical-documents/openclinica-web-services-guide. Zugegriffen am 30.07.2015

Trial Data Solutions (2015) TrialDataSolutions: workshop javascript. http://www.trialdatasolutions.com/tds/workshop_javascript/. Zugegriffen am 30.07.2015

„Vital Signs Camera – Philips" für iPhone, iPod touch und iPad im App Store von iTunes. https://itunes.apple.com/de/app/vital-signs-camera-philips/id474433446. Zugegriffen am 30.07.2015

Wagner C (2003) Vorgehensmodelle für die Einführung von Data Warehouse Systemen im Krankenhaus – Eignung und exemplarische Ausarbeitung für das Universitätsklinikum, Leipzig

Winter A, Ammenwerth E, Brigl B, Haux R (2005) Krankenhausinformationssysteme. In: Kapitel 13 in Lehmann (Hrsg) Handbuch der Medizinischen Informatik, 2. Aufl. Carl Hanser Verlag, München

Wirth S (2008) Hinweise zur Risikoanalyse und Vorabkontrolle nach dem Hamburgischen Datenschutzgesetz. Der hamburgische Beauftragte für Datenschutz und Informationssicherheit, Hamburg

Sachverzeichnis

© Springer-Verlag GmbH Deutschland 2017
R. Kramme (Hrsg.), *Informationsmanagement und Kommunikation in der Medizin*,
DOI 10.1007/978-3-662-48778-5

Printed in the United States
By Bookmasters